中国水土保持学会　组织编写

水土保持行业从业人员培训系列丛书

水土保持管理信息系统

主编　赵院

中国水利水电出版社
www.waterpub.com.cn
·北京·

内 容 提 要

信息技术革命日新月异，大数据和互联网时代业已到来，信息无孔不入，数据已成资源。信息技术成为影响国家综合实力和国际竞争力的关键因素，信息化水平成为衡量一个国家和地区现代化水平的重要标志，水土保持信息化作为水利信息化的重要组成部分，得到了国家的大力支持。本书正是在这种背景之下应运而生。本书系统全面地总结了2002年以来全国水土保持信息化成果，尤其是水土保持管理系统方面的成果。

本书可以促进水土保持管理信息系统在水土保持行业得到更加广泛的应用，适合水土保持、环境保护、林业等行业从业人员阅读和参考。

图书在版编目（CIP）数据

水土保持管理信息系统 / 赵院主编 ; 中国水土保持学会组织编写. -- 北京 : 中国水利水电出版社, 2018.1
（水土保持行业从业人员培训系列丛书）
ISBN 978-7-5170-6291-2

Ⅰ. ①水… Ⅱ. ①赵… ②中… Ⅲ. ①水土保持－管理信息系统－技术培训－教材 Ⅳ. ①S157-39

中国版本图书馆CIP数据核字(2018)第020106号

书　名	水土保持行业从业人员培训系列丛书 **水土保持管理信息系统** SHUITU BAOCHI GUANLI XINXI XITONG
作　者	主编　赵院 中国水土保持学会　组织编写
出版发行	中国水利水电出版社 （北京市海淀区玉渊潭南路1号D座　100038） 网址：www. waterpub. com. cn E-mail：sales@waterpub. com. cn 电话：(010) 68367658（营销中心）
经　售	北京科水图书销售中心（零售） 电话：(010) 88383994、63202643、68545874 全国各地新华书店和相关出版物销售网点
排　版	中国水利水电出版社微机排版中心
印　刷	北京瑞斯通印务发展有限公司
规　格	184mm×260mm　16开本　11印张　261千字
版　次	2018年1月第1版　2018年1月第1次印刷
印　数	0001—3000册
定　价	**36.00**元

总序

水是生命之源，土是生存之本，水土资源是人类赖以生存和发展的基本物质条件，是经济社会可持续发展的基础资源。严重的水土流失是国土安全、河湖安澜的重大隐患，威胁国家粮食安全和生态安全。20世纪初，我国就成为世界上水土流失最为严重的国家之一，最新的普查成果显示，全国水土流失面积依然占全国陆域总面积的近1/3，几乎所有水土流失类型在我国都有分布，许多地区的水土流失还处于发育期、活跃期，造成耕地损毁、江河湖库淤积、区域生态环境破坏、水旱风沙灾害加剧，严重影响国民经济和社会的可持续发展。

我国农耕文明历史悠久而漫长，水土流失与之相伴相随，并且随着人口规模的膨胀而加剧。与之相应，我国劳动人民充分发挥聪明才智，开创了许多预防和治理水土流失、保护耕地的方法与措施，为当今水土保持事业发展奠定了坚实的基础。新中国成立以来，党和国家高度重视水土保持工作，投入了大量人力、物力和财力，推动我国水土保持事业取得了长足发展。改革开放以来，尤其是进入21世纪以来，我国水土保持事业步入了加速发展的快车道，取得了举世瞩目的成就，全国水土流失面积大幅减少，水土流失区生态环境明显好转，群众生产生活条件显著改善，水土保持在整治国土、治理江河、促进区域经济社会可持续发展中发挥着越来越重要的作用。与此同时，水土保持在基础理论、科学研究、技术创新与推广等方面也取得了一大批新成果，行业管理、社会化服务水平大幅提高。为及时、全面、系统总结新理论、新经验、新方法，推动水土保持教育、科研和实践发展，我们邀请了当前国内水土保持及生态领域著名的专家、学者、一线工程技术人员和资深行业管理人员共同编撰了这套丛书，内容涵盖了水土保持基础理论、监督管理、综合治理、规划设计、监测、信息化等多个方面，基本反映了近30年、特别是21世纪以来水土保持领域发展取得的重要成果。该丛书可作为水土保持行业工程技术人员的培训教材，亦可作为大专院校水土保持专业教材，以及水土保持相关理论研究的参考用书。

近年来，党中央做出了建设生态文明社会的重大战略部署，把生态文明建设提到了前所未有的高度，纳入了“五位一体”中国特色社会主义总体布局。水土保持作为生态文明建设的重要组成部分，得到党中央、国务院的高度重视，全国人大修订了《中华人民共和国水土保持法》，国务院批复了《全国水土保持规划》并大幅提高了水土保持投入，水土保持迎来了前所未有的发展机遇，任重道远，前景光明。希望这套丛书的出版，能为推动我国水土保持事业发展、促进生态文明建设、建设美丽中国贡献一份力量。

《水土保持行业从业人员培训系列丛书》编委会

2017年10月

前言

当今世界，信息技术革命日新月异，对国际政治、经济、文化、社会、军事等领域产生了深刻影响。我们已迈入“大数据”“互联网”时代，历史上没有哪个时期，每一件事务、每一个人、每一个机构、每一个国家，会与数据、信息、网络如此紧密地打交道。信息已无孔不入，数据已成为资源。美国政府甚至已把数据定义为“未来的新石油”。信息技术已成为影响国家综合实力和国际竞争力的关键因素，信息化水平已经成为衡量一个国家和地区现代化水平的重要标志。我国正全面加快推进社会主义现代化建设，统筹各方，创新发展，努力建设网络强国。水土保持信息化作为水利信息化的重要组成部分，得到了国家的大力支持。2002 年，国家发展和改革委员会批准立项实施全国水土保持监测网络和信息系统建设工程。经过一期、二期工程建设，取得了一大批建设成果，促进了全国水土保持信息化工作的开展。为了及时、系统、全面地总结 2002 年以来的水土保持信息化成果，尤其是水土保持管理系统方面的成果，促进系统在水土保持行业管理以及相关人员的使用，特邀请系统开发、系统使用、规划制定等方面的专家共同编撰完成了本书。

全书共 10 章，基本涵盖了目前水土保持管理信息系统的各个方面，主要包括系统总体结构、数据资源与数据库、监督管理系统、综合治理系统、监测管理系统、监督管理信息移动采集系统、发布与服务系统、系统运行管理等。

本书编写工作启动于 2014 年 10 月，2015 年 10 月确定章节结构，2016 年 8 月形成初稿，2017 年 3 月定稿。各章编写分工如下，统稿、定稿：赵院；第 1 章：赵院、刘二佳、蔡昕；第 2 章：许永利、罗志东、郭玉涛、刘二佳；第 3 章：郭玉涛、雷章、罗志东、赵院；第 4 章：李瑞平、赵院、蔡昕；第 5 章：冯伟、李团宏、郭晓晓、郭玉涛；第 6 章：马宁、罗志东、刘二佳；第 7

章：王敬贵、郭玉涛；第 8 章：刘二佳、曹文华、蔡昕、张建国；第 9 章：郑梅云、张建国、郭玉涛；第 10 章：罗志东。

由于知识水平和时间所限，书中还有疏漏和不足之处，敬请广大读者批评指正。

编者

2017 年 11 月

目　录

第1章 绪论

1.1 基 本 概 念

全球已处于信息化加速发展的时代，信息技术改变了人类的生活和工作方式，信息的获取和管理水平已经成为衡量一个国家综合实力的主要标志，信息技术已成为影响国家综合实力和国际竞争力的关键因素。信息资源已经成为一种财富，在社会生产和人类生活中已经开始发挥日益重要的作用。当前是我国全面建设小康社会，加快推进社会主义现代化建设，努力建设美丽中国、实现中国梦的关键时期，是形成完善的水利基础设施体系，全面深化水利改革和管理的关键时期，也是水利信息化建设的攻坚时期。水土保持信息化作为水利信息化的重要组成部分，也取得了显著的成效，同样处于发展和建设的攻坚拔寨时期。为了帮助大家全面系统地了解和掌握水土保持信息化工作，有必要熟悉以下几个基本概念。

1.1.1 信息系统

1.1.1.1 信息系统的概念

信息是经过加工后的数据，它正确反映客观事物状态及客观事实，对接受者的行为能产生影响，对接受者决策具有价值。

信息系统由人、硬件、软件和数据资源组成，目的是及时、正确地收集、加工、存储、传递和提供信息，实现组织中各项活动的管理、调节和控制。信息系统是一个向单位或部门提供全面信息服务的人机交互系统。它与应用单位的信息流程、制度、政策、目标、策略、组织、人力、财务、物资、对外联系，甚至传统和工作习惯都有密切的关系。一个系统的开发与运行，不只是某一个技术问题，而是涉及许多管理问题，如领导重视、用户的合作等，它们往往是系统成败的决定性因素。一旦环境和需求发生变化，信息系统必须进行适应性维护，否则将会导致无法继续使用。

1.1.1.2 信息系统的组成

信息系统包括信息处理系统和信息传输系统两个方面。信息处理系统是对数据进行处理，使其获得新的结构与形态或者产生新的数据。信息传输系统是把信息从一个地方传输到另外一个地方。信息的作用只有在广泛的交流中才能充分发挥出来。

1.1.1.3　信息系统的类型

(1) 作业信息系统。作业信息系统的任务是处理组织的业务、控制作业过程和支持办公事务，并更新有关数据库，通常由业务处理系统、过程控制系统和办公自动化系统三部分组成。业务处理系统目的是迅速、及时、正确地处理大量信息，提高管理工作的效率和水平。过程控制系统主要是指用计算机控制正在进行的生产过程。

(2) 管理信息系统。根据《中国企业管理百科全书》，管理信息系统是指以人为中心，以计算机和通信为手段，对数据进行各种加工和处理，能为一个组织机构提供管理、控制、预测和辅助决策信息的人机交互系统。也就是说，是对管理信息进行收集、传输、存储与处理，形成多用户共享系统，直接为基层和各级管理部门服务的系统。其最大的特点是高度集中，能将组织中的数据和信息集中起来进行快速处理和统一使用。

(3) 决策支持系统。决策支持系统主要通过结合个人的智力资源和计算机的能力来改进决策的质量，是一个基于计算机的支持系统，服务于处理半结构化问题的管理决策制定者。

1.1.2　地理信息系统

地理信息系统（Geographic Information System，GIS）是一个技术系统，是以地理空间数据库为基础，采用地理模型分析方法，适时提供多种空间和动态的地理信息，为地理研究和地理决策服务的计算机技术系统。

GIS以计算机技术为核心，以遥感技术、数据库技术、通信技术、图像处理等技术为手段，以遥感影像、地形图、专题图、统计信息、调查资料以及网络资料等为数据源，按照统一地理坐标和统一分类编码，对地理信息收集、存储、处理、分析、显示和应用，并能为有关部门规划、管理、决策和研究提供服务。

一个完整的GIS主要由4部分构成，即计算机硬件系统、计算机软件系统、地理数据（空间数据）和系统管理操作人员。其中计算机硬件系统和软件系统是核心，空间数据是内容，系统操作人员决定了系统的工作方式和信息的表达方式。

1.1.2.1　地理信息系统类型

(1) 按内容分类，可以分成专题地理信息系统、区域地理信息系统和地理信息系统工具3类。前两者是面向应用的，是针对某一特定专业或区域而开发的应用型地理信息系统。而后者是GIS工具包，具有GIS数据采集、处理、管理、分析和输出等基本功能，用户可以在GIS工具的基础上二次开发建设满足自身需求的地理信息系统。

(2) 按性能分类，可以分为空间管理型GIS、空间分析型GIS和空间决策型GIS三类。空间管理型GIS侧重于对空间数据的管理，空间分析型GIS侧重于空间数据的分析，空间决策型GIS侧重于辅助决策。

(3) 按系统开发用户分类，可以分为最终用户使用的GIS、专业用户使用的GIS和软件开发人员使用的GIS三类。最终用户主要关注处理的结果，不关心过程，因此只要能提供用户所需的结果就可以了。专业用户主要关注GIS的空间分析功能，在此基础上得到需要的结果或扩展成专业的应用系统，因此专业用户使用的GIS要具有较强的空间分析功能和可扩充性。软件开发人员主要关注GIS的集成与开发，因此软件开发人员使用

的 GIS 要以组件为核心，为系统开发提供技术手段，方便开发人员使用。

（4）按系统结构分类，可以分为单机结构 GIS 和网络结构 GIS。单机结构 GIS 只能在独立的计算机上使用，网络结构 GIS 则支持在局域网和 Internet 环境下使用。

（5）按研究对象分布范围分类，可以分为全球性 GIS 和区域性 GIS。全球性 GIS 的研究对象分布在全球范围内，区域性 GIS 的研究对象分布在某一特定区域。

1.1.2.2 地理信息系统功能

GIS 功能强大，能够提供采集、处理、管理、分析等功能和成熟的决策分析模型。

（1）数据采集功能。数据采集是 GIS 建设的首要任务。它将地球表层目标地物的分布位置与属性通过输入设备输入计算机，成为 GIS 能够操作与分析的基础空间数据。

（2）数据处理功能。在图形数据录入完毕后，把需要的空间数据、遥感数据、专题图（点、线、面）进行各种处理，包括坐标转换、图层拼接、建立拓扑关系等。

（3）数据管理功能。GIS 将空间数据，主要包括地理属性数据与地理空间数据，通过时空数据库进行管理，实现对数据的编辑修改和检索查询功能。

（4）空间分析功能。空间分析是对分析空间数据有关技术的统称，是 GIS 的核心。空间分析以空间数据库为基础，为 GIS 提供一些基本和常用的处理和分析能力，用于提取地理空间信息，解决用户工作中的实际问题。

（5）空间建模和空间决策支持功能。它是更高层次的 GIS 分析功能，结合了数据、模型、专业知识辅助用户做出决策。

（6）空间可视化与制图输出功能。利用计算机图形图像学技术和方法，将大量数据形象而直观地显示出来，方便用户使用，并可通过输出设备输出。

1.1.3 遥感

遥感（Remote Sensing，RS），顾名思义为遥远的感知。它是一种远离目标，在不与目标对象直接接触的情况下，通过某种平台上装载的传感器获取其特征信息，然后对所获取的信息进行提取、判定、加工处理及应用分析的综合性技术。

遥感技术通过观测地物反射或发射的电磁波的特性，识别物体以及物体存在环境，目的是为了获取研究对象的特征信息。

遥感技术系统是一个从信息收集、存储、处理到判读分析和应用的完整的技术体系。它能够实现对全球范围的多层次、多视角、多领域的立体探测，是获取地球资源的重要的现代高科技手段，在各行各业中应用广泛。遥感技术系统一般包含 4 个部分：遥感平台、传感器、遥感数据接收与处理系统、遥感解译系统。

1.1.3.1 遥感数据质量指标

如何评价遥感数据质量的好坏，是用户非常关心的问题。分辨率是遥感中衡量数据质量的一个重要指标，主要包括空间分辨率、时间分辨率、光谱分辨率和辐射分辨率。

（1）空间分辨率。它是指遥感图像像元的大小，是表征影像分辨地面目标细节能力的指标。像元是指将地面信息离散化所形成的栅格单元，单位一般是米。像元越小，空间分辨率越大，图像越清晰。

（2）时间分辨率。它是指对同一目标地物重复探测时，相邻两次探测的时间间隔。它能够提供地物动态变化的信息，可用来监测地物的变化。

（3）光谱分辨率。它是指传感器所能记录的电磁波谱中，某一特定的波长范围。波长范围越窄，光谱分辨率越高。高光谱遥感能提供丰富的光谱信息，有利于地物的识别。

（4）辐射分辨率。它是指传感器对光谱信号强弱的敏感程度、区分能力，即探测器的灵敏度——传感器探测元件在接收光谱信号时能分辨的最小辐射度差，或指对两个不同辐射源的辐射量的分辨能力，一般用灰度的量化级数来表示。

1.1.3.2 遥感的特点

（1）宏观观测，大范围获取数据资料。采用航空或航天遥感平台获取的航空像片或卫星影像比在地面上获取的观测视域范围大得多，并且可以拍摄到人类难以到达的地区，获得第一手的资料，为地球资源和环境的研究提供重要的数据源。

（2）动态监测，快速更新监控范围数据。对地观测卫星可以快速且周期性地实现对同一地点的连续观测，从而达到动态监测的目的。遥感这种获取信息快、更新周期短的特点，有利于及时发现病虫害、洪水及火灾等自然灾害，有效地预测预报灾害的发展趋势，为抗灾、减灾工作提供可靠的科学依据。

（3）技术手段多样，可获取海量信息。遥感技术可提供丰富的光谱信息，根据应用目的，用户可以选用不同功能和性能指标的传感器及工作波段，为科学研究、生产实践提供丰富的数据信息。

（4）应用领域广泛，经济效益高。遥感已广泛应用于城市规划、农业、土地管理、地质探矿、环境保护等诸多领域，随着遥感图像的空间、时间和光谱分辨率的提高，以及与地理信息系统和全球定位系统的结合，它的应用领域会更加广泛。

1.1.4 空间数据库

数据库是按照一定的组织方式来组织、存储和管理数据的“仓库”。建立数据库并使用维护的软件称为数据库管理系统（Database Management System，DBMS），它能有组织、动态地存储大量数据，方便用户检索查询。通常由数据库、硬件、软件和数据库管理员组成。

空间数据库是用来存储和管理空间数据与属性数据的数据库。空间数据库系统（Spatial Database Management System，SDBMS）是以一些通用的DBMS为基础进行数据类型、查询方法以及索引方法等拓展，使DBMS能进行空间数据的管理功能。简言之就是该数据库系统能够管理空间对象、空间的几何元素及其拓扑关系，以及涉及的属性数据和元数据。

1.1.4.1 空间数据类型

空间数据按照其特征可分为空间特征数据（地理数据）和属性特征数据。属性特征数据又分为时间属性数据和专题属性数据。

（1）空间特征数据。空间特征数据是指记录空间实体位置、拓扑关系和几何特征的数据，它是区别一般数据的标志。

（2）时间属性数据。空间数据是在某一时间或时段内采集、计算而来的，时间属性数据则是指记录空间实体采集、变化时间的数据。

（3）专题属性数据。专题属性数据是指记录空间实体各种性质的数据，如土地利用类型、行政区名称、地形坡度、坡向等。

1.1.4.2 空间数据结构

数据结构是指数据组织形式，符合计算机存储、管理和处理的数据逻辑结构。空间数据结构是地理实体的空间排列方式和相互关系的抽象描述，它可以分为矢量结构和栅格结构两种。

（1）矢量结构。在矢量结构中，地理实体用点、线、面表示，其位置由二维平面直角坐标系中的坐标来表达。空间关系主要包含空间度量关系（描述空间实体间的距离）、空间方位关系（如东、西、南、北、前、后、左、右等）、空间拓扑关系（空间点、线、面之间的逻辑关系，如关联、邻接、包含等）；矢量属性数据描述空间实体的专题特性，常用数值或字符来表示。空间数据属性同空间实体图形数据紧密联系，一个空间数据的属性对应于一个特定的空间位置。矢量结构的优点是数据精度高，所占存储空间小，但不便于进行空间分析。

（2）栅格结构。在栅格结构中，空间被规则地分割成一个个小正方形，地理实体用它们所占据的栅格的行列号来表达。栅格数据空间关系通过算法计算而得到，如四邻域、八邻域等算法。栅格数据的值代表了该位置的属性。因此，栅格结构可以同时具有空间信息和属性信息，有利于空间分析，但数据冗余量大。

1.1.5 C/S 结构与 B/S 结构

1.1.5.1 C/S 结构

C/S（Client/Server）结构即客户机和服务器结构。它是软件系统体系结构，通过它可以充分利用两端硬件环境的优势，将任务合理分配到 Client 端和 Server 端来实现，降低了系统的通信开销。C/S 结构的基本原则是将计算机应用任务分解成多个子任务，由多台计算机分工完成，即采用“功能分布”原则。客户端完成数据处理、数据表示以及用户接口功能，服务器端完成数据库管理系统（DBMS）的核心功能。

Client 和 Server 常常分别部署在不同的计算机上，Client 程序的任务是将用户的要求提交给 Server 程序，再将 Server 程序返回的结果以特定的形式显示给用户；Server 程序的任务是接收客户程序提出的服务请求，进行相应的处理，再将结果返回给客户程序。

1.1.5.2 B/S 结构

B/S（Browser/Server）结构即浏览器和服务器结构，是 Web 兴起后的一种网络结构模式，WEB 浏览器是客户端最主要的应用软件。这种模式统一了客户端，将系统功能实现的核心部分集中到服务器上，简化了系统的开发、维护和使用。客户机上只要安装一个浏览器，如 Internet Explorer，服务器安装 SQL Server、Oracle、MySQL、KingbaseES 等数据库。浏览器通过 Web Server 同数据库进行数据交互。B/S 结构是伴随着因特网的兴起，对 Client/Server 结构的一种改进。从本质上说，B/S 结构也是一种 C/S 结构，它可看作是一种由传统的二层模式 C/S 结构发展而来的三层模式 C/S 结构在 Web 上应用的特例。

1.1.6 管理信息系统应用的先决条件

开发管理信息系统是一项关系单位、行业全局的复杂工程，开发周期一般较长，因此，必须采取积极而慎重的态度，草率上马不可能达到预期目的，必须在系统开发前就积极创造一系列条件。主要的先决条件包括科学的管理基础、领导重视、业务管理人员的积极性、配套的开发维护队伍和适当的资源条件等五个方面，否则会有许多问题和麻烦，甚至导致失败。

1.2 国内外水土保持相关管理信息系统发展状况

1.2.1 国外发展状况

20世纪50年代，随着计算机技术的发展，计算机的应用由科学研究逐渐扩展到企业、行政部门。到了20世纪60年代，数据处理已成为计算机的主要应用。数据处理也经历了人工管理阶段、文件系统阶段、倒排文件系统阶段和数据库阶段等四个阶段，并随着数据处理量的增长，产生了数据管理技术。数据管理技术的发展，与计算机硬件、系统软件和计算机应用范围有着密切的关系。20世纪60年代后期和70年代初期，层次数据库和网状数据库占据统治地位；1970年，Codd提出了关系型数据模型，以关系（Table，又称为表）作为描述数据的基础，并奠定了关系型数据库的理论基础。80年代，面向对象数据库为更多的人接受。随着计算机技术的发展，数据库系统向着大型化、智能化、网络化的方向发展。网络数据库、多媒体数据库、分布式数据库等新型数据库系统相继出现，并起着越来越重要的作用。数据库系统中也出现了许多新的内容：图像、图形、声音等新的数据类型；海量数据库系统、通用数据库系统、电子商务、电子出版等新的数据库应用领域；数据仓库、数据挖掘与数据库的联机分析处理技术；基于Internet和Intranet的数据库技术等。进入90年代后，计算机领域中其他新兴技术的发展对数据库技术产生了重大影响。数据库技术与网络通信技术、人工智能技术、多媒体技术等相互渗透，相互结合，产生了一系列新型数据库和新技术。同时，数据库在发展过程中与各应用领域结合，不断生成空间数据库、分布式数据库、数据挖掘与数据仓库、知识数据库等新的应用型数据库。

1956年，奥地利测绘部门在世界上首先建立了地籍数据库。20世纪60年代，加拿大环境部建立了加拿大地理信息系统，用于全国的自然资源的管理和规划。随着计算机技术的飞速发展，尤其是大容量存储设备的使用，美国、加拿大和日本等发达国家，相继建立了自己国家的地理信息系统、环境信息系统。

美国地质调查局经过多年努力，建立了50多个信息系统，作为地理、地质和水资源等领域处理空间信息的工具。美国农业部（USDA）下设的自然资源保护局（Natural Resource Conservation Service，NRCS；1994年以前称为土壤保持局，SCS），建立了全国水土流失数据库，为自然资源的合理利用、水土保持规划等提供依据。美国环境保护署（USEPA）牵头联合美国34个州，建立了国家环境信息交换管理系统，该系统包括了气

体测量信息检索系统、空气质量子系统、地球空间数据库、环境实况、全球可持续发展决策支持系统等，为国家环境质量委员会、国家环保署、联邦一级的环境部门以及国会决策提供服务。

加拿大建立了可持续发展信息系统，向外界提供加拿大政府的可持续发展知识与信息的访问，包括项目计划、活动、产品、服务、经验以及与可持续发展有关的其他知识。

日本国立公害研究所开发了环境综合分析信息系统（SAPIENS），是一种集成了多种任务的综合环境信息系统，其功能除了数据存储外，还可以运用数理模型对系统收集和整理过的环境信息进行分析、长期预测和因果分析等，可用于环境政策评价和决策等。

澳大利亚建立了澳大利亚环境在线，这是由澳大利亚多部门提供的有关环境信息的网站，主要包括优先度、遗址、保护、海洋、自然遗址、环境报告等。此外，英国、荷兰、法国、德国、瑞典、新西兰、印度等许多国家也在生态资源管理系统建设方面做了大量研究与试验，在应用方面取得了很好的进展。

1.2.2　国内发展状况

我国在管理信息系统建设方面起步较晚，也经历了由单机到网络，由低级到高级，由电子数据处理到管理信息系统再到决策支持系统，由数据处理到智能处理的过程。从20世纪80年代开始，水利部、中国科学院、国家环境保护局、林业部、农业部、国土资源部等单位就开始研究建立相关的数据库及管理系统。在这里主要介绍与水土保持密切相关的数据库及管理系统。

（1）黄土高原水土保持数据管理系统。黄土高原水土保持数据管理系统是黄土高原水土保持科学研究几十年来科研积累的系统整理，实现了基于计算机网络技术的资源化管理。该系统主要服务于政府决策、科学研究、生产实践和科普教育，是中国科学院知识创新工程信息化建设重大专项——科学数据库及其应用的子项目之一。数据信息包括：黄河流域逐日水文泥沙数据、逐日气象数据、以县为单位的水土保持统计数据、相关科研单位的科研数据、生态环境因子等背景数据以及各种形式的图形、图片、视频数据，基本上全面收集了黄土高原水土保持监测预报、综合治理、生态修复、预防监督及科学研究方面的数据，反映了黄土高原环境演变和综合治理的历程。该系统在实体数据和元数据之间建立了相应的连接，方便了数据管理和维护。

（2）中国生态系统长期动态监测数据管理系统。中国生态系统长期动态监测数据管理系统包括农田生态系统、森林生态系统、草地生态系统、湖泊生态系统和海湾生态系统等中国五类典型的生态系统监测数据，主要是29个定位生态站的水环境、土壤环境、大气环境、生物环境等方面的长期定位监测数据，记录了这些项目的逐日或定期观测值，具体信息包括每条监测数据所属的生态站、采样时间、采样地经纬度、采样地点情况、采样条件、测定方法及单位、读数及最终监测结果等方面信息。该系统为生态环境及相关方面研究、评价提供了水、土、气、生等方面的一系列背景资料，具有一定的参考价值。目前可以通过互联网对该系统中的内容实现部分共享。

（3）全国生态环境综合数据库管理系统。全国生态环境综合数据库管理系统是根据全国生态环境调查的总体要求，利用GIS技术集成中国西部地区生态环境遥感调查和中东部地区生态环境调查所获得的全国范围多时相的遥感影像数据库，土地利用/土地覆被数据库，水土流失、海岸带、城市化和湿地等生态环境专题数据库，生态环境背景数据库等空间数据以及地面调查统计数据库和调查文档数据库。同时，建立基于全国生态环境综合数据库的数据集成系统，将所有生态调查成果数据及相关文档、多媒体等集成起来，使用户可按应用专题、时间范围、数据类型等多种方式灵活地查询全国生态环境调查的各种数据成果，使全国生态环境调查数据可以得到综合利用，为全国生态功能区划及各地生态环境保护的管理提供了数据支持和技术保障。全国生态环境调查数据集成系统主要由地理信息管理子系统、数据查询子系统、综合分析子系统、专题图生成子系统、元数据管理子系统、数据库维护子系统、地面数据采集子系统构成。系统以GIS空间组件为支撑，在数据库维护子系统、地面数据采集子系统和元数据管理子系统三个支持子系统的支持下，利用元数据管理的思想，对全部调查数据进行综合查询、显示对比和分析以及专题图、统计图等。数据量超过100GB。

1.3 我国水土保持信息化发展现状及存在的问题

1.3.1 我国水土保持信息化发展现状

我国水土保持信息化建设起步于20世纪80年代，当时主要是长江水利委员会、黄河水利委员会、海河水利委员会、北京林业大学、中科院水利部西北水土保持研究所等单位在水土流失综合治理、淤地坝管理等方面应用的初步探讨和研究。随着信息化技术在水土保持行业的深入应用，尤其是从2003年开始，在全国水土保持监测网络和信息系统建设项目的带动下，水土保持信息化工作取得了快速的发展。成果主要体现在以下4个方面。

(1) 信息化基础设施建设稳步推进。通过全国水土保持监测网络和信息系统建设、“数字黄河”和21世纪首都水资源可持续利用等项目的实施，水土保持信息采集与存储体系初具规模，建成了水利部水土保持监测中心、七大流域机构水土保持监测中心站、30个省（自治区、直辖市）水土保持监测总站和新疆生产建设兵团水土保持监测总站、175个水土保持监测分站和735个水土流失监测点，形成了泥沙、径流、降雨、土壤、植被、土地利用等信息采集体系；省级以上水土保持部门的各类在线存储设备的存储能力不少于200TB，水土保持信息采集、处理与存储能力得到不断加强，为信息化工作的有序开展奠定了坚实的基础。水土保持数据库也不断丰富。据不完全统计，截至2015年年底，全国省级以上水利部门建成的水土保持数据库数据总量已超过10TB，数据内容涉及土壤侵蚀、综合治理、预防监督、定位观测、法律法规、重要文件等方面。水利部利用第一次、第二次、第三次全国土壤侵蚀遥感调查成果，以及第一次全国水利普查水土保持情况专项普查成果，建立了以县为单位的1∶10万全国土壤侵蚀空间数据库，包含全国水土保持情况的第一次全国水利普查成果查询及服务系统；依托全国水土流失动态监测与公告项目，建成了多年连续的全国水土流失重点防治区动态监测成果数据库；通过国家自然资源和地理空间基础信息库项目——土壤侵蚀信息资源库数据整合改造，建立了全国土壤侵蚀信息资源库和数据产品体系，通过信息发布系统向各行各业、社会公众提供信息服务，促进了

数据共享。黄河水利委员会天水、西峰、绥德三个水土保持科学试验站和北京、福建、江西、河南、湖北、贵州等省（直辖市），整理汇编了一批时间序列长、观测指标完整的水土流失观测数据，并运用信息技术初步建立了水土流失试验观测数据库。不断丰富的数据资源，为国家生态建设提供了重要的数据支撑。

（2）业务应用系统开发不断深入。依托全国水土保持监测网络和信息系统建设，在开展流域级、省级数据库及应用系统示范建设的基础上，开发了包含预防监督、综合治理、监测评价、数据发布等业务的信息管理系统，并在水利部、七大流域机构、31个省（自治区、直辖市）和新疆生产建设兵团水利信息中心安装部署，初步形成了全国水土保持应用系统平台。水利部和各省（自治区、直辖市）依托该应用系统平台，实现了生产建设项目水土保持方案的信息化管理。开发的全国水土保持空间数据发布系统，为各行各业、社会公众提供全面、权威的水土保持信息，有效地支撑了水土保持各项业务的开展，显著提升了水土保持行业管理和科学决策水平。一些专业化的应用管理系统相继投入使用。长江上游滑坡、泥石流预警管理信息系统，实现了监测数据的远程上报、快速查询和分类统计，提高了长江上游滑坡、泥石流预警系统管理水平。黄土高原淤地坝信息管理系统，采用人机对话的方式，实现了淤地坝布局、建设规模、建坝时序和工程进度的科学规划与决策，改进了传统的小流域坝系建设前期工作方法。松辽流域水土保持监测与管理信息系统，实现了遥感、地理信息系统和水土流失预测预报的有机结合。北京、江西、湖北和贵州等省（直辖市）水土流失监测点信息采集系统，实现了水土流失定位观测数据实时监测与上报。北京市、辽宁省小流域管理信息系统，实现了水土保持基本单元的综合管理。另外，水土保持公务管理系统得到广泛应用。生产建设项目水土保持方案报批、水土保持工作情况统计等系统相继投入使用，促进了水土保持行政职能、办公方式和服务手段的转变，大大提高了工作效率。

（3）信息社会服务能力日益增强。水土保持网站建设成效显著。在“宣传水利、促进发展、增加透明、提高效率、增进沟通、服务社会”的总体要求下，各级水土保持部门积极开展门户网站建设工作，形成了以中国水土保持生态建设网站为龙头，七大流域机构，20多个省（自治区、直辖市）水土保持网站为支撑的全国水土保持门户网站体系。水土保持门户网站已经成为水土保持部门发布信息的主要平台，为社会各界提供了大量及时、翔实、可靠的水土保持信息，保障了人民群众的知情权、参与权和监督权。一些流域机构、省级的水土保持网站开辟了信箱、论坛、调查、投诉、建议等互动栏目，服务内容不断充实，服务形式日益多样，建立起了公众反映情况、解决问题、表达意愿的畅通渠道。

（4）信息化保障能力逐步提高。一是水利部发布了《全国水土保持信息化发展纲要》和《全国水土保持信息化规划（2013—2020年）》，明确了当前和今后一个时期工作的指导思想、原则、目标任务和保障措施，全国水土保持信息化工作进入了一个全面快速发展的新阶段。二是水土保持信息化标准逐步建立。水利部先后颁布了省（自治区、直辖市）水土保持信息系统建设基本技术要求、水土保持术语、监测点代码、信息管理技术规程、数据库表结构与标识符、水土保持元数据等一系列技术标准，黄河水利委员会印发了黄河流域水土保持数据库结构及数据字典、水土保持信息代码编制规定，进一步夯实了水土保持信息化工作基础，推进了信息资源共享。三是规章制度逐步出台。水利部印发了《水土保持生态环境监测网络管理办法》(水利部令第12号)、《全国水土保持监测网络和信息系统建设项目管理办法》，明确了各级监测机构职责、监测站网建设、资质管理、监测报告制度和成果发布等要求。山西、浙江、福建、重庆、四川、贵州、陕西和宁夏等省（自治区、直辖市）也先后制定了相关规定。水土保持信息化制度建设不断推进。

1.3.2 我国水土保持信息化建设中存在的主要问题

(1) 信息基础设施发展不均衡。水土保持信息采集设施设备落后、自动化程度低，长期可持续的信息采集机制尚未建立，难以及时、全面地获取相关信息；全国水土保持信息化发展呈现出不均衡现象，东部、中部、西部地区的差距较大，除个别省发展较快以外，大部分还处于信息化建设初期，甚至缺乏基础的数据处理、存储与管理的软硬件设施条件。

(2) 信息技术应用水平不高。信息技术应用水平落后于实际需求，信息技术的潜能尚未得到充分挖掘。一些地区和单位仍然习惯于传统的纸介质运作方式，缺乏运用高新技术融入行政管理的思维和认识，信息的采集、传输、接收、处理、分析等过程中手段普遍较为落后；建立了数据库与应用系统，但与业务发展需求匹配程度不高，实际缺乏对业务的推动；开发的业务处理系统，也只停留在表层信息的存储、传递和表达，未能根据业务深入挖掘面向管理与决策的分析功能。

(3) 信息资源整合共享程度低。一些地区缺乏“一盘棋”的意识，开发的系统是为单一部门、单一应用服务，存在“应用孤岛”“信息孤岛”现象，导致信息资源分散，低水平重复，造成资源浪费。积累的水土保持信息资源，未按照相关标准进行数字化处理、规范化管理，缺乏有效分类总结与集中交流的渠道，制约了信息开发利用价值和信息共享。

(4) 信息化发展保障条件不足。一些单位缺乏持续保障的政策性正常资金渠道，导致长期以来在水土保持信息化建设与运行维护方面的投入严重不足。水土保持信息化建设重建设、轻管理，不及时进行信息资源的收集整理，导致系统成为“演示系统”，不能发挥预期作用。此外，水土保持信息化队伍的人才缺乏、培养机制缺乏、技术储备不足也是亟须解决的问题。

1.4 我国水土保持信息化建设面临的形势

信息化是当今世界经济和社会发展的大趋势。大力推进信息化，是覆盖我国现代化建设全局的战略举措。当前和今后一个时期，水土保持工作面临的新形势迫切需要信息化提供更加有力的支撑。

1.4.1 全球信息技术发展快速迅猛

20世纪末，遥感技术、地理信息系统、计算机技术、网络技术、多维虚拟现实技术等高新技术被应用于人类社会发展各个领域，带来信息化建设的快速发展。信息资源已成为重要的生产要素，信息化发展已成为世界各国的共同选择。美国实现了从“车轮上的国

家”到“网络上的国家”的重大转变，信息技术进入产业化发展阶段。政府的工作和服务基本实现了数字化和网络化，水利信息化指数达到95%以上，建成了水位、雨量等水文数据的自动采集、传输、实时发布体系，建立了遍布全国的土壤侵蚀数据采集体系，定期开展遥感调查，开发了面向农场主的在线土壤侵蚀评价系统，实现田间地块的精细化管理。欧盟、日本、澳大利亚等，其信息化技术也已融入到经济社会的各个领域，推动了社会经济快速持续发展。近年来，信息技术创新向高速大容量、网络化、集成化方向发展的势头更加迅猛，通信、电子、传感技术等学科相互交织，涌现出云计算、物联网等新技术、新理念，正孕育着新的重大突破，已广泛向经济社会各领域渗透，深刻地改变着信息化发展的技术环境和条件。

1.4.2　我国信息化推进步伐明显加快

自20世纪90年代，我国相继启动实施金卡、金关、金盾、金水等“十二金”工程以来，我国各行业各部门信息化建设取得了重大进展。特别是进入21世纪，信息化对我国经济社会发展的影响更加深刻，信息网络实现跨越式发展，成为支撑经济社会发展重要的基础设施；信息产业持续快速发展，对经济增长贡献度稳步上升；信息技术在国民经济和社会各领域的应用效果日渐显著；信息资源开发利用取得重要进展，信息化基础工作进一步改善。我国经济社会各领域信息化建设成效显著。电子政务稳步开展，已成为转变政府职能、提高行政效率、推进政务公开的有效手段；国土资源部门建立了全国国土资源监测“一张图”及年度土地利用快速变更维护新机制；林业部门建成了覆盖全国的森林资源连续清查数据库和森林资源分布数据库，一些省实现了重点工程网上作业设计；水利信息自动采集和水利信息网络基本覆盖全国，水利信息化综合体系基本形成。经济社会各领域根据我国信息化发展战略制订信息化发展规划，明确将提高信息化水平作为今后一个时期的重要任务，从基础设施建设、数据库建设、应用系统建设、标准建设等方面，全面推进信息化建设进程。

1.4.3　水利事业发展为水利信息化提供了很好的发展机遇

多年来，在各级水利部门的不懈努力下，以水利信息化基础设施建设、应用系统开发与集成、信息化环境保障措施等为主要内容的水利信息化建设取得了明显成效，有力地支撑了水利规划、勘测、设计、建设、管理、预报、监测等各项工作，推动了水利管理方式转变和水利管理体制改革，在水利现代化进程中发挥了不可替代的推动作用。当前与今后一个时期，水利部将从六个方面加快信息技术与水利融合，全面提升水利信息化水平，主要包括整合完善信息采集设施，提升水利信息综合采集能力；发展水利通信和网络，增强信息交换和服务的支撑能力；深入开发利用水利信息资源，强化信息整合与共享；推进信息安全技术应用，夯实水利信息化安全保障能力；加强重点业务应用系统建设，提高水利管理和服务能力；完善体制机制，不断提高水利信息化的持续发展能力。《中共中央　国务院关于加快水利改革发展的决定》与中央水利工作会议对水利工作进行全面部署，各级财政对水利投入的总量和增幅将有明显提高，大幅度增加中央和地方财政专项水利资金，为水利信息化建设提供了良好的物质条件。

1.4.4 水土保持事业发展新形势对信息化提出更高要求

我国是世界上水土流失最严重的国家之一，水土流失成因复杂、面广量大、危害严重。加快推动我国水土保持生态建设进程，既要加大水土流失防治力度，又要采取严格的水土保持管理措施，还需要通过信息化手段提高水土保持行业管理效率、能力与水平。在当前经济社会迅速发展、科学技术日新月异的形势下，水土保持事业要实现跨越式发展，实现又好又快发展的战略目标，必须充分利用现代信息技术，推动水土保持科学研究，建立我国水土流失预测评价模型，分析水土流失规律，评价水土流失危害，确定水土流失防治重点；必须充分利用现代信息技术，深入开展预防监督，查处重大违法案件，推动科学执法，遏制人为水土流失；必须充分利用现代信息技术，优化水土保持生态建设工程布局，促进人与自然和谐。大力推进水土保持信息化，广泛采用现代信息技术，有助于促进水土保持相关学科的交叉融合，提高对水土流失变化及其规律的认识和把握，及时采取相应的对策，使得水土流失防治思路、方略和决策更加科学、更加合理；大力推进水土保持信息化，开发利用信息资源，有助于实现对水土资源开发利用和节约保护的精准控制，减少资源消耗和弃土弃渣排放，促进水土资源的可持续利用；大力推进水土保持信息化，建立现代化的预测预报体系，有助于及时应对水土流失灾害，提升水土资源保护和管理的能力与水平；大力推进水土保持信息化，推动管理职能和业务流程的优化组合，有助于深化水土保持行政审批制度改革，推进审批项目、流程和规则的公开化、制度化和规范化。

1.5 我国水土保持信息化发展目标与主要任务

当前一个时期，是我国全面建设小康社会、加快推进社会主义现代化建设的关键时期，是形成较为完善的水利基础设施体系，全面深化水利改革和管理的重要时期，也是水利信息化建设的攻坚时期。根据全国水土保持事业发展和国家信息化发展需要，水利部组织编制并印发了《全国水土保持信息化规划（2013—2020 年）》，明确了今后一个时期水土保持信息化建设的目标、任务和重点。

1.5.1 建设原则与建设目标

1.5.1.1 建设原则

（1）统筹规划，分步实施。从全国水土保持事业的全局出发，统筹各级水土保持信息化发展需要，强化顶层设计，统一规划，明确重点，急用先建，分步多层次协同推进。

（2）统一标准，分级建设。遵循国家和行业信息化技术标准，结合水土保持信息化建设任务的需要，统一制定标准规范，各级按需补缺，突出特点，分级开展水土保持信息化建设工作。

（3）项目带动，全面推进。围绕水土保持重点工程，开展水土保持信息化建设，以信息化工作基础好、工作重视的流域、省为示范，重点扶持，资金优先，以点带面，全面稳步推进水土保持信息化建设。

（4）需求驱动，面向应用。以水土保持业务工作的新需求为导向，选择实用、先进的

信息技术，建立可配置和易扩展的应用系统，通过水土保持信息化提高工作效率和成果质量，全面促进水土保持核心业务的信息化应用体系建设。

（5）整合资源，促进共享。充分利用国家公共信息网络和水利行业的信息化基础资源，加快水土保持信息化标准建设，避免低水平的重复建设，通过统一的信息资源共享平台，促进资源共享，节约人力和资金成本，提高水土保持信息的利用效率。

1.5.1.2 建设目标

全面推进水土保持信息化发展，到2020年基本实现信息技术在县级以上水土保持部门的全面应用。建立覆盖国家、流域、省、地市、县五级和监测点的水土保持数据采集、传输、交换和发布体系，初步搭建上下贯通、完善高效的全国水土保持信息化基础平台。全面完成省级以上水土保持业务数据的标准化整合改造，基本建成国家、流域和省三级水土保持数据中心，建立健全数据更新维护机制，实现信息资源的充分共享和有效开发利用。信息技术在水土保持核心业务领域得到充分应用和融合，全面提升水土保持决策、管理和服务水平。

1.5.2 主要建设任务

1.5.2.1 信息基础设施建设

依托国家及水利行业信息网络资源，建立和完善水土保持信息站网体系、数据采集体系、数据处理和存储体系等。构建全方位智能化数据采集节点，准确、快速的数据处理环境，建立三级水土保持数据中心基础环境，搭建五级水土保持互联互通传输网络系统。

1.5.2.2 水土保持数据库建设

在国家、流域、省三级水土保持数据库的基础上，结合水土保持工作的新需求，以全国水土保持数据库“一盘棋”的思路，建立和完善水土保持基础数据库、业务数据库和元数据库，不断完善水土保持数据库管理系统，使各级数据库具有良好的伸缩性、安全性，便于数据库的更新和移植；优化数据资源配置，强化分级运行管理，保证水土保持各应用系统的正常运行，促进数据共享，为面向行业和社会公众的信息服务奠定数据基础。

1.5.2.3 应用支撑体系建设

水土保持信息化应用支撑建设，是从水土保持业务流程中提炼出公用的、基础的业务处理、分析功能，形成规范统一的各类基础组件，为水土保持业务应用系统建设、运行、协同提供统一的基础支撑服务，提高应用系统建设效率，解决业务应用之间的互通、互操作、数据共享与集成等问题。主要包括基础业务模型、业务流程管理、专业分析处理和信息共享应用等内容。

1.5.2.4 应用系统建设

水土保持应用系统分为业务应用系统和应用服务系统两大部分。根据水土保持核心业务的发展新需求，按照统一标准和统一技术构架，对水土保持应用系统进行升级改造，完善业务区域特色的功能。业务应用系统是为各类水土保持业务工作开发的系统，是按照监督管理、综合治理及监测评价等核心业务的具体流程，采用面向过程、组件和面向服务等架构，开发的应用系统。应用服务系统包括办事类、信息类和辅助决策类等服务系统。

1.5.2.5　门户网站

充分依托水利及水土保持行业已有的网站门户资源，结合水土保持业务需求，推进信息发布、在线服务，构建水土保持信息共享与服务平台，全面促进水土保持信息共享和业务协同。健全以中国水土保持生态环境建设网为龙头的国家、流域、省（自治区、直辖市）水土保持机构的门户网站建设，构建统一的水土保持信息对外发布与服务窗口。有条件的地市、县级水土保持机构可建立符合本地区需求的网站门户。门户网站建设总体框架如图1-1所示。

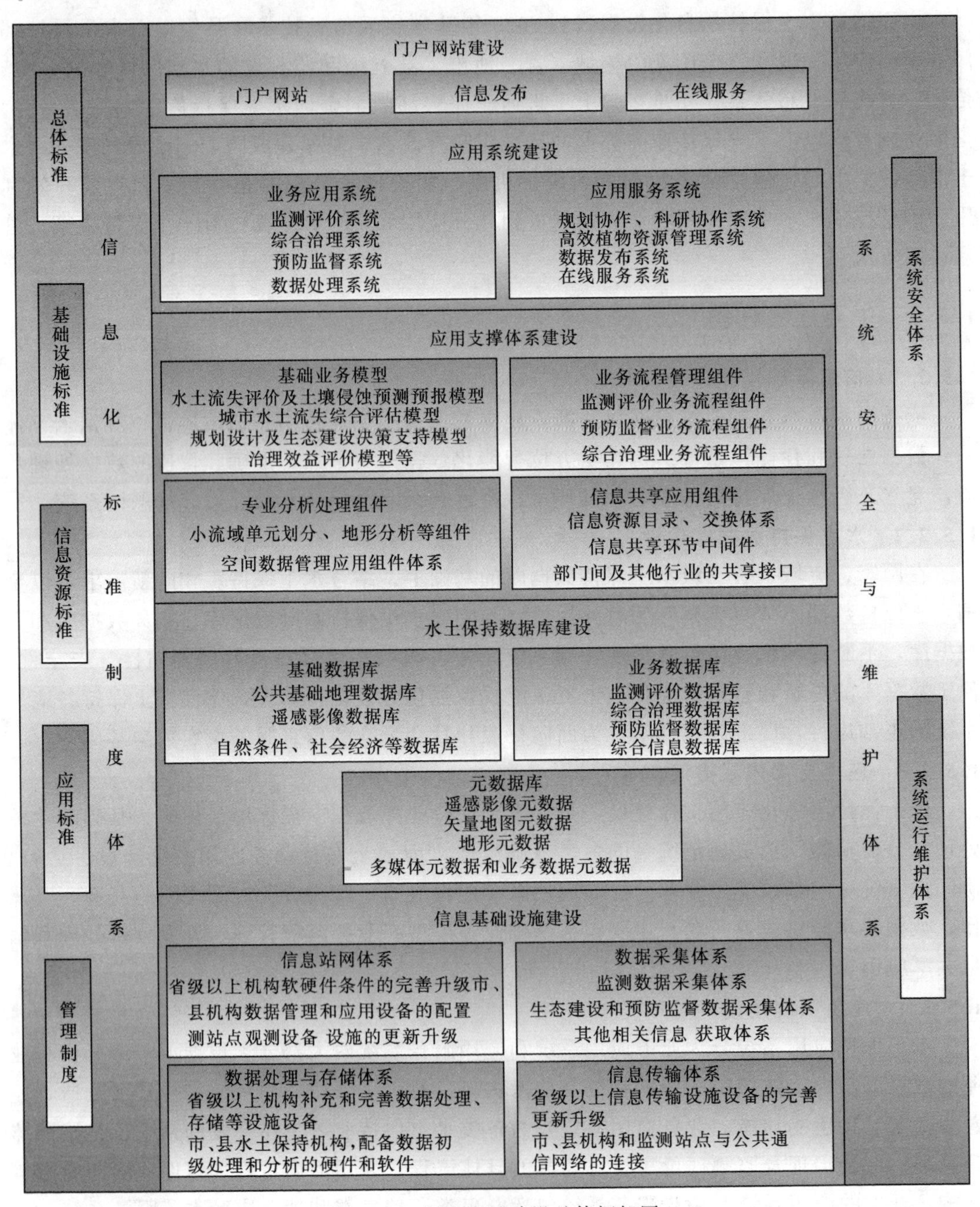

图1-1　门户网站建设总体框架图

1.5.2.6 标准规范体系

紧密围绕水土保持信息化建设内容，研究梳理水土保持信息化的标准需求，在优先采用国家、水利已建信息化标准的基础上，按照急用先行、突出重点的原则，有序推进水土保持信息化标准建设，形成较为科学、合理的水土保持信息化标准体系，规范和指导水土保持信息化建设工作。省级以下部门可根据实际情况，在国家标准、行业标准的基础上研制地方实用性标准与规范。标准规范主要包括总体标准、基础设施标准、信息资源标准、应用标准和管理标准等。

1.5.2.7 安全与维护体系

根据国家信息系统安全等级保护相关要求及《水利网络与信息安全体系建设基本技术要求》，结合现有网络与信息安全设施，完善各级水土保持信息系统安全体系，主要包括网络安全、数据安全、系统安全、应用安全、制度建设等。为保证水土保持信息系统的长效服务，要建立健全的系统运行维护体系，建立信息系统运行维护管理机制，落实运行维护经费，建立信息系统运行管理和运行维护等标准、规范体系，完善运行维护技术手段，保证系统的维护、管理和更新。

1.5.3 重点建设项目

1.5.3.1 国家水土保持信息基础平台建设

在全国水土保持监测网络和信息系统建设的基础上，通过稳步推进各类监测点的升级改造，初步构成全国水土保持监测站点体系；积极推动水土保持信息采集设备的更新，主推智能化观测设备，提高水土保持信息采集的自动化水平和效率；进行国家、流域和省级水土保持信息资源的整合，完成三级数据中心建设，初步建成全国水土保持数据库体系；充分利用国家水利骨干网、公共网络通信资源等，实现水土保持网络的互联互通；优先建设监测站点的传输网络，提高监测站点数据自动化传输水平。通过建设，构建科学、高效、安全的国家级水土保持决策支撑体系，为国家生态建设提供决策依据。

1.5.3.2 水土保持预防监督管理系统

在全国水土保持监测网络和信息系统建设的基础上，完善水土保持预防监督管理系统，进一步梳理生产建设项目水土保持方案审批、监理监测、监督检查、设施验收、规费征收等业务，加强各项业务间的衔接和统一，实施一体化管理思路，实现水土保持监督管理业务的网络化和信息化，进一步提高生产建设项目水土保持行政管理效率和社会服务水平。加强对重点防治区、城镇水土保持以及水土保持资质等信息化管理，进一步提升水土保持监督执法效率和能力。主要包括生产建设项目水土保持管理、水土保持监督执法管理、水土保持重点防治区管理、水土保持生态文明建设管理等建设内容。

1.5.3.3 国家重点治理工程项目管理系统

完善国家重点工程项目管理系统，以小流域为单元，按流域和行政两种空间逻辑进行一体化协同管理，以项目、项目区、小流域三级空间分布，将小流域现状和治理措施落实到地块，实现小流域治理精细化管理，满足不同层次水土保持部门对项目规划设计、实施管理、检查验收、效益评价等信息进行上报、管理与分析的需要，规范水土保持生态工程建设管理行为，提高管理效率和水平。主要包括综合治理项目规划设计、综合治理项目实

施管理、综合治理项目监测效益评价、综合治理情况数据统计与上报等建设内容。

1.5.3.4 水土保持监测评价系统

围绕区域水土保持监测、水土流失定点监测和生产建设项目水土保持监测等监测业务，完善已开发应用的水土保持监测预报系统，加强各项监测业务系统的整合和贯通衔接，提高监测数据快速获取、处理、传输、分析评价和有序管理能力，提升各项监测业务的数字化、网络化和智能化水平。主要包括水土保持遥感监测评价、区域水土流失监测数据管理、水土流失定点监测数据上报与管理、生产建设项目水土保持监测管理等建设内容。

1.5.3.5 水土流失野外调查单元管理系统

在第一次全国水利普查水土保持专项普查成果的基础上，充分利用地面调查技术、3S技术、数据库技术以及物联网技术，构建基于公里网抽样的全国水土流失野外调查与评价系统，实现抽样单元水土流失野外调查数据的自动化采集和高效管理；研究基于抽样调查体系的区域土壤侵蚀预测预报模型及参数，实现区域土壤侵蚀强度的预测预报，为水土流失防治宏观决策提供支持。

1.5.3.6 小流域基础数据资源建设

基于1∶10000国家基础地理信息数据，分期分批开展小流域单元划分，开展小流域基础图班野外现场调查，建立以小流域为单元的水土保持基础数据资源数据库，探索实现“图斑-小流域-县-省-流域-国家”的水土保持工程建设及效益分析的精细化管理。

1.5.3.7 水土保持信息共享与服务平台

基于各级水土保持机构的门户网站，开发信息发布系统、在线服务系统、资源目录服务系统，构建集信息发布、网上办事、互动交流、资源共享于一体的水土保持信息共享与服务平台，畅通信息发布渠道，实现全国水土保持数据物理上分散、逻辑上集中的统一管理，促进数据交换与信息共享。

1.5.3.8 水土保持规划协作平台

构建集水土保持规划信息采集、海量数据管理、数据共享、信息服务、知识积累、规划管理、成果应用一体化的水土保持规划协作系统，以三维、互动、直观的方式为水土保持规划资料分析、成果编制、规划决策提供专业、全面、实时、准确、高效的信息资源支撑和决策环境，创新水土保持规划技术手段和工作机制，提高规划效率、规划成果利用效率和规划管理效能。主要包括水土保持协同规划辅助支持、规划工作管理、规划成果管理等建设内容。

1.5.3.9 水土保持高效植物资源管理系统

紧密围绕水土保持行业独具特色、长期积累、成熟的植物资源，提供水土保持高效植物类型和不同水土保持植物的特点和差异，建立水土保持高效植物资源目录索引，适宜生长范围和措施匹配、植物育种等相关内容的水土保持高效植物资源管理系统，为水土保持综合治理、生产建设项目水土保持方案中植物措施优化配置提供信息支撑，为社会公众了解不同区域水土保持高效植物资源、促进农民增收、改善生态环境提供信息服务。主要包括水土保持高效植物资源管理、植物资源目录索引、植物措施配置、植物资源公众服务等建设内容。

1.5.3.10　水土保持科研协作支撑系统

利用先进的项目管理思想和网络技术，构建集科研资源管理、科技协作于一体的水土保持科研协作和信息共享平台，提高科研协作的管理效率，实现水土保持科研信息的高效共享，促进水土保持科研工作者的交流与协作，推动科研成果的推广和应用。主要包括科研项目信息管理、科技信息管理、科研会议管理、专家信息管理、科研互动平台等建设内容。

第2章 系统总体结构

2.1 总 体 思 路

全国水土保持管理信息系统是以国家信息化发展战略为指导，以全国水利信息化发展规划和全国水土保持信息化规划为依据，按照全国水土保持监测网络和信息系统建设项目要求，统一开发的覆盖水利部、流域管理机构、省（自治区、直辖市）、地市、县级水土保持部门的系统。该系统以遥感、地理信息系统、全球定位系统以及计算机网络技术为支撑，以实现对水土保持信息快速采集、传输、存储、管理、应用与共享服务，促进资源共享和开发利用，全面提高水土保持预防监督、综合治理、监测评价和管理水平。

全国水土保持管理信息系统建设基于分布式网络GIS与大型数据库技术，把水土保持管理工作纳入计算机网络信息管理之中。在技术体系上统筹考虑水土保持各项业务环节、数据采集方式、数据存储方式、数据传输方式，把各个子系统作为一个整体来考虑，建立可持续应用的信息系统平台。该系统主要包括基础信息数据库、业务数据库、元数据库及水土保持监督管理、综合治理、监测评价、发布与服务等。全国水土保持管理信息系统在水利部、七大流域管理机构、31个省（自治区、直辖市）和新疆生产建设兵团水利信息中心安装部署，水利部、流域管理机构、省（自治区、直辖市）、地市、县级水土保持部门用户及社会单位、公众用户通过网页或客户端根据权限进行应用。水土保持监督管理系统功能上实现了方案申报、审查批复、监督检查、评估验收等全过程的信息化管理；水土保持综合治理系统功能上实现了国家水土保持重点治理项目的前期工作、计划、工程实施等全过程业务信息的在线填报、上传、统计和分析；水土保持监测管理系统以水土保持普查、水土流失动态监测、监测点定位观测信息成果管理为核心，功能上实现了动态监测数据和定位观测数据的上传、管理和查询统计；水土保持发布与服务系统功能上为各行各业、社会公众提供历次水土保持普查、重点防治区等信息查询。全国水土保持管理信息系统基本实现了水土保持业务信息数字化、运行网络化、管理规范化，促进了水土保持行政职能、办公方式和服务手段的转变，显著提高了工作效率。

2.2 设 计 原 则

为保证系统达到建设目标，在系统设计开发时遵从以下原则：

（1）实用性与可靠性。系统设计以需求为导向，以应用为目的，突出应用性。在建设过程中，采用软件质量控制技术，保证软件系统运行稳定，各类数据准确无误。

（2）标准性与统一性。系统的数据库、网络、数据、操作系统、应用系统、用户接口等严格遵照国家与行业标准规范，根据工作流程、信息流程、数据分析，保证系统的完整性、协调性和规范性。实现不同层次用户的信息共享。

（3）友好性与可操作性。系统整体结构清晰、严谨，界面友好，形象直观，易于操作，易于更新，易于管理，满足各层次用户的使用要求。

（4）科学性与先进性。确保其在技术上的先进性和良好的可扩充性。实现数据仓库技术、计算机网络技术、海量数据处理技术、时态空间数据库技术、面向对象的 GIS 技术、多媒体技术等有机结合。

（5）高效性与安全性。各类信息自下而上，逐层提炼、归纳、合并，减少冗余，提高空间信息输出效率和地理信息表达效果，面向较复杂应用时，系统能够进行高效和快速的数据传输与处理。系统具有完善的安全保密措施，防止资料的丢失和各种越权访问。

2.3 系 统 架 构

2.3.1 总体架构

根据全国水土保持信息化建设的目标，紧密围绕水土保持各级业务需求，遵循全国水土保持“一盘棋”的建设思路，以水土保持业务数据为基础，以海量数据管理、多源空间数据和专业数据的融合为手段，以水利信息网为依托，以标准、制度和安全体系为保障，以水土保持预防监督管理、综合治理、监测评价等核心业务流程为主线，建成 1 个全国水土保持信息共享平台，内网和外网两大门户，国家、流域、省三级数据库，预防监督、综合治理、水土保持监测评价、社会服务 4 项业务，国家、流域、省、市、县五级服务，实现信息资源共享和业务协同的业务支撑平台。

全国水土保持管理信息系统由信息基础设施、数据库、应用支撑、应用系统等部分组成，各个部分之间通过标准化的协议与接口结合为一个有机的整体。系统总体架构如图 2－1所示。

（1）信息基础设施。信息基础设施是应用系统和数据库持续运行的搭载平台，是实现资源共享、政务协同、辅助决策和公共服务的重要基础。要在统一的标准规范体系和安全体系框架下，有序地建设和管理基础设施，充分发挥其作用。应用系统和数据库建设要与基础设施建设密切结合。信息基础设施主要包括信息站网体系、数据采集体系、数据处理与存储体系、信息传输体系。

信息站网体系是指由水利部、大江大河流域管理机构、省级水土保持主管部门为核心

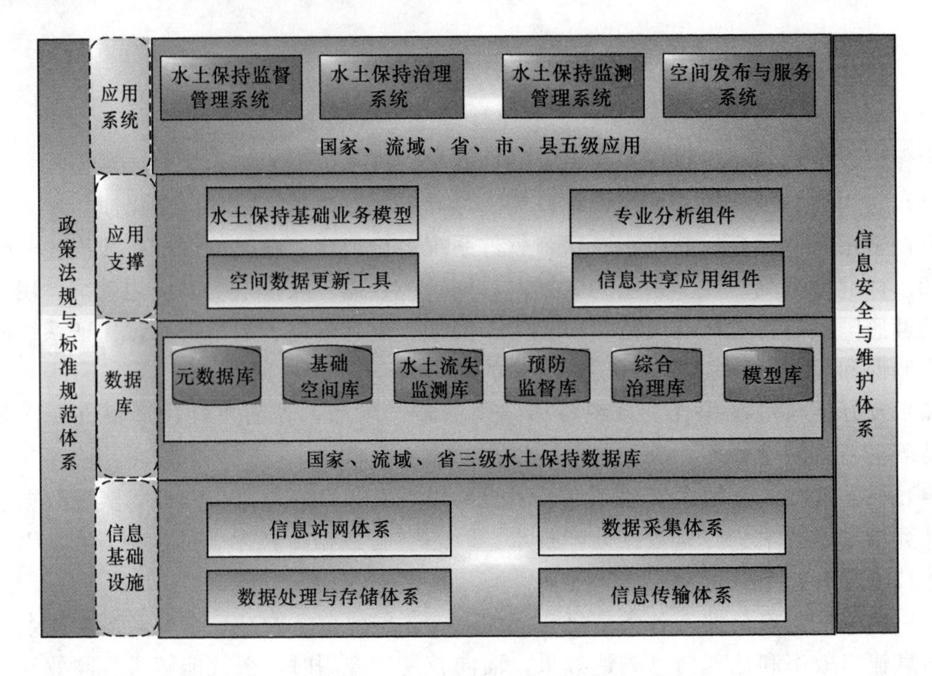

图 2-1　系统总体架构图

的三级信息汇集节点，以及市、县水土保持管理部门与各级监测站点构成的水土保持信息站网体系。

数据采集体系主要是指各级业务管理部门根据业务管理需要进行的数据上报、汇总，以及通过水土保持监测站网对监测站点进行的数据采集，其他相关信息主要是从有关部门获取，如基础地理数据、水文、气象、植被、土壤等水土流失影响因子数据等。

数据处理与存储体系是指水利部、大江大河流域管理机构、省级水土保持主管部门三级水土保持信息汇集节点，主要包括 GIS、RS 与办公软件等数据处理工具，以及计算机、服务器等对数据进行处理与存储的硬件设备。市、县水土保持管理部门主要包括 GIS、RS 与办公软件、计算机等对数据进行初级处理和分析的硬件和软件等。

信息传输体系是指主要依托国家水利政务内网及水利骨干网、公共网络通信资源，实现各层级间的信息传输。

（2）数据库。数据库是实现应用系统功能的重要支撑，是实现各种应用和服务的数据依据和来源。通过各种类型的数据库，为各种水土保持业务应用系统、水土保持信息资源共享和水土保持信息服务提供必要的数据支撑。主要包括元数据库、基础空间库、水土流失监测库等。

（3）应用支撑。应用支撑是建设应用系统的核心工具，是实现应用系统各种服务功能的技术关键。通过水土保持应用支撑体系建设，为应用系统之间无缝集成提供信息交换服务和业务协同支持，解决应用系统开发过程中可能出现的低水平重复开发和信息资源不能共享等问题，规范支撑跨部门、跨地区的业务系统之间协同作业。主要包括水土保持基础业务模型、专业分析组件、空间数据更新工具、信息共享应用组件、智能分析工具、专题地图服务组件等。

（4）应用系统。应用系统是水土保持信息化建设的核心内容，是实现支撑水土保持业务应用和服务的主要体现形式和关键所在。通过应用系统建设，开发部署各类业务应用和应用服务系统，为领导决策、部门间业务协同、社会公共服务、信息资源共享等提供支持。主要包括水土保持监督管理系统、水土保持综合治理系统、水土保持监测管理系统、空间发布与服务系统等。

（5）政策法规与标准规范体系。政策法规与标准规范体系是水土保持信息化基础性工作。完善的水土保持信息化政策法规与标准规范体系，通过水土保持信息分类、采集、存储、处理、交换和服务等一系列标准与规范，为应用系统、应用支撑、数据库和基础设施建设的规划、设计、实施和运行提供技术准则。

（6）信息安全与维护体系。信息安全与维护体系是水土保持信息化持续发展的重要保障。通过配置安全设施，制定安全规章和策略，健全安全管理机制，逐步形成水土保持信息安全体系，为应用系统和数据库的推广应用提供安全保障。通过制定和落实信息化组织机构、人才队伍、资金、运行管理机制等建设，为水土保持信息化工作健康、持续推进提供保障。

2.3.2 技术架构

根据水土保持业务需求和系统总体架构，从基础层到应用层采用四层技术架构，分别实现数据通信、数据存储与管理、数据分析和应用表达等不同的功能，保证系统结构的清晰、可扩展、可维护、可移植。系统技术架构如图 2-2 所示。

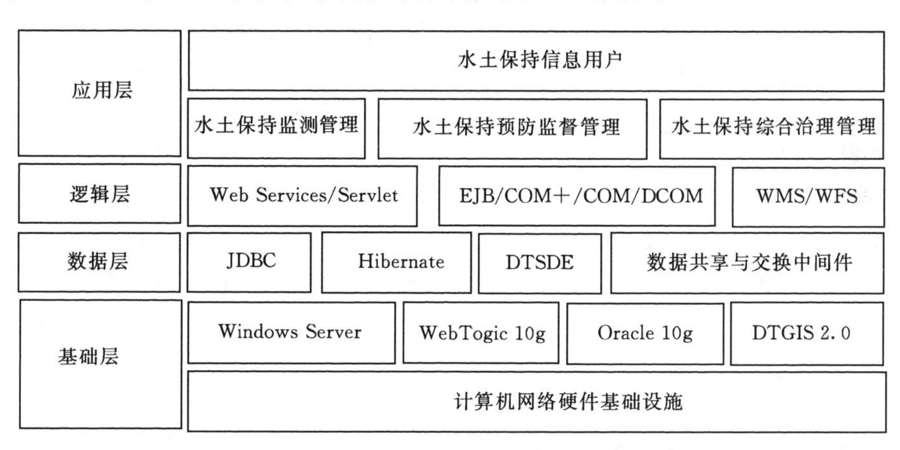

图 2-2 系统技术架构图

（1）基础层。计算机网络硬件及相关基础设施是系统技术架构的基础保障。全国水土保持信息管理系统采用的操作系统为 Windows Server。应用服务器采用甲骨文公司（Oracle）的 WebLogic。WebLogic 的安全特性使客户可以从浏览器、Java 客户端或其他 WebLogic 服务器安全地与 WebLogic 服务器创建连接。数据库平台采用甲骨文公司 Oracle 数据库，该数据库操作简易、可扩展性强、安全性高、性能稳定、自动复制、对象关系型数据库，具有先进的网络特性和管理能力。

地理信息系统平台采用北京地拓科技发展有限公司的 DTGIS。DTGIS 具备通用 GIS

平台功能外，以空间数据库、元数据技术、分析式计算、远程网络服务、空间信息共享、流域—水系拓扑模型等技术作为强劲内核，采用面向服务 SOA 的构架体系，以业务需求为驱动，实现数字流域 GIS 平台的网络化、专业化设计，实现 GIS 平台从"以地图表达为核心"向"以空间信息服务为核心"的技术转变。

(2) 数据层。即数据访问层。数据的访问采用 Java 数据库连接（简称 JDBC)，是一种用于执行 SQL 语句的 Java API，可以为多种关系数据库提供统一的访问接口。JDBC 由一组用 Java 语言编写的类与接口组成，通过调用这些类和接口所提供的方法，用户能够以一致的方式连接多种不同的数据库系统，使用标准的 SQL 语言来存取数据库中的数据，不必为每一种数据库系统编写不同的 Java 程序代码。

应用程序数据封装组织采用对象关系映射框架（Hibernate)。它对 JDBC 进行了非常轻量级的对象封装，使程序员可以使用对象编程思维来操纵数据库。

空间数据引擎采用北京地拓科技发展公司的 DTSpatial。DTSpatial 是 DTGIS 与关系数据库之间的 GIS 通道。它允许用户在多种数据管理系统中管理地理信息，并使所有的 DTGIS 应用程序都能够使用这些数据。

应用 Web Service 技术，开发的水土保持共享与交换中间件，以 GML 和 XML 方式交换数据，实现水利部、流域管理机构、省级水土保持部门数据的动态更新、数据同步、数据共享交换。

(3) 逻辑层。逻辑层首先构建水土保持空间应用基础支撑，封装了水土保持空间应用中通用的、基础的功能，为各应用系统构建提供基础应用支撑服务。封装方式包括 Web Services/Servlet 的系统服务、EJB/COM＋/COM/DCOM 的组件式系统服务和 WMS/WFS 满足 OGC 标准的空间地图服务。

(4) 应用层。在所有基础支撑之上封装基础空间服务与标准接口服务，支撑水土保持 GIS 应用和水土保持业务应用。应用层设计采用 J2EE 技术架构，在应用层面具有较高的灵活性、可扩展性与复用性，还能够为新增的应用服务提供良好的接口，即能够完全适应应用变化需求的 J2EE 多层架构，能够很方便地将水土保持各专题应用的实际需求模块化，并确定模块之间的关系。通过创建各类基础的 EJB 应用组件和各专题应用个性的 EJB 应用组件构建整个应用系统。

2.3.3 应用体系

以全国水土保持管理信息系统为核心构建应用体系，主要包括监督管理、综合治理、监测管理、发布与服务等 4 个系统。监督管理系统由水利部、流域管理机构、省、市、县五级系统组成，分别部署在水利部、流域管理机构和省（自治区、直辖市）水利信息中心；综合治理系统部署在水利部水利信息中心；监测管理系统由水利部、流域管理机构、省、监测点四级系统组成，分别部署在水利部、流域管理机构和省（自治区、直辖市）水利信息中心，水土保持应用成果在各级水利部门进行共享应用。

2.3.4 用户结构

全国水土保持管理信息系统的服务对象主要是水利部、流域管理机构、各地水土保持

部门、技术支撑单位及社会公众等。

（1）监督管理系统。主要为水利部、流域管理机构、省级、市级和县级水土保持部门，水土保持方案编制、技术审查、监理监测等单位服务。水利部、流域管理机构、省级、市级、县级水土保持部门可以及时交换、查询、统计和下载系统中的资料。水利部可以通过系统将有关资料交换到相关流域管理机构和地方水土保持部门；流域管理机构有关资料可以通过系统交换到水利部和相关地方水土保持部门；各地水土保持部门有关资料可以通过系统交换到水利部和相关流域管理机构。水土保持方案编制、技术审查、监理监测等单位可以按照用户权限使用该系统。

（2）综合治理系统。主要为水利部、流域管理机构、省级、县级水土保持部门开展国家水土保持重点工程建设管理提供支撑和服务，通过系统可以实现项目规划、实施方案、年度计划、实施进度、资金管理、检查验收、统计报送等信息的分发、上报、查询、统计和下载等。在项目实施方案阶段，可以实现项目区规划治理措施的上图；在项目施工阶段，可以实现治理措施以地块为单元的图斑化管理；在项目检查验收阶段，可以实现规划治理措施与实施地块的关联等。

（3）监测管理系统。主要是为水利部、流域管理机构、省级水土保持监测机构和监测点提供支撑和服务。各级监测机构可以通过系统实现全国水土保持情况普查、全国水土流失动态监测与公告项目、监测点定位观测等获取的水土流失因子、水土流失状况及其防治效果等数据的交换、汇总、查询和统计。

（4）发布与服务系统。主要是通过水土保持门户网站，为水土保持行业用户和社会公众用户提供高效、便捷的水土流失状况及其防治效果等数据的检索、查询、下载、统计与分析等服务。

第3章 水土保持数据资源与数据库

3.1 总 体 结 构

全国水土保持数据库是由水利部、流域管理机构和省三级共41个节点组成的大型分布式空间数据库。水利部和流域管理机构节点支撑各自的应用，省级节点支撑本省及所辖市、县的应用。各级数据库之间根据业务需要进行数据交换，实现数据共享。水利部节点数据库由水土保持基础信息数据库、业务数据库和元数据库构成。其他节点数据库由水土保持基础信息数据库、业务数据库和元数据库构成。元数据是描述数据的数据，元数据库是整个数据库系统的基础管理库，通过元数据库实现对整个数据库的高效检索和发布应用。其他各数据库依赖于基础地理信息库的建立，也就是说各业务数据将映射到具体的行政区划、流域等基础地理信息上。数据库涉及数据格式有矢量、栅格、多媒体文件、日志文件和属性表。各数据库以及之间的关系如图3-1所示。

由于矢量、栅格、多媒体文件的数据量巨大，已经达到TB级规模，且增长速度非常快，为了提高大数据量数据的存取效率，数据库采取文件系统存储和数据库存储结合的方式。矢量和属性表数据采用关系型数据库存储；栅格、多媒体文件采用文件系统存储，同时对其分别建立栅格金字塔和索引，以支持大数据量数据快速查询访问。图3-2为文件存储目录简化图，从中可见各类数据的组织形式。

3.2 数 据 库 分 类

数据库建设的最终目的是为业务服务。在充分考虑各级水土保持业务数据采集、传输、存储、处理、应用等各方面因素的基础上，水土保持数据库从作用上可以分为基础类和应用类。其中，基础类数据库主要是基础地理数据库，应用类数据库包括水土保持综合治理数据库、监督管理数据库、监测评价数据库。

（1）基础数据库。包括自然条件、社会经济、基础地理和遥感影像等数据库。水利部、流域管理机构和省、市、县的管理层面和业务需求不同，分级建设基础数据库，公共基础数据库的专题数据主要来源于相关部门。

基于水利部、流域管理机构、省为核心的公共基础地理数据库，主要包括公共使用的

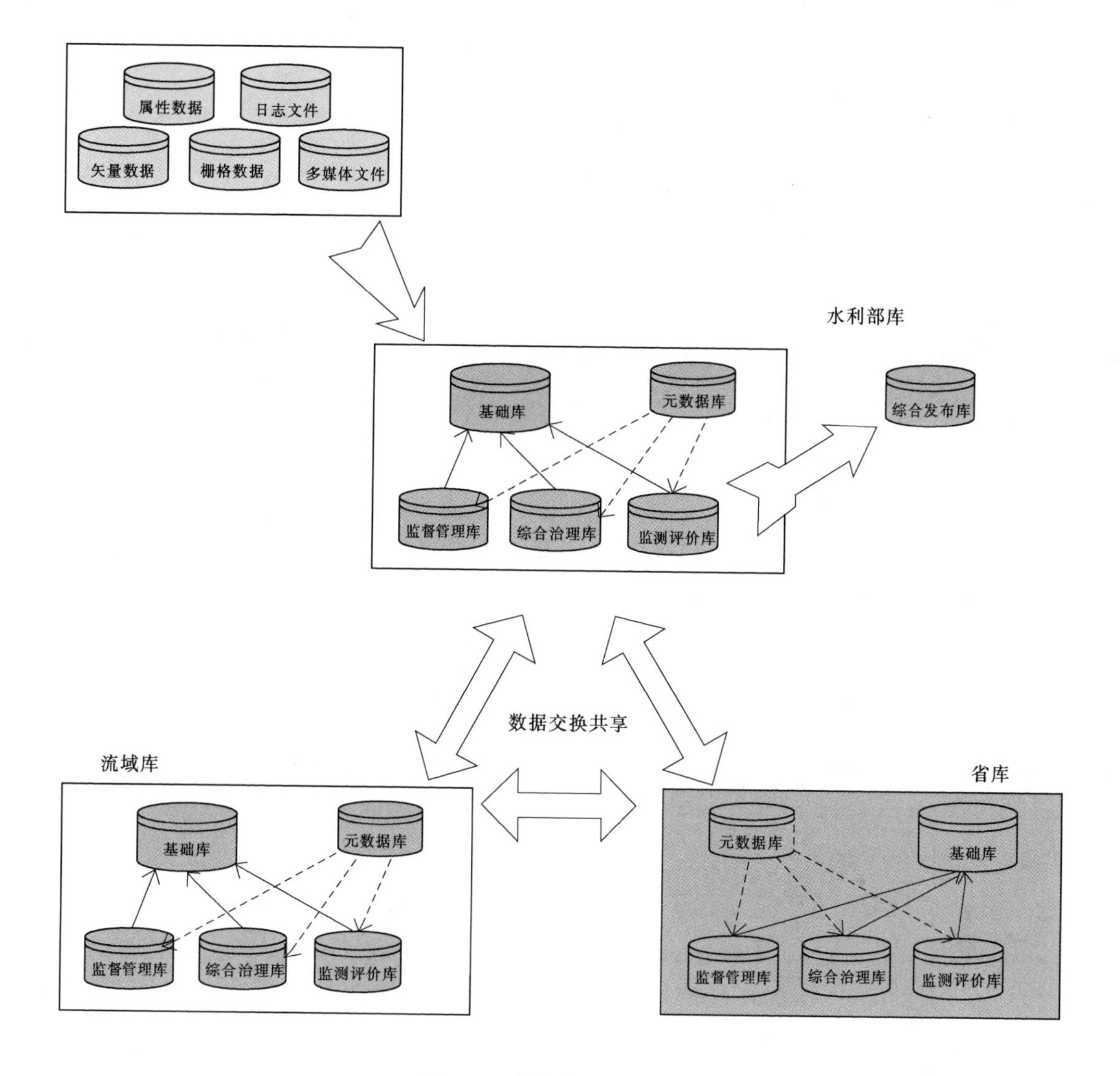

图 3-1 数据库总体结构图

B—A 库依赖 B 库；

通过数据交换中间件和 Web Service 建立的数据库同步机制

不同比例尺的数字化地图、数字高程模式（Digital Elevation Model，DEM）、行政区划、交通道路、水系及多源、多时相、多分辨率的海量遥感数据，如表 3-1 所示。

（2）业务数据库。包括监测评价、综合治理、监督管理、综合信息等数据库。

1）监测评价数据库。监测评价数据库主要包括水土保持监测点基本情况、气象观测数据、径流小区观测数据、控制站观测数据、风蚀观测数据、冻融侵蚀观测数据、滑坡泥石流观测数据、径流泥沙数据、面源污染监测数据、区域监测数据、生产建设项目水土保持监测等，如表 3-2 所示。

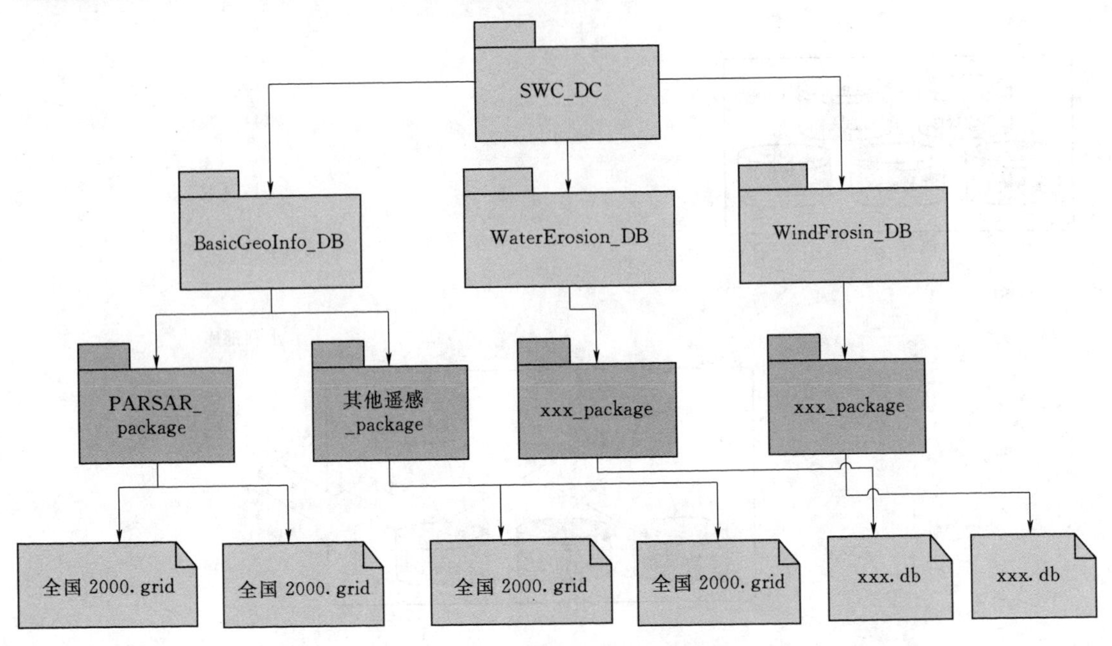

图 3-2　文件存储目录简化图

SWC _ DC—文件存储总目录；xxx _ DB—子数据库目录；xxx _ package—数据集目录

表 3-1　　基础数据库

数据库分类	主要划分尺度	数据建设及共享
基础地理	1：400 万基础地理数据库	国家级
	1：100 万基础地理数据库	国家级、流域管理机构
	1：25 万基础地理数据库	国家级、流域管理机构、省级
	1：5 万基础地理数据库	国家级、流域管理机构、省级、市级、县级
	1：1 万基础地理数据库	流域管理机构、省级、市级、县级
	相关更大尺度数据库	县级
遥感影像	30 米以上分辨率遥感数据库	国家级
	10～30 米分辨率遥感数据库	国家级、流域管理机构、省级
	2.5～10 米分辨率遥感数据库	国家级、流域管理机构、省级、市级
	小于 2.5 米高分辨率遥感数据库	国家级、流域管理机构、省级、市级、县级
社会经济	全国、分行政区、分流域、支流、小流域	国家级、流域管理机构、省级、市级、县级
自然条件	全国、分行政区、分流域、支流和小流域	国家级、流域管理机构、省级、市级、县级

2）综合治理数据库。综合治理数据库主要包括项目管理、综合治理措施、综合治理效益等数据，如表 3-3 所示。

3）监督管理数据库。监督管理数据库主要包括生产建设项目水土保持管理、监督执法、水土流失重点防治区、生态文明建设、资质管理等数据，如表 3-4 所示。

表 3-2　　监测评价数据库

数据库分类	数据内容	数据生产	数据库建设与共享
监测评价	水土保持监测点基本情况	流域管理机构、县级	国家级、流域管理机构、省级、市级、县级
	气象观测数据	流域管理机构、县级	国家级、流域管理机构、省级、市级、县级
	径流小区观测数据	流域管理机构、县级	国家级、流域管理机构、省级、市级、县级
	控制站观测数据	流域管理机构、县级	国家级、流域管理机构、省级、市级、县级
	风蚀观测数据	流域管理机构、县级	国家级、流域管理机构、省级、市级、县级
	冻融侵蚀观测数据	流域管理机构、县级	国家级、流域管理机构、省级、市级、县级
	滑坡泥石流观测数据	流域管理机构、县级	国家级、流域管理机构、省级、市级、县级
	径流泥沙数据	流域管理机构、县级	国家级、流域管理机构、省级、市级、县级
	面源污染监测数据	流域管理机构、县级	国家级、流域管理机构、省级、市级、县级
	区域监测数据	国家级、流域管理机构、省级、市级、县级	国家级、流域管理机构、省级、市级、县级
	生产建设项目水土保持监测数据	国家级、流域管理机构、省级、市级、县级	国家级、流域管理机构、省级、市级、县级

表 3-3　　综合治理数据库

数据库分类	数据内容	数据生产	数据库建设与共享
综合治理	项目管理	国家级、流域管理机构、省级、市级、县级	国家级、流域管理机构、省级、市级、县级
	综合治理措施	国家级、流域管理机构、省、县级	国家级、流域管理机构、省级、市级、县级
	综合治理效益	国家级、流域管理机构、省级、市级、县级	国家级、流域管理机构、省级、市级、县级

表 3-4　　监督管理数据库

数据库分类	数据内容	数据生产	数据库建设与共享
监督管理	生产建设项目水土保持管理	国家级、流域管理机构、省级、市级、县级	国家级、流域管理机构、省级、市级、县级
	监督执法	国家级、流域管理机构、省级、市级、县级	国家级、流域管理机构、省级、市级、县级
	水土流失重点防治区	国家级、省级、县级	国家级、流域管理机构、省级、市级、县级
	生态文明建设	国家级、流域管理机构、省级	国家级、流域管理机构、省级、市级、县级
	资质管理	国家级、省级	国家级、流域管理机构、省级、市级、县级

4）综合信息数据库。包括法律法规、技术标准、水土保持规划、水土保持科研、水土保持机构、重要文件、重大事件和宣传等数据，如表 3-5 所示。

（3）元数据库。元数据库主要用于存储水土保持数据库中各种数据的元数据，满足数据快速检索、定位、管理和信息资源的整合，改进数据库的有效存储，满足数据共享等。主要包括遥感影像、矢量地图、地形、多媒体和业务数据等元数据，如表 3-6 所示。

表3-5　　综合信息数据库

数据库分类	数据内容	数据生产	数据库建设与共享
综合信息	法律法规	国家级、流域管理机构、省级	国家级、流域管理机构、省级、市级、县级
	技术标准	国家级、流域管理机构、省级	国家级、流域管理机构、省级、市级、县级
	水土保持规划	国家级、流域管理机构、省级、市级、县级	国家级、流域管理机构、省级、市级、县级
	水土保持科研	国家级、流域管理机构、省级、市级、县级	国家级、流域管理机构、省级、市级、县级
	水土保持机构	国家级、流域管理机构、省级	国家级、流域管理机构、省级、市级、县级
	重要文件	国家级、流域管理机构、省级	国家级、流域管理机构、省级、市级、县级
	重大事件	国家级、流域管理机构、省级	国家级、流域管理机构、省级、市级、县级
	宣传	国家级、流域管理机构、省级、市级、县级	国家级、流域管理机构、省级、市级、县级

表3-6　　元数据库

数据库分类	数据内容	数据生产	数据库建设与共享
元数据	遥感影像	国家级、流域管理机构、省级	国家级、流域管理机构、省级、市级、县级
	矢量地图	国家级、流域管理机构、省级	国家级、流域管理机构、省级、市级、县级
	地形	国家级、流域管理机构、省级	国家级、流域管理机构、省级、市级、县级
	多媒体	国家级、流域管理机构、省级	国家级、流域管理机构、省级、市级、县级
	业务数据	国家级、流域管理机构、省级	国家级、流域管理机构、省级、市级、县级

3.3　基础信息数据库

水土保持基础信息数据库是水土保持业务开展的基础，其他数据库都与其关联。基础数据库为其他数据库提供地理坐标参考、数据精度约束以及基础地理数据等支撑信息。业务空间数据的采集，需满足基础地理数据的精度要求。基础信息数据库主要包括基础地理信息数据与水土保持基础专题图数据两部分内容。

3.3.1　基础地理信息数据

基础地理信息数据主要包括行政区划、流域分布、河流分布、小流域分布、小流域基本信息、沟道、坡度、植被覆盖度、土壤类型、土地利用等空间信息。

（1）行政区划。用于存储全国行政区划中省、市、县级的空间分布信息。主要包括行政区划代码、行政区划名称、空间对象与空间对象面积。

行政区划代码与行政区划名称符合《中华人民共和国行政区划代码》（GB/T 2260—2007）的规定。

（2）流域分布。用于存储各级流域的空间分布信息。主要包括流域代码、流域名称、空间对象、空间对象面积等信息。

流域代码与流域名称符合《中国河流名称代码》（SL 249—1999）规定。

（3）河流分布。用于存储各级河流的空间分布信息。主要包括河流代码、河流名称、流域面积、空间对象、空间对象长度等信息。

河流代码、河流名称符合《中国河流名称代码》（SL 249—1999）规定。

（4）小流域分布。用于存储水土保持综合治理小流域的空间分布信息。主要包括小流域代码、小流域名称、行政区划代码、流域代码、空间对象、空间对象面积等信息。

（5）小流域基本信息。用于存储监测、治理所在小流域或最小区域单元基本情况的数据。主要包括小流域代码、总人口、户数、人均纯收入、耕地面积、林地面积、园地面积、草地面积、水域面积、其他面积、多年平均降水量、多年平均气温、多年平均蒸发量、多年平均风速、土壤侵蚀模数、年份等信息。

（6）沟道。用于存储沟道的空间分布信息。主要包括沟道代码、沟道名称、沟道长度、沟道汇水面积、空间对象、空间对象长度等信息。

（7）坡度。用于存储地面坡度的空间分布情况。主要包括空间对象编码、坡度、空间对象、空间对象面积等信息。

（8）植被覆盖度。用于存储植被覆盖度的空间分布信息。主要包括空间对象编码、植被覆盖度、空间对象、空间对象面积等信息。

（9）土壤类型。用于存储土壤类型的空间分布情况。主要包括空间对象编码、土壤类型代码、空间对象、空间对象面积等信息。

土壤类型代码符合《中国土壤分类与代码》（GB/T 17296—2009）的规定。

（10）土地利用。用于存储土地利用类型的空间分布信息。主要包括空间对象编码、土地利用类型代码、空间对象、空间对象面积等信息。

该空间地块对象的土地利用类型代码符合《土地利用现状分类》（GB/T 21010—2007）的规定。

3.3.2 基础专题数据

（1）土壤侵蚀类型区划。用于存储各级土壤侵蚀类型区的空间分布信息。主要包括空间对象编码、土壤侵蚀类型区名称、土壤侵蚀类型区级别、空间对象、空间对象面积等信息。

土壤侵蚀类型区名称与级别符合《土壤侵蚀分类分级标准》（SL 190—2007）的规定。

（2）水土保持重点防治区划。用于存储各级水土保持重点防治区的空间分布信息。主要包括空间对象编码、重点防治区名称、重点防治区级别、重点防治区类型、空间对象、空间对象面积等信息。

3.4 业务数据库

业务数据库用来存储管理水土保持业务所产生的各类数据，按业务划分为监测评价数据库、综合治理数据库和监督管理数据库。

3.4.1 监测评价数据库

监测评价数据库包括水土流失监测点站点信息、水蚀观测数据、风蚀观测数据、区域土壤侵蚀数据。

3.4.1.1 水土流失监测点站点信息

水土流失监测点站点信息主要包括水土保持监测点基本情况、气象站基本情况、控制站基本情况、径流场基本情况、径流小区基本情况等信息。

(1) 水土保持监测点基本情况。主要包括监测点代码、监测点名称、监测点地址、监测点类型、行政区划代码、小流域代码、土壤侵蚀类型区名称、所属监测管理机构、空间对象、建站时间、监测项目、经度、纬度、负责人、负责人联系方式、设施设备照片等信息。

监测点代码与名称符合《水土保持监测点代码》(SL 452—2009) 的规定。

(2) 气象站基本情况。主要包括气象站编码、气象站名称、监测点代码、开始观测日期等信息。

(3) 控制站基本情况。主要包括控制站编码、控制站名称、监测点代码、控制站位置、控制流域面积、观测项目、建站时间、堰槽类型、设计最大测流水位、设计最小测流水位、设计最大测流流量、设计最小测流流量、设备名称、空间对象等信息。

(4) 径流场基本情况。主要包括径流场编码、径流场名称、监测点代码、建立日期、径流场位置、设备配置、观测项目、坡位、微地形特征、基岩种类、土壤类型代码、有机质含量、空间对象等信息。

(5) 径流小区基本情况。主要包括径流小区编码、径流小区名称、径流场编码、小区面积、土质、坡度、坡长、坡宽、措施类型、微地形特征、设备名称、建立日期、开始观测时间等信息。

3.4.1.2 水蚀观测数据

(1) 径流小区径流和泥沙逐次观测成果。主要包括径流小区编码、降水开始时间、降水结束时间、降水量、径流起流时间、径流止流时间、径流量、含沙量、侵蚀量、径流系数、观测人、填表人、核查人等信息。

(2) 径流小区土壤含水率实测成果。主要包括径流小区编码、取样地编号、观测编号、采样时间、取样深度、采样点含水率、两测次间降水量、观测人、填表人、核查人等信息。

(3) 控制站径流瞬时水位流量数据。主要包括控制站编码、降水开始时间、降水结束时间、降水量、观测时间、水位、流量、观测人、填表人、核查人等信息。

(4) 控制站逐次降水水位流量数据。主要包括控制站编码、降水开始时间、降水结束时间、降水量、汇流起流时间、汇流止流时间、径流量、观测人、填表人、核查人等信息。

(5) 控制站径流日平均流量特征值。主要包括控制站编码、观测日期、日平均流量等信息。

(6) 控制站径流月平均流量特征值。主要包括控制站编码、年份、月份、月平均流量、月最大流量、月最大流量日期、月最小流量、月最小流量日期等信息。

(7) 控制站径流年平均流量特征值。主要包括控制站编码、年份、年最大流量、年最大流量日期、年最小流量、年最小流量日期、年平均流量、年径流量、年径流模数、年径流深度等信息。

(8) 控制站悬移质观测数据。主要包括控制站编码、观测编号、采样时间、水样重、干沙重、水样含沙率、平均流速、输沙率、观测人、填表人、核查人等信息。

(9) 控制站悬移质日输沙特征值。主要包括控制站编码、观测日期、日输沙量、日输沙率等信息。

(10) 控制站悬移质月输沙特征值。主要包括控制站编码、年份、月份、月平均输沙率、月最大日输沙率、月最大日输沙率日期、月最小日输沙率、月最小日输沙率日期、月输沙量等信息。

(11) 控制站悬移质年输沙特征值。主要包括控制站编码、年份、年最大日输沙量、年最大日输沙率、年最大日输沙率日期、年最大月输沙量、年最大月输沙率、年最大月输沙率月份、年输沙量、年平均输沙率、年输沙模数等信息。

(12) 控制站推移质观测数据。主要包括控制站编码、观测编号、降水开始时间、降水结束时间、降水量、采样开始时间、采样结束时间、干沙重、观测人、填表人、核查人等信息。

(13) 控制站推移质日输沙特征值。主要包括控制站编码、观测日期、日输沙量、日输沙率等信息。

(14) 控制站推移质月输沙特征值。主要包括控制站编码、年份、月份、月平均输沙率、月最大日输沙率、月最大日输沙率日期、月最小日输沙率、月最小日输沙率日期、月输沙量等信息。

(15) 控制站推移质年输沙特征值。主要包括控制站编码、年份、年最大日输沙量、年最大日输沙率、年最大日输沙率日期、年最大月输沙量、年最大月输沙率、年最大月输沙率月份、年输沙量、年平均输沙率、年输沙模数等信息。

(16) 控制站日输沙特征值。主要包括控制站编码、观测日期、日输沙量、日输沙率等信息。

(17) 控制站月输沙特征值。主要包括控制站编码、年份、月份、月平均输沙率、月最大日输沙率、月最大日输沙率日期、月最小日输沙率、月最小日输沙率日期、月输沙量等信息。

(18) 控制站年输沙特征值。主要包括控制站编码、年份、年最大日输沙量、年最大日输沙率、年最大日输沙率日期、年最大月输沙量、年最大月输沙率、年最大月输沙率月份、年输沙量、年平均输沙率、年输沙模数等信息。

3.4.1.3 风蚀观测数据

(1) 风蚀监测(风蚀量)记录(定位插针法)。用于存储采用定位插针法采集的监测点的降水要素、风力要素、植被状况、风蚀量等数据。主要包括监测点代码、观测开始时间、观测结束时间、前期降水日期、前期降水量、风速、风向、前期插针上余量、后期插针上余量、植被覆盖度、观测人、填表人、核查人等信息。

(2) 风蚀监测(表层土壤含水量)记录(定位插针法)。主要包括监测点代码、观测日期、取样深度、含水量、植被覆盖度、观测人、填表人、核查人等信息。

(3) 风蚀监测(风蚀量)记录(降尘管法)。用于存储采用降尘管法采集的降水要素、风力要素、植被状况、风蚀量等数据。主要包括监测点代码、观测开始时间、观测结束时间间、前期降水日期、前期降水量、风速、风向、植被覆盖度、观测前沙尘量、观测后沙尘量、降沙量、异常现象、观测人、填表人、核查人等信息。

(4) 风蚀监测（表层土壤含水量）记录（降尘管法）。用于存储采用降尘管法采集的表层土壤含水量数据。主要包括监测点代码、观测日期、取样深度、含水量、植被覆盖度、观测人、填表人、核查人等信息。

(5) 风蚀量监测集沙仪信息数据表。用于存储风蚀量监测集沙仪的观测数据。主要包括监测点代码、风蚀量监测代码、采样时间、集沙仪类型、集沙仪层数、集沙仪朝向、集沙口总面积、集沙仪风蚀量、观测人、填表人、核查人等信息。

3.4.1.4　区域土壤侵蚀数据

(1) 土壤侵蚀图。用于存储不同空间尺度的土壤侵蚀类型、强度分布情况。主要包括空间对象编码、土壤侵蚀类型、土壤侵蚀强度、空间对象、空间对象面积等信息。

(2) 土壤侵蚀类型统计数据。用于存储行政区划单元各土壤侵蚀类型的面积统计情况。主要包括统计年份、行政区划代码、水蚀面积、风蚀面积、冻融侵蚀面积等信息。

(3) 土壤侵蚀强度统计数据。用于存储行政区划单元各土壤侵蚀强度的面积统计情况。主要包括统计年份、行政区划代码、微度面积、轻度面积、中度面积、强烈面积、极强烈面积、剧烈面积等信息。

3.4.2　综合治理数据库

综合治理数据库管理坡改梯、农发、革命老区、丹江口、小流域五类项目管理数据。

(1) 综合治理项目基本信息。用于存储各级水土保持综合治理项目的项目名称、位置、规模、内容、投资和空间分布等基本信息。主要包括治理项目编码、治理项目名称、项目所涉及行政区、批复单位、项目来源级别、投资下达渠道、项目规划面积、建设时限、项目投资、建设规模、建设内容、中央投资、地方投资、群众投资、空间对象、空间对象面积等信息。

(2) 综合治理项目区基本信息。主要包括治理项目编码、项目区编码、项目区名称、项目区面积、建设时限、项目区概况、建设规模、建设内容、空间对象、空间对象面积等信息。

(3) 综合治理项目前期工作情况。用于存储水土保持综合治理项目前期工作中任意一个阶段的相关信息。主要包括管理单位、前期工作阶段、编制组织单位、编制单位、编制单位资质、编制时间、技术评审组织单位、评审时间、评审意见、批复单位、批复时间、批复文号、批复意见、批复报告等信息。

(4) 综合治理项目实施进度情况。用于存储水土保持综合治理项目各类治理措施实施进度情况的相关信息。主要包括管理单位、统计分类、年份、治理措施名称、治理措施完成数等信息。

(5) 综合治理项目变更情况。主要包括管理单位、变更申请文号、变更申请单位、变更批复单位、变更批复文号、变更批复时间、变更批复内容、变更报告等信息。

(6) 综合治理项目监测信息。主要包括管理单位、监测单位名称、监测资质等级、监测单位法人代表、监测方案、监测成果、监测报告等信息。

(7) 综合治理项目监理信息。主要包括管理单位、监理单位名称、监理资质等级、监理单位法人代表、总监理工程师、监理方案、监理成果、监理报告等信息。

(8) 综合治理项目完成情况。主要包括管理单位、年份、治理措施名称、治理措施完成数、项目投资到位情况、中央投资到位情况、地方投资到位情况、群众投资到位情况等信息。

(9) 综合治理项目质量情况。主要包括管理单位、年份、本期完成数量、单元工程质量评定数量、单元工程合格率、单元工程优良率、分部工程质量评定数量、分部工程合格率、分部工程优良率、单位工程质量评定数量、单位工程合格率、单位工程优良率、工程项目质量评定结果等信息。

(10) 综合治理项目验收信息。主要包括管理单位、项目验收阶段、验收时间、项目主持单位、项目施工单位、措施完成情况、验收组织单位、验收人员、主要验收意见、验收成果材料等信息。

(11) 治理措施现状图。主要包括地块编码、治理措施名称、已有措施数量、保水定额、保土定额、粮食增产定额、经济效益定额、空间对象、空间对象面积、调查时间等信息。

(12) 治理措施规划图。主要包括地块编码、治理措施名称、规划措施数量、设计土方、设计石方、设计投工定额、设计投资定额、保水定额、保土定额、粮食增产定额、经济效益定额、规划措施保存率、质量评价等级、空间对象、空间对象面积、记录时间等信息。

(13) 治理措施验收图。主要包括地块编码、治理措施名称、实际措施数量、实际土方、实际石方、实际投工定额、实际投资定额、保水定额、保土定额、粮食增产定额、经济效益定额、实际措施保存率、质量评价等级、空间对象、空间对象面积、记录时间等信息。

3.4.3 监督管理数据库

监督管理数据库管理生产建设项目以及水土保持方案从上报、审批、监督检查到验收评估的过程管理数据。

(1) 生产建设项目基本信息。用于存储实施水土保持方案工作的生产建设项目及其建设单位的基本信息。主要包括生产建设项目编号、生产建设项目名称、项目规模、项目等级、项目类型、项目性质、项目涉及县(区、市、旗)名称、项目涉及地市(自治州、盟)名称、项目涉及省(自治区、直辖市)名称、项目总投资、土建投资、项目开工时间、项目完工时间、项目施工期、项目建设区面积、项目水土流失预测量、项目有无水土保持方案、水土流失背景值、项目区容许值、项目水保方案总投资、项目建设单位、法定代表人、法定代表人电话、单位地址、邮政编码、传真、联系人、联系人电话、E-mail等信息。

(2) 水土保持方案编制基本信息。用于存储生产建设项目水土保持方案编制基本情况及编制单位的信息。主要包括生产建设项目编号、水土保持方案编号、水土保持方案名称、方案编制单位、编制单位资质等级、法定代表人、法定代表人电话、单位地址、邮政编码、传真、联系人、联系人电话、电子邮件、编制结束时间、方案原文等信息。

（3）水土保持方案特性表。主要包括水土保持方案编号、方案设计水平年、项目建设区面积、直接影响区面积、防治责任范围面积、原地貌土壤侵蚀模数、容许土壤流失量、扰动地表面积、破坏水保设施面积、建设期水土流失预测总量、新增水土流失量、新增水土流失主要区域、土壤类型代码、气候类型、地貌类型、国家级重点防治区类型、省级重点防治区类型、扰动土地整治率、水土流失总治理度、土壤流失控制比、拦渣率、植被恢复系数、林草覆盖率、水土保持总投资、水土保持独立费用、水土保持监理费、水土保持监测费、水土保持设施补偿费等信息。

（4）水土保持方案特性表——项目组成表。主要包括水土保持方案编号、建设区域、建设长度、建设面积、挖方量、填方量等信息。

（5）水土保持方案特性表——防治措施表。主要包括水土保持方案编号、分区、工程措施、植物措施、临时措施、工程措施投资、植物措施投资、临时措施投资等信息。

（6）水土保持方案技术审查信息。主要包括水土保持方案编号、技术审查组织单位、审查时间、审查地点、审查主持人、审查专家组组长、审查意见文号、审查意见等信息。

（7）水土保持方案批复信息。主要包括水土保持方案编号、请示文号、批复时间、批复文号、批复文件、送达时间等信息。

（8）水土保持方案实施信息。主要包括水土保持方案编号、方案总工期开始时间、方案总工期结束时间、施工单位、施工负责人、监理单位名称、监理负责人、监测单位名称、监测负责人等信息。

（9）执法检查信息。主要包括被查项目名称、被查项目单位、检查单位、检查时间、检查人员组成、检查意见等信息。

（10）水土保持设施验收信息。主要包括生产建设项目编号、业主单位、技术评估单位、验收会议时间、验收主持单位、验收意见印发文号、验收意见印发时间、验收意见文件、水土保持工程设计和设计工作报告、历次监督检查意见、水土保持施工总结报告、水土保持设施工程质量评定报告、监理报告、监测报告、水土保持方案实施工作总结报告、水土保持设施竣工验收技术报告、水土保持设施验收技术评估报告等信息。

（11）规费征收信息表。主要包括生产建设项目编号、生产建设项目名称、交费单位、收费单位、交费时间、水土保持设施补偿费、水土流失防治费、资金使用情况等信息。

3.5　元　数　据　库

根据系统的查询、发布和应用需要，元数据库为基础数据库和核心业务数据库建立了标识信息、内容信息、数据质量信息、覆盖范围信息、限制信息、参照系信息、维护信息和分发信息等8个方面的元数据信息。元数据结构如图3-3所示。

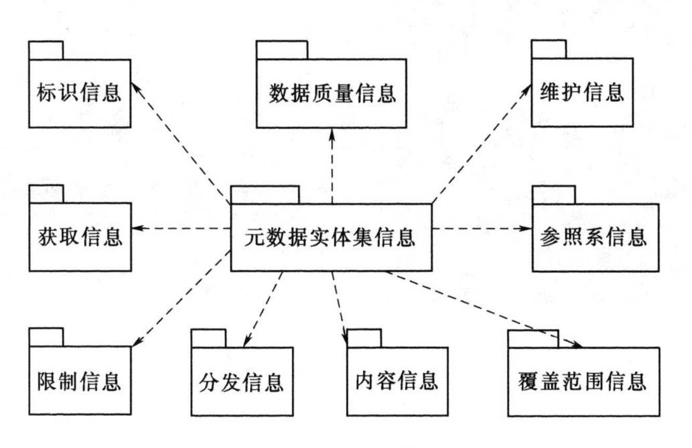

图 3-3 元数据结构图

第4章 水土保持监督管理系统

4.1 系统概述

水土保持监督管理系统是以水土保持监督业务管理为核心，集水土保持方案管理、监督检查、监理监测、设施验收、补偿费征收、行政执法、查询统计等各项业务为一体的管理信息系统。通过制定全面、合理和科学的系统数据标准，实现水土保持监督管理业务网络、审批程序的信息环环相扣和各部分业务数据的一致，形成水土保持方案、水土保持措施验收、生产建设项目监管和行政执法管理等信息为主的数据库，有效规范各级水土保持监督管理部门及其工作人员的工作行为，提高行政和执法能力，为各级水土保持监督管理部门利用系统数据资源、开展综合分析、科学决策提高信息支撑条件。

系统采用B/S架构，实现了“三级部署、五级应用”。系统分别部署在水利部、流域管理机构和省级水行政主管部门，水利部、流域管理机构、省、市、县五级水利水土保持部门可以通过浏览器访问系统，进行业务应用。

4.2 用户类别及业务流程

4.2.1 用户类别及权限

系统用户分为三类：第一类用户为各级水行政主管部门，主要通过系统进行方案受理、方案批复、监督检查、设施验收等信息录入、查询和统计等功能应用；第二类用户为各级水行政主管部门委托的技术审查单位，主要通过系统录入技术审查相关信息，并能进行查询、统计等功能应用；第三类用户为生产建设项目建设单位，该类用户通过单位名称及项目编号登录系统，录入水土保持方案信息（包括项目空间位置、防治责任范围上图）、监理监测等信息。各类用户除了对以上说明的业务信息进行录入、修改、删除之外，还可以浏览自身权限之内的其他项目信息。

4.2.2 业务流程

生产建设项目水土保持监督管理业务操作流程如下：

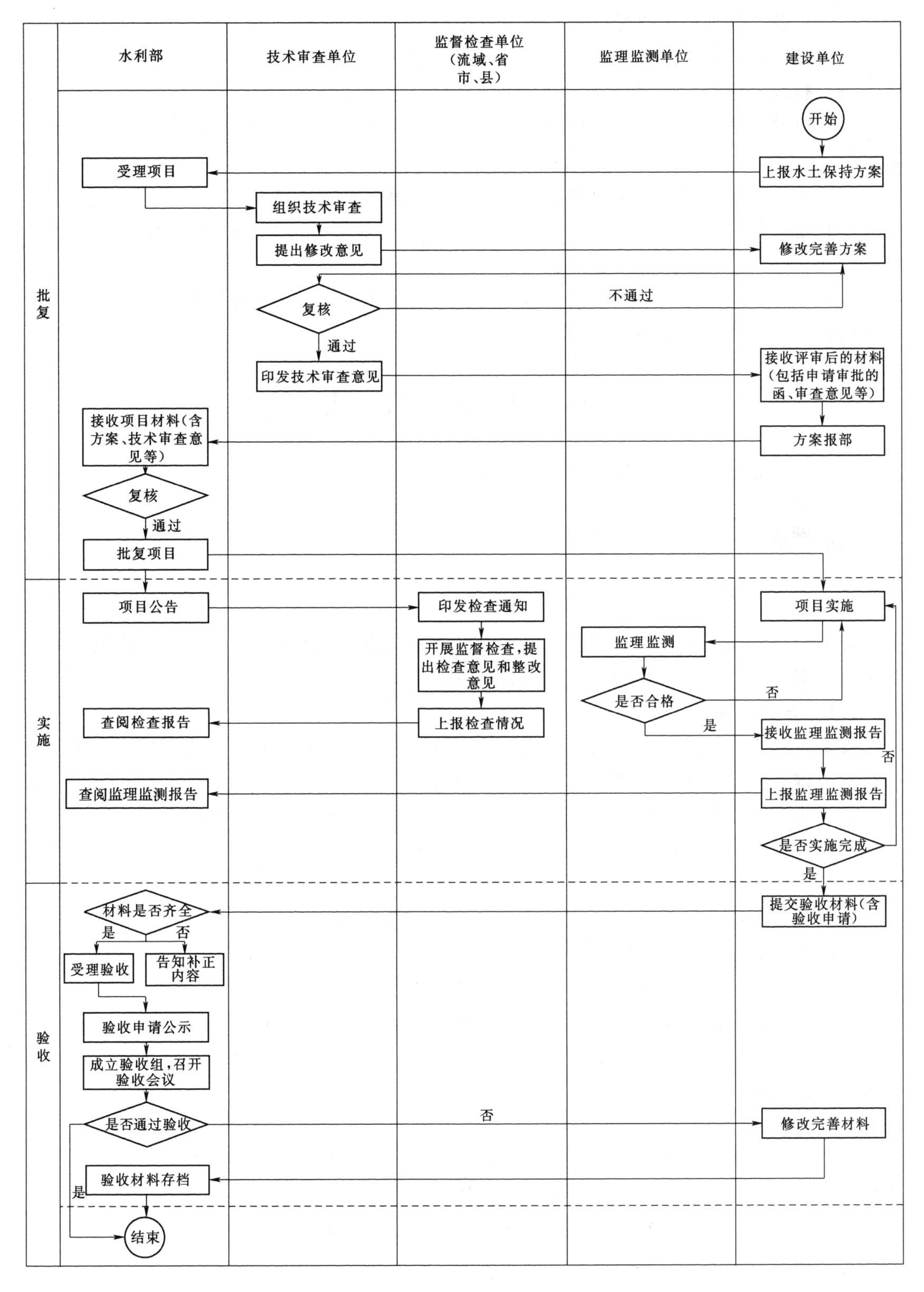

图 4-1 生产建设项目水土保持监督管理业务流程

（1）行政主管部门用户登录添加方案受理信息。

（2）技术审查单位用户添加审查会议、审查意见。

（3）行政主管部门用户登录系统对生产建设项目进行批复。

（4）行政主管部门用户登录系统对生产建设项目添加检查通知、检查意见、整改落实。

（5）建设单位用户登录系统添加建设信息、监测、监理信息。

（6）建设单位用户登录系统进行添加水土保持设施验收鉴定书、水土保持设施验收报告。

各级水行政主管部门业务流程相似，下面以生产建设项目水土保持监督管理为例进行详细的说明。业务流程如图4-1所示。

4.3 功 能 模 块

系统分为方案管理、监督检查、监理监测、设施验收、补偿费征收、行政执法、查询统计、专项工作、生态文明建设、综合事务、技术支撑、重点防治区、政策法规等13个业务功能模块。总体功能模块结构如图4-2所示。

4.3.1 方案管理

方案管理模块用于对生产建设项目水土保持方案的相关信息进行管理。主要包括方案受理、方案录入、技术审查、方案批复和项目变更等。

4.3.1.1 方案受理

方案报告书（报告表）编制完成后，建设单位将申请材料向水行政主管部门的水土保持机构或统一行政服务（受理）大厅窗口申请受理。

系统为方案受理用户提供了方案添加、查询、修改、删除和统计功能，操作内容有项目编号、受理时间、生产建设项目名称和建设单位全称。

4.3.1.2 方案录入

方案录入为用户提供方案导入、查询、修改、删除和统计功能。用户需添加项目信息，包括项目基本情况、项目组成、项目建设单位、水土保持方案信息、防治目标、防治措施、项目费用、方案编制单位和防治责任范围等信息。用户可依据生产建设项目名称、行业、涉及流域、涉及地市、建设单位、方案编制单位等信息快速查询方案记录，点击项目名称可查看方案详细信息。用户可查看各年度生产建设项目个数和当年各月生产建设项目个数统计结果。

4.3.1.3 技术审查

方案录入完成后，技术审查单位组织技术审查工作，召开技术审查评审会议。根据审查情况，技术审查单位出具水土保持方案的技术审查意见。系统为技术审查用户提供了方案技术审查结果添加、查询、修改、删除和统计功能。用户需录入审查会议信息和审查意见信息。用户可根据生产建设项目名称、编号、技术审查单位和审查会议时间快速查询方案技术审查记录，点击项目名称可查看技术审查会议及审查意见。

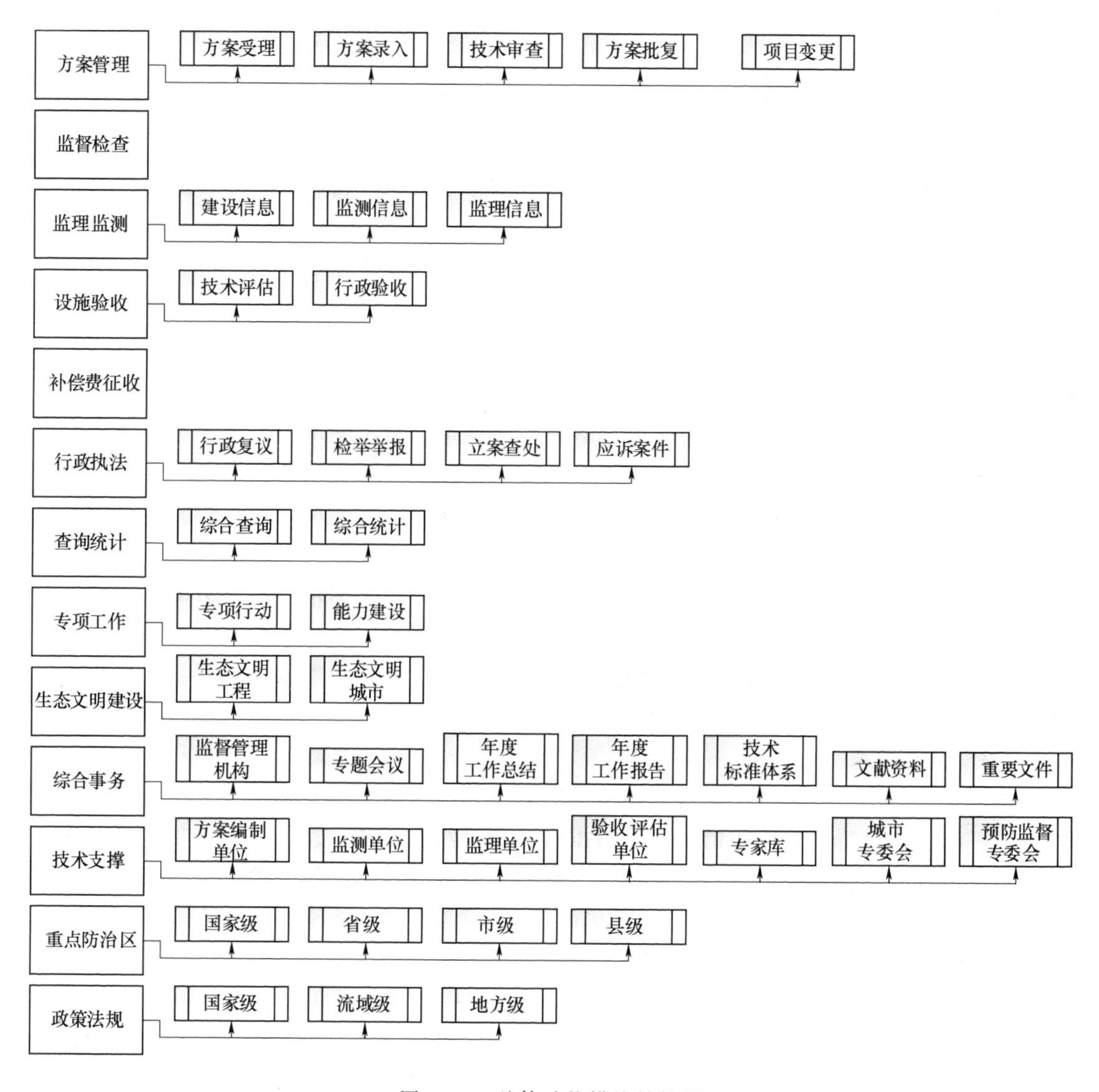

图 4-2 总体功能模块结构图

4.3.1.4 方案批复

水行政主管部门对水土保持方案报告书进行批复。系统为方案审批用户提供了方案批复情况的添加、查询、修改、删除和统计功能。用户可根据生产建设项目名称、所属行业、批复时间和批复文号等信息快速查询方案批复记录，点击项目名称可查看方案批复相关信息。用户可查看各年度批复情况和各月批复情况统计结果。

4.3.1.5 项目变更

经审批的生产建设项目，如性质、规模、建设地点等发生重大变化，建设单位及时修改水土保持方案，重新走审批程序。系统为方案审批用户提供了项目变更添加、查询、修改和删除功能。用户可依据生产建设项目名称、所属行业、项目建设单位和方案编制单位等信息快速查询项目记录，点击项目名称可查看项目变更情况。

4.3.2　监督检查

监督检查模块用于各级水行政主管部门对生产建设项目的监督检查信息的管理。系统提供项目监督检查信息的添加、查询、修改、删除和统计功能。用户需依次录入监督检查过程中的检查通知、检查意见、整改落实信息，可根据生产建设项目名称、检查时间、检查通知文号等条件对检查信息进行快速查询。用户可查看本年度监督检查情况的统计结果，包括各机构检查通知、检查意见和整改意见个数及统计图。

4.3.3　监理监测

4.3.3.1　建设信息

生产建设项目建设信息包括建设单位信息、建设情况和定期报告。用户可根据生产建设项目名称、所属行业、项目进度、项目性质、实际开工时间和计划完工时间快速查询项目建设信息，可根据实际情况添加、修改和删除项目建设信息。

4.3.3.2　监测信息

根据水土保持法律法规，建设单位须对生产建设项目水土保持设施的防治效果情况进行跟踪监测。系统中生产建设项目监测信息包括监测方案、监测季报和监测报告三部分内容。用户可依据生产建设项目名称、所属行业、项目进度和项目性质快速查询项目监测信息，可添加、修改和删除项日监测信息。

4.3.3.3　监理信息

生产建设单位可委托水土保持监理单位的辅助管理来保障水土保持设施的建设质量，并对投资和进度进行控制。系统用户可根据生产建设项目名称、所属行业、项目进度和项目性质快速查询项目监理信息，点击项目名称可查看详细信息。用户可添加、修改和删除项目监理信息。

4.3.4　设施验收

依法编制水土保持方案报告书的生产建设项目投产使用前，生产建设单位应当根据水土保持方案及其审批决定等，组织第三方机构编制水土保持设施验收报告。水土保持设施验收报告编制完成后，生产建设单位按照水土保持法律法规、标准规范、水土保持方案及其审批决定、水土保持后续设计等，组织水土保持设施验收工作，形成水土保持设施验收鉴定书，明确水土保持设施验收合格的结论，并向社会公开验收情况，以及向水土保持方案审批机关报备水土保持设施验收材料。

系统中用户可通过生产建设项目名称、所属行业、验收时间快速查询项目验收信息，可添加、修改和删除第三方机构名称、评估完成时间、建设单位验收时间、报备时间及报备资料，可统计累计验收项目个数、本年度验收项目个数和待验收项目个数信息。

4.3.5　补偿费征收

水土保持补偿费由县级以上地方水行政主管部门按照水土保持方案审批权限负责征收。其中，由水利部审批水土保持方案的，水土保持补偿费由生产建设项目所在地省

（区、市）水行政主管部门征收；生产建设项目跨省（区、市）的，由生产建设项目涉及区域各相关省（区、市）水行政主管部门分别征收。

系统中的补偿费征收模块可向用户提供项目补偿费征收的查询、浏览、修改和删除功能。用户可依据生产建设项目名称、所属行业、项目进度、项目性质、是否缴费和征收时间等信息快速查询生产建设项目缴费记录，点击项目名称可查看项目详细信息。

4.3.6 行政执法

4.3.6.1 行政复议

系统中的行政复议模块可为用户提供查询、添加、修改、删除和统计功能。用户可依据案件名称、生产建设项目名称和案件受理时间快速查询生产建设项目行政复议记录，点击进入可查询行政复议详细信息。用户可统计行政复议个数、当年的申请总数和已受理的总数。

4.3.6.2 检举举报

系统中的检举举报模块可为用户提供查询、添加、修改、删除和统计功能。用户可依据案件名称、生产建设项目名称和案件受理时间快速查询生产建设项目检举举报记录，点击进入可查看检举举报详细信息。用户可统计检举举报总数、当年的举报总数和已受理的举报总数。

4.3.6.3 立案查处

系统中的立案查处模块可为用户提供查询、添加、修改、删除和统计功能。用户可依据案件名称、生产建设项目名称快速查询生产建设项目立案调查记录，点可查看立案调查的详细信息。用户可统计立案查处信息总数、当年发生案件的总数、已经开始调查的案件总数和已结束的案件总数。

4.3.6.4 应诉案件

系统中的应诉案件模块提供查询、添加、修改、删除和统计功能。用户可依据案件名称、生产建设项目名称快速查询生产建设项目立案调查记录，点击可查看应诉案件的详细信息。用户可统计应诉案件总数、当年案件的总数、通过一审的案件总数和通过二审的案件总数。

4.3.7 查询统计

查询统计模块是为了方便用户依据项目信息综合、快速地查询或统计生产建设项目记录，分为综合查询和综合统计两项内容。

4.3.7.1 综合查询

用户可依据生产建设项目内容、项目进度、所属行业、项目性质、涉及流域、涉及省份、涉及地市、涉及区县、项目建设单位、方案编制单位、技术审查单位、批复时间、验收时间、计划开工时间、实际开工时间、计划完工时间、实际完工时间等信息查询或导出生产建设项目记录。可查询和导出的项目信息有三类：项目全过程信息总览表、项目关键节点时间进度表和项目实施情况表。

4.3.7.2 综合统计

用户可通过设置年度范围，按照阶段、项目、年度、行业、涉及流域、涉及省区或市县、建设单位、编制单位等信息分别统计或导出项目信息条数。

4.3.8　专项工作

4.3.8.1　专项行动

可为用户提供专项行动查询、添加、修改和删除功能。用户可通过标题查询专项行动记录，点击可查询详细信息。

4.3.8.2　能力建设

可为用户提供能力建设工作查询、添加、修改和删除功能。用户可通过能力建设名称查询能力建设工作记录，点击可查询详细信息。

4.3.9　生态文明建设

4.3.9.1　生态文明工程

可为用户提供生态文明工程查询、添加、修改和删除功能。用户可依据生产建设项目名称和年度信息快速查询生产建设项目生态文明工程申请情况，包含生态文明工程基本情况、生态文明工程申请信息、生态文明工程确认信息。

4.3.9.2　生态文明城市

可为用户提供生态文明城市查询、添加、修改和删除功能。用户可依据申请城市名称和申请时间信息快速查询生产建设项目生态文明城市申请情况，包含生态文明城市申请信息、生态文明城市评估信息、生态文明城市确认信息。

4.3.10　综合事务

综合事务模块用于为用户提供管理综合性事务的窗口与平台，包括监督机构管理、专题会议、年度工作总结、技术标准体系、年度工作报告、文献资料和重要文件几项内容。

4.3.10.1　监督机构管理

用户可查询、添加、修改和删除监督机构信息，可通过监督机构名称快速查询监督机构记录，点击可查看监督机构详细信息。

4.3.10.2　专题会议

用户可查询、添加、修改和删除专题会议信息，可通过会议名称快速查询专题会议记录，点击可查看会议详细信息。

4.3.10.3　年度工作总结

用户可查询、添加、修改和删除年度工作总结信息，可通过年度工作总结名称、上报时间、上报单位和年度信息快速查询年度工作总结，点击可查看年度工作总结详细信息。

4.3.10.4　年度工作报告

用户可查询、添加、修改和删除年度工作报告，可通过年度工作报告名称、上报时间、上报单位和年度信息快速查询年度工作报告记录，点击可查看或修改年度工作报告信息。

4.3.10.5　技术标准体系

用户可查询、添加、修改和删除技术标准，可通过已颁布标准的名称和发布时间快速

查询标准记录，点击记录可查看标准详细信息。

4.3.10.6 文献资料

用户可查询、添加、修改和删除文献资料，可通过文献标题快速查询文献记录，点击可查看或修改文献资料详细信息。

4.3.10.7 重要文件

用户可查询、添加、修改和删除重要文件资料，可通过重要文件标题快速查询重要文件资料记录，点击可查看或修改文献资料详细信息。

4.3.11 技术支撑

技术支撑模块为用户提供水土保持监督管理所需的技术支撑单位与专家信息，包括方案编制单位、监测单位、监理单位、验收评估单位、专家库、城市水土保持专委会和预防监督专委会。

4.3.11.1 方案编制单位

用户可添加、查询、修改和统计方案编制单位，可依据方案编制单位名称、水平评价等级快速查询方案编制单位。点击方案编制单位名称，可查看方案编制单位详细信息。

4.3.11.2 监测单位

用户可添加、查询、修改和统计监测单位，可依据监测单位名称、水平评价等级快速查询监测单位。点击监测单位名称，可查看监测单位详细信息。

4.3.11.3 监理单位

用户可添加、查询、修改和统计监理单位，可依据监理单位名称、资质等级信息快速查询监理单位。点击监理单位名称，可查看监理单位详细信息。

4.3.11.4 验收评估单位

用户可添加、查询、修改验收评估单位，可依据验收评估单位名称查询验收评估单位。点击验收评估单位名称，可查看验收评估单位详细信息。

4.3.11.5 专家库

用户可添加、查询、修改和删除专家信息，可依据姓名、从事专业、专家类别和取得职称日期等信息快速查询专家信息记录。点击专家姓名，可查看专家详细信息。

4.3.11.6 城市水土保持专委会

用户可添加、查询和修改城市水土保持专委会信息，可依据城市水土保持专委会名称查询记录，点击城市水土保持专委会名称可查看详细信息。

4.3.11.7 预防监督专委会

用户可添加、查询、修改预防监督专委会信息，可依据预防监督专委会名称查询相关单位记录，点击预防监督专委会名称可查看详细信息。

4.3.12 重点防治区

通过系统，用户可查询、添加、修改、删除和统计各级重点防治区信息。用户可依据重点防治区类别、重点防治区名称、涉及区域级别和涉及区域等信息快速查询重点防治区，点击重点防治区名称可查看重点防治区详细信息。统计功能可分别统计重点预防保护

区和重点治理区个数。

4.3.13　政策法规

通过系统用户可查询、添加、修改、删除和统计各级政策法规。用户可依据政策法规名称、类别、发文文号和颁布年度信息快速查询政策法规，点击政策法规名称可查看或修改详细信息。统计功能可统计各类相关的法律法规、规范性文件等。

4.4　系 统 功 能 示 例

各级水行政主管部门业务流程相似，以国家级生产建设项目水土保持监督管理为例，对系统操作流程的批复、实施和设施验收三个环节进行详细说明。

4.4.1　水保方案批复

水保方案批复环节包括方案受理、方案录入、技术审查、项目批复等工作。

4.4.1.1　方案受理

建设单位按照项目级别向相应的水行政主管部门的水土保持机构——行政服务（受理）大厅窗口申请受理。

水行政主管部门工作人员打开系统登录页面，输入用户名、密码和验证码之后登录系统，进入系统首页。系统登录界面如图 4-3 所示。

图 4-3　系统登录界面

点击【方案管理】→【方案受理】，进入方案受理列表页面。在方案受理页面点击【添加】按钮，打开方案受理添加页面，填写项目编号、受理时间、生产建设项目和建设单位全称后，点击【保存】按钮，系统提示添加方案受理信息成功即可。方案受理登录界面如图 4-4 所示。

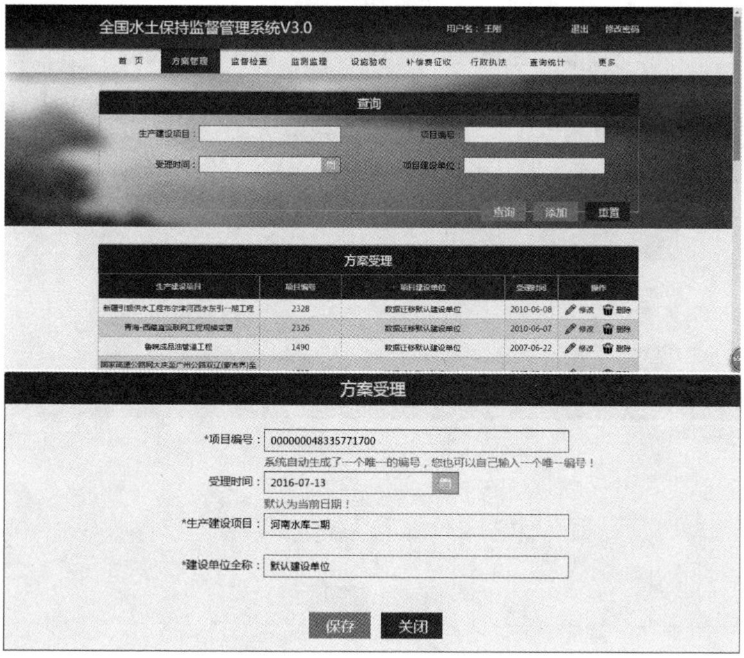

图 4-4　方案受理登录界面

4.4.1.2　方案录入

方案受理成功后，建设单位根据项目编号和生产建设项目名称登录系统添加详细的生产建设项目信息。建设单位用户登录系统后，点击【方案管理】→【方案录入】，进入方案录入列表页面。在方案报告书列表中找到已受理、尚未添加方案报告书的生产建设项目记录，点击列表操作栏的【添加】按钮，进入项目信息录入页面。方案导入界面如图 4-5 所示。

信息录入有两种方式，可直接在页面直接填写项目信息，也可根据系统提供的模板导入方案信息表格（Excel 格式）。需要填写信息包括项目基本情况、项目组成、项目建设单位、水保方案信息、防治目标、防止措施、项目费用、方案编制单位、防治责任范围。方案信息录入界面如图 4-6 所示。

4.4.1.3　技术审查

方案录入完成后，技术审查单位对方案内容进行初步浏览，对不完整或不完善的水保方案提出修改意见。经复核通过后，技术审查单位会组织召开方案审查会议，并印发技术审查意见。

技术审查单位需登录系统，点击【方案管理】→【技术审查】，进入方案技术审查页面。方案技术审查界面如图 4-7 所示。

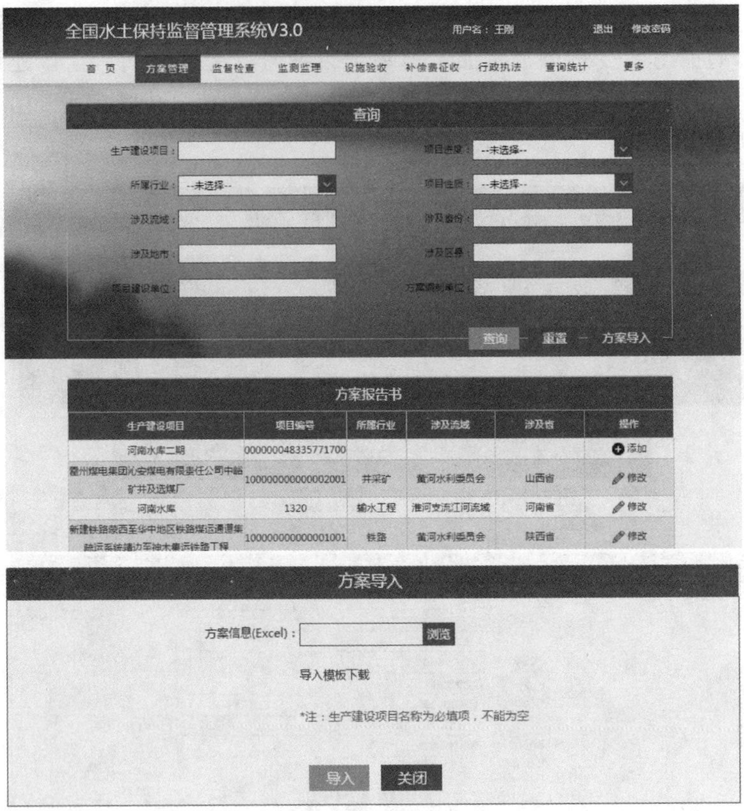

图 4－5　方案导入界面

在技术审查列表中找到待审查生产建设项目记录，点击审查会议栏下的【添加】按钮，可添加审查会议信息；点击审查意见栏下的【添加】按钮，可添加审查意见。方案技术审查会议信息录入界面如图 4－8 所示。

会议信息包括审查会议基本信息、参会单位信息和其他单位参会信息三项内容。添加审查意见需上传审查意见文件。

4.4.1.4　方案批复

方案经技术审查单位审查通过后，水行政主管部门需对项目材料（包括方案、技术审查意见等）进行复核，复核通过后批复项目。

水行政主管部门登录系统，点击【方案管理】→【方案批复】，进入方案批复页面。方案批复登录界面如图 4－9 所示。

找到已通过技术审查，但尚未批复的生产建设项目名称，点击方案批复列表操作栏下【添加】按钮，填写方案批复信息。方案批复信息录入界面如图 4－10 所示。

4.4.2　水保方案实施

项目批复通过后，进入项目实施环节。项目实施期间建设单位需要在系统中及时更新项目建设信息、及时上报监测和监理信息，水行政主管部门需要在项目实施期间做好监督检查工作。

项目基本情况　方案导入

立项级别：国家级　*所属行业：水利

*项目类型：建设类　建设生产类　*项目性质：新建　扩建　续建　改建

*流域管理机构：淮河水利委员会　淮河水利委员会　*涉及省区：河南省　河南省

*涉及地市：河南省平顶山市叶县　*涉及县：河南省

*总投资(万元)：5457.2　*土建投资(万元)：

*计划开工时间：2016-07　*计划完工时间：

项目规模：大型水库扩建

请输入内容

保存

项目建设单位

*建设单位：燕山水库筹建处

*建设单位地址：河南省郑州市纬五路中段

*法定代表人：　建设单位邮编：450003

上级主管单位：　*项目联系人：

*项目联系人电话：0371-5571223　*项目联系人电子邮箱：

保存

项目组成

项目建设区	长度（m）	面积（hm²）	挖方量(万m³)	填方量(万m³)	删除

+添加

保存

水保方案信息

*水土保持方案名称：河南省燕山水库工程

*国家重点防治区类型：--请选择--

新增水土流失主要区域：1100

*植被类型：　*原地貌土壤侵蚀模数[t/(km²·a)]：

直接影响区面积(hm²)：1497.7　项目建设区面积(hm²)：4238.0

扰动地表面积(hm²)：832.0　*土壤容许流失量[t/(km²·a)]：200

破坏水保设施面积(hm²)：95.1　建设期水土流失预测总量(t)：0.0

新增水土流失量(t)：0.0　防治责任范围面积(hm²)：5735.8

*地貌类型：山前堆积倾斜平原、侵蚀堆积阶地、北亚热带向暖温带过渡区

*土壤类型：

*气候类型：

保存

图 4-6（一）　方案信息录入界面

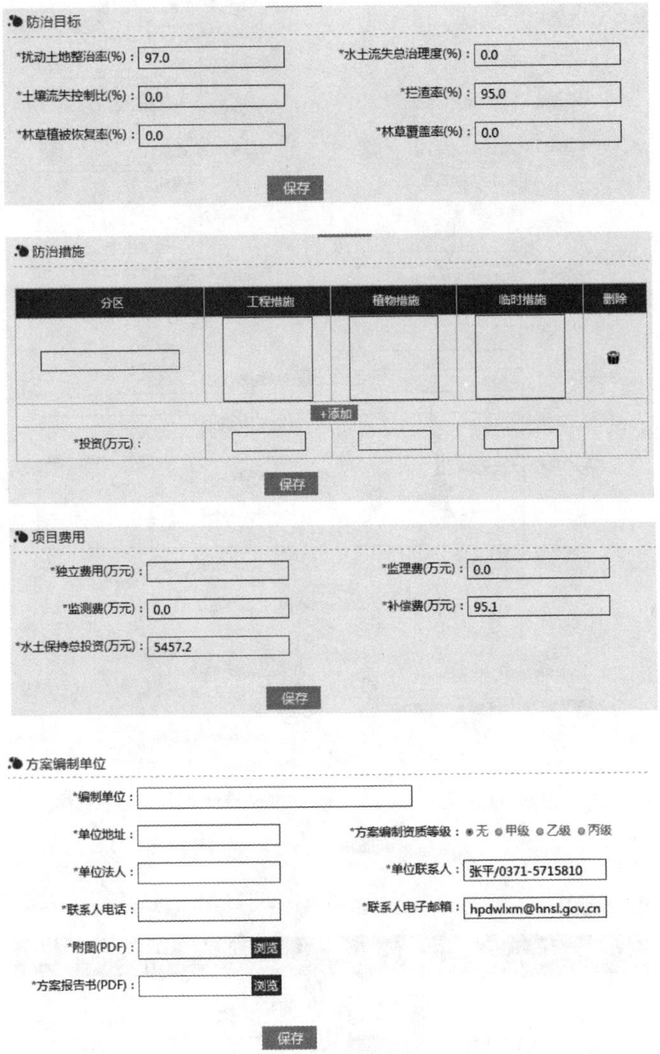

防治目标

*扰动土地整治率(%)：	97.0	*水土流失总治理度(%)：	0.0
*土壤流失控制比(%)：	0.0	*拦渣率(%)：	95.0
*林草植被恢复率(%)：	0.0	*林草覆盖率(%)：	0.0

保存

防治措施

分区	工程措施	植物措施	临时措施	删除
+添加				
*投资(万元)：				

保存

项目费用

*独立费用(万元)：		*监理费(万元)：	0.0
*监测费(万元)：	0.0	*补偿费(万元)：	95.1
*水土保持总投资(万元)：	5457.2		

保存

方案编制单位

*编制单位：

*单位地址：　　*方案编制资质等级：◉无 ○甲级 ○乙级 ○丙级

*单位法人：　　*单位联系人：张平/0371-5715810

*联系人电话：　　*联系人电子邮箱：hpdwlxm@hnsl.gov.cn

*附图(PDF)：　浏览

*方案报告书(PDF)：　浏览

保存

图 4-6（二）　方案信息录入界面

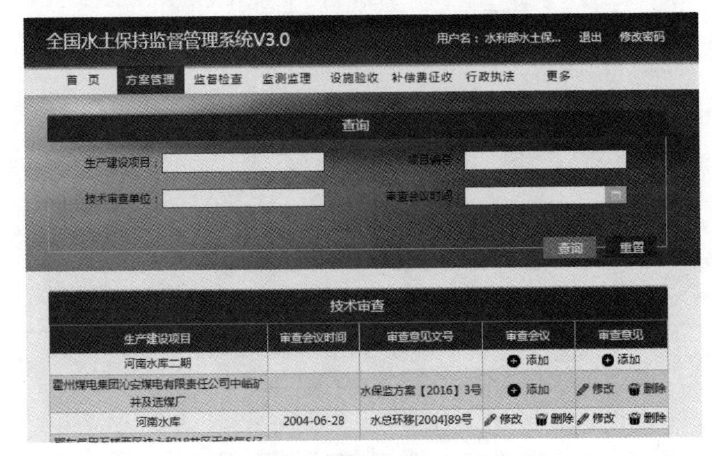

生产建设项目	审查会议时间	审查意见文号	审查会议	审查意见
河南水库二期			添加	添加
霍州煤电集团汇安煤电有限责任公司中峪矿井及选煤厂		水保监方案〔2016〕3号	添加	修改　删除
河南水库	2004-06-28	水总环移[2004]89号	修改　删除	修改　删除

图 4-7　方案技术审查界面

审查会议

审查会议基本信息　参会单位信息　其它参会单位信息

生产建设项目：霍州煤电集团沁安煤电有限责任公司中峪矿井及选煤厂

审查单位：水利部水土保持监测中心　*审查会议发文文号：

*会议时间：　会议地点：

*发文时间：　是否检查：是 否

主持人：　项目负责人：

通知(PDF)：浏览　评审意见(PDF)：浏览

保存　关闭

审查会议

审查会议基本信息　参会单位信息　其它参会单位信息

方案编制单位：　方案编制单位代表：

项目建设单位：　项目建设单位代表：

设计单位：　设计代表：

流域机构：　流域代表：

省级代表：　市级代表：

县级代表：

*注：所有代表名称可填写多个，格式为（张三，李四，王五……）

保存　关闭

审查会议

审查会议基本信息　参会单位信息　其它参会单位信息

参会单位	参会代表	删除

+添加

保存　关闭

审查意见

生产建设项目：河南水库二期

审查单位：水利部水土保持监测中心　报批稿收到时间：

*审查意见报送时间：2016-07-01　*审查意见发文文号：123456

*审查意见发文时间：2016-07-01　是否退改：是 否

退改原因：

*审查意见(PDF)：河南水库二期项目审查...　浏览

保存　关闭

图 4-8　方案技术审查会议信息录入界面

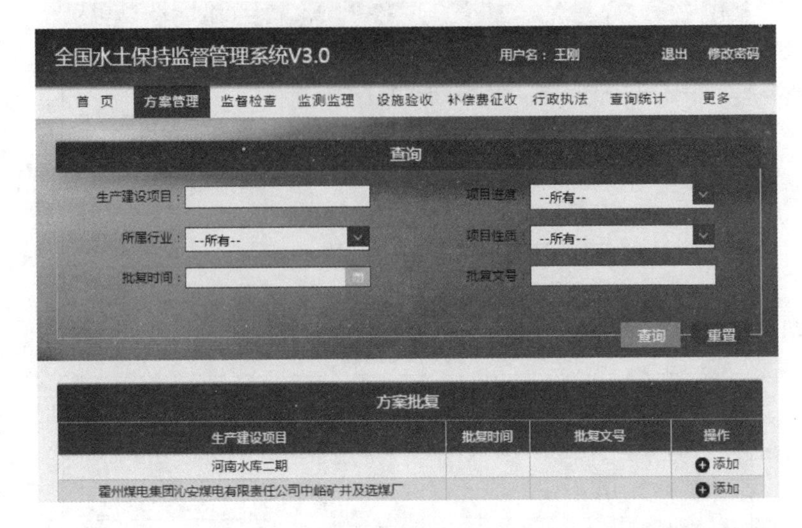

图 4－9　方案批复登录界面

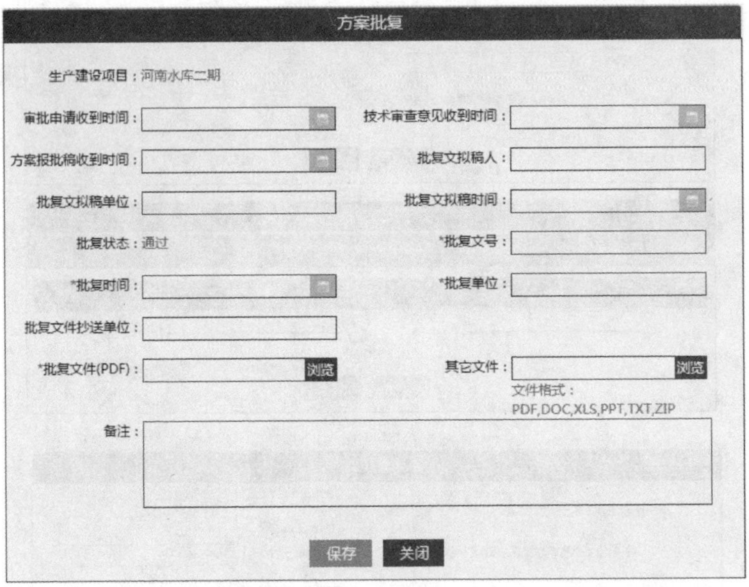

方案批复

生产建设项目：河南水库二期

审批申请收到时间：

技术审查意见收到时间：

方案报批稿收到时间：

批复文拟稿人：

批复文拟稿单位：

批复文拟稿时间：

批复状态：通过

*批复文号：

*批复时间：

*批复单位：

批复文件抄送单位：

*批复文件(PDF)：浏览

其它文件：浏览

文件格式：PDF,DOC,XLS,PPT,TXT,ZIP

备注：

保存　关闭

图 4－10　方案批复信息录入界面

4.4.2.1　建设信息

项目建设过程中，需要及时补充建设单位信息，更新项目建设情况并定期报告项目建设进展进度。

建设单位登录系统，点击【监测监理】→【建设信息】，进入建设信息页面。点击【建设单位信息】按钮，可查看和修改建设单位信息；点击【建设情况】按钮，可查看修改建设情况；点击【定期报告】按钮，可查看修改定期报告信息。方案建设信息登录界面如图 4－11 所示，方案建设信息录入界面如图 4－12 所示。

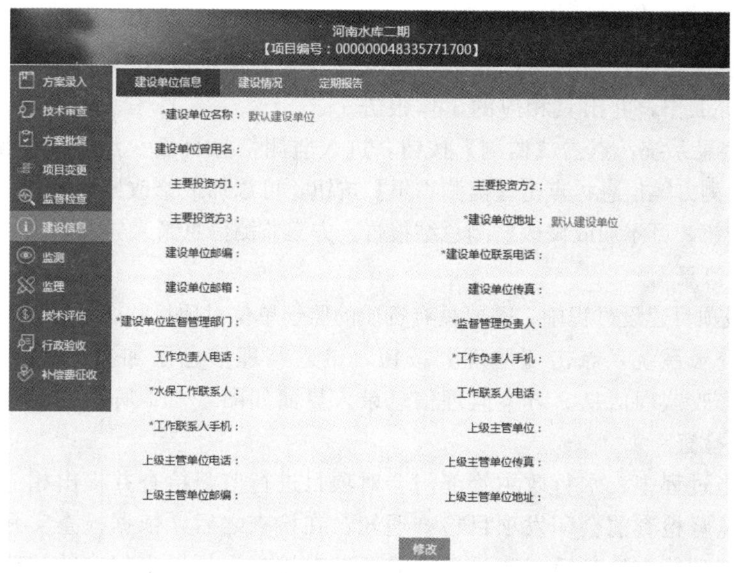

图 4－11　方案建设信息登录界面

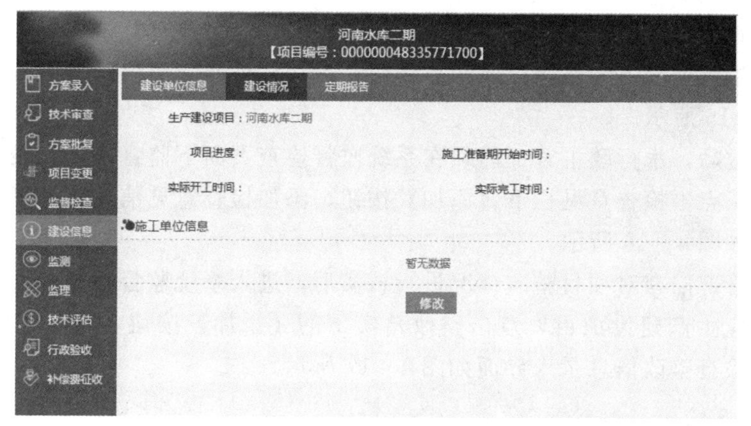

(a) 建设情况录入界面

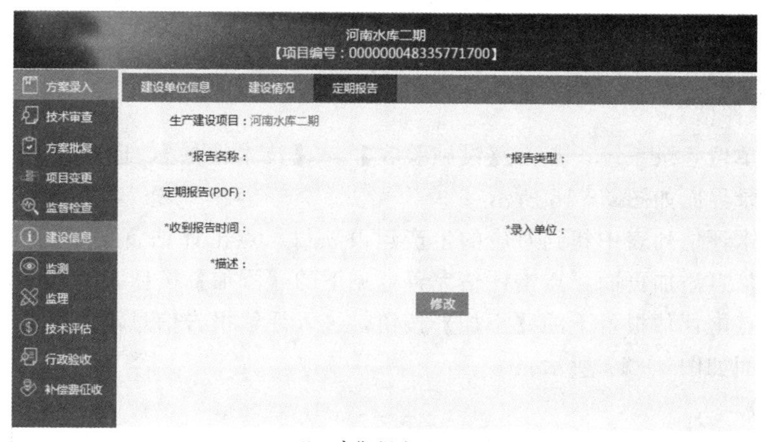

(b) 定期报告录入界面

图 4－12　方案建设信息录入界面

4.4.2.2　监测信息

生产建设项目建设，需要生产建设单位或其委托的技术服务单位对项目进行长期的调查、观测和分析工作，并出具相应的工作报告。

建设单位登录系统，点击【监测】按钮，进入监测信息页面。点击【监测方案】按钮，可添加或修改监测方案信息；点击【监测季报】按钮，可添加或修改监测季报信息；点击【监测总结报告】按钮，可添加或修改监测总结报告。方案监测信息录入界面如图 4－13 所示。

4.4.2.3　监理信息

在生产建设项目建设过程中，需要具有资质的监理单位对项目整个过程进行监理和控制。

建设单位登录系统，点击【监理】按钮，进入监理信息添加页面。点击【修改】按钮，可添加或修改监理信息。方案监理信息录入界面如图 4－14 所示。

4.4.2.4　监督检查

在项目实施过程中，水行政主管部门会对项目进行监督检查并提出相应的检查意见和修改意见。在监督检查前会印发项目检查通知；在检查之后，依据检查实际情况出具检查意见报告。在接到检查意见后，建设单位需要针对检查意见做出相应的整改工作。水行政主管部门对项目整改落实情况进行监督和复核。

在监督检查前，水行政主管部门登录系统，点击【监督检查】按钮，进入监督检查页面；点击监督检查列表下的【检查通知】按钮，填写检查通知信息。方案监督检查信息录入界面如图 4－15 所示。

监督检查过后，水行政主管部门须在系统监督检查页面下监督检查列表中找到对应的生产建设项目，点击检查意见栏下【添加】按钮，添加检查意见信息。方案监督检查意见信息录入界面如图 4－16 所示。

水行政主管部门在对项目整改情况进行核实后，进入系统监督检查页面，在监督检查列表里找到对应生产建设项目，点击整改落实下的【添加】按钮，填写监督检查整改信息。方案监督检查整改信息录入界面如图 4－17 所示。

4.4.3　设施验收

项目建设完工后，生产建设单位对生产建设项目中的水土保持设施进行验收。包括技术评估和验收两部分工作内容。

4.4.3.1　技术评估

生产建设单位登录系统，点击【设施验收】→【技术评估】，进入技术评估页面。方案技术评估登录界面如图 4－18 所示。

在验收技术评估列表中找到对应的生产建设项目，点击评估备案下的【添加】按钮，进入评估备案信息添加页面；点击评估完善意见下的【添加】按钮，进入评估完善意见信息添加页面；点击评估报告下的【添加】按钮，进入评估报告信息添加页面。方案技术评估信息录入界面如图 4－19 所示。

4.4.3.2　验收

生产建设单位登录系统，点击【设施验收】→【验收】，进入验收页面。方案验收登录界面如图 4－20 所示。

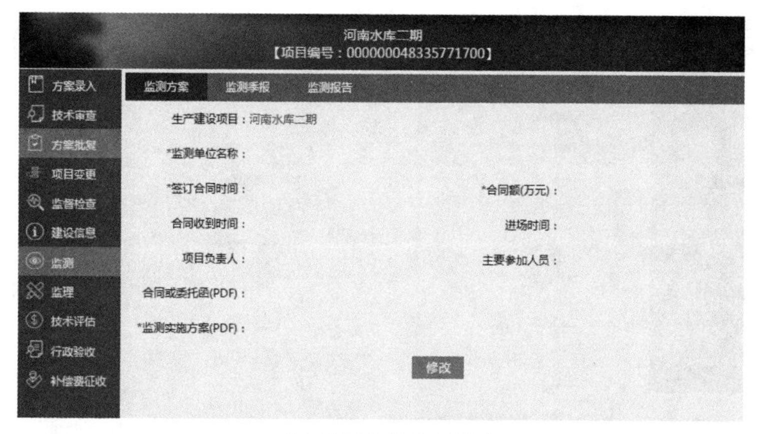

(a) 监测方案录入界面

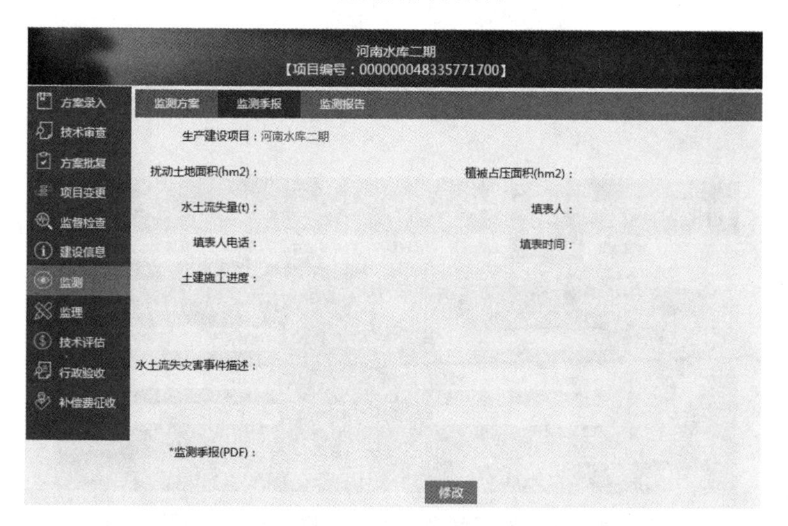

(b) 监测季报录入界面

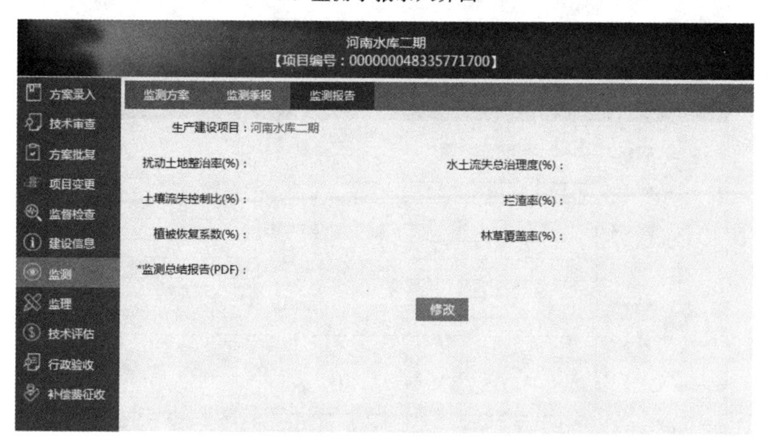

(c) 监测报告录入界面

图 4-13　方案监测信息录入界面

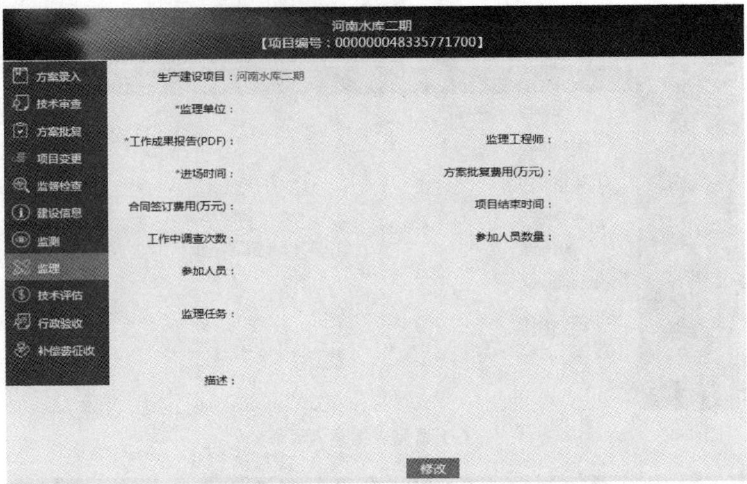

河南水库二期
【项目编号：000000048335771700】

方案录入
技术审查
方案批复
项目变更
监督检查
建设信息
监测
监理
技术评估
行政验收
补偿费征收

生产建设项目：河南水库二期
*监理单位：
*工作成果报告(PDF)：
监理工程师：
*进场时间：
方案批复费用(万元)：
合同签订费用(万元)：
项目结束时间：
工作中调查次数：
参加人员数量：
参加人员：
监理任务：
描述：
修改

图 4-14　方案监理信息录入界面

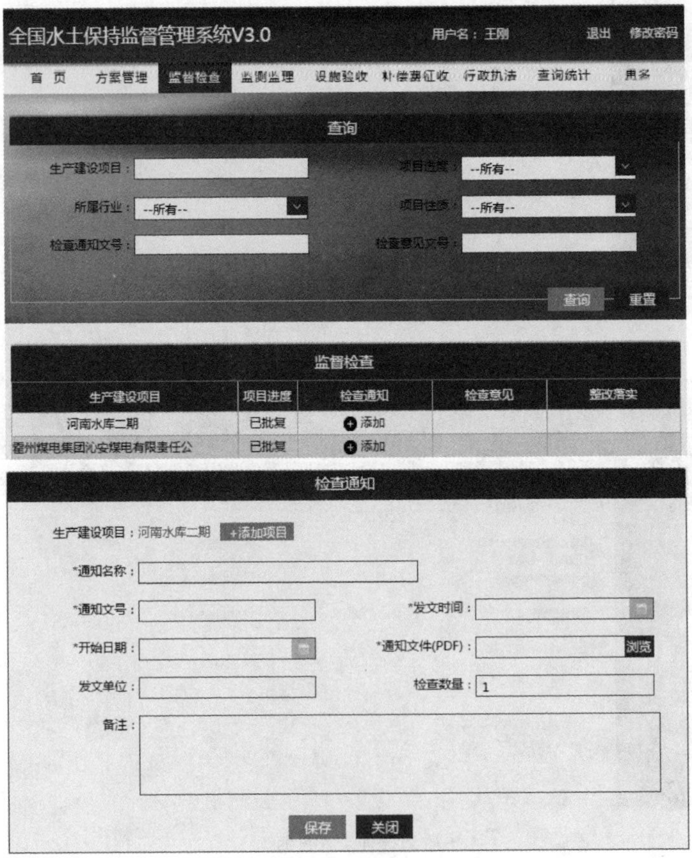

全国水土保持监督管理系统V3.0
用户名：王刚
退出
修改密码

首 页　方案管理　监督检查　监测监理　设施验收　补偿费征收　行政执法　查询统计　服务

查询

生产建设项目：
项目性质：--所有--
所属行业：--所有--
项目性质：--所有--
检查通知文号：
检查意见文号：
查询
重置

监督检查

生产建设项目	项目进度	检查通知	检查意见	整改落实
河南水库二期	已批复	添加		
霍州煤电集团沁安煤电有限责任公	已批复	添加		

检查通知

生产建设项目：河南水库二期　+添加项目
*通知名称：
*通知文号：
*发文时间：
*开始日期：
*通知文件(PDF)：　浏览
发文单位：
检查数量：1
备注：
保存　关闭

图 4-15　方案监督检查信息录入界面

全国水土保持监督管理系统V3.0　用户名：王刚　退出　修改密码

首 页　方案管理　监督检查　监测监理　设施验收　补偿费征收　行政执法　查询统计　更多

查询

生产建设项目：　项目进度：--所有--

所属行业：--所有--　项目性质：--所有--

检查通知文号：　检查意见文号：

查询　重置

监督检查

生产建设项目	项目进度	检查通知	检查意见	整改落实
河南水库二期	已批复	添加 修改 删除	添加	
霍州煤电集团沁安煤电有限责任公	已批复	添加		

检查意见

检查意见基本信息　检查参加单位信息　检查影像资料信息

生产建设项目：河南水库二期

*检查通知名称：河南水库二期项目检查通知　*问题级别：--------------请选择--------

*检查时间：　*检查地点：

*检查意见(PDF)：浏览　*检查意见文号：

*检查类型：开工前　建设中　竣工前　是否优化：是　否

是否监测：是　否　是否监理：是　否

整改意见时间：　整改完成时间：

整改复核单位：

保存　关闭

图 4-16　方案监督检查意见信息录入界面

全国水土保持监督管理系统V3.0　用户名：王刚　退出　修改密码

首 页　方案管理　监督检查　监测监理　设施验收　补偿费征收　行政执法　查询统计　更多

查询

生产建设项目：　项目进度：--所有--

所属行业：--所有--　项目性质：--所有--

检查通知文号：　检查意见文号：

查询　重置

监督检查

生产建设项目	项目进度	检查通知	检查意见	整改落实
河南水库二期 一般问题	已批复	添加 修改 删除	添加 修改	添加
霍州煤电集团沁安煤电有限责任公	已批复	添加		

图 4-17（一）　方案监督检查整改信息录入界面

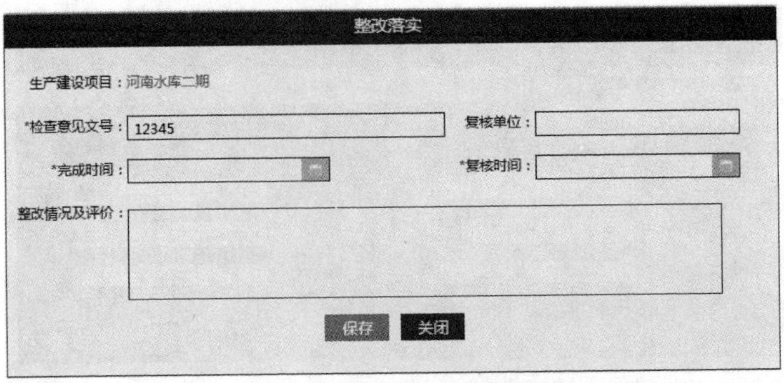

整改落实

生产建设项目：河南水库二期

*检查意见文号：12345　复核单位：

*完成时间：　*复核时间：

整改情况及评价：

保存　关闭

图 4-17（二）　方案监督检查整改信息录入界面

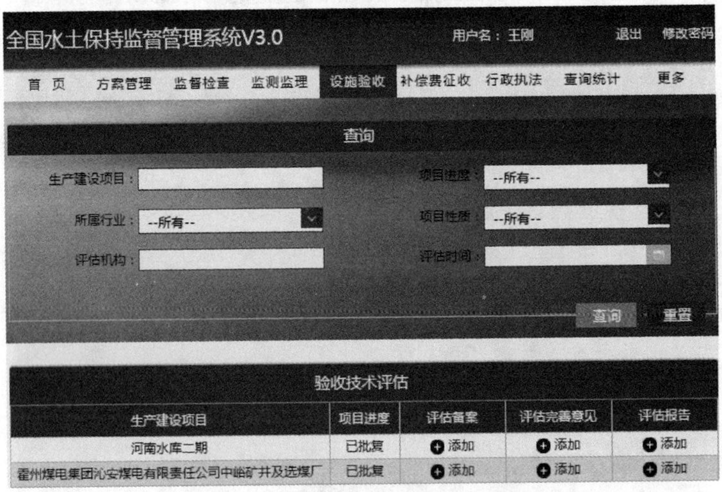

全国水土保持监督管理系统V3.0　用户名：王刚　退出　修改密码

首　页　方案管理　监督检查　监测监理　设施验收　补偿费征收　行政执法　查询统计　更多

查询

生产建设项目：　项目进度：--所有--

所属行业：--所有--　项目性质：--所有--

评估机构：　评估时间：

查询　重置

验收技术评估

生产建设项目	项目进度	评估备案	评估完善意见	评估报告
河南水库二期	已批复	添加	添加	添加
霍州煤电集团沁安煤电有限责任公司中峪矿井及选煤厂	已批复	添加	添加	添加

图 4-18　方案技术评估登录界面

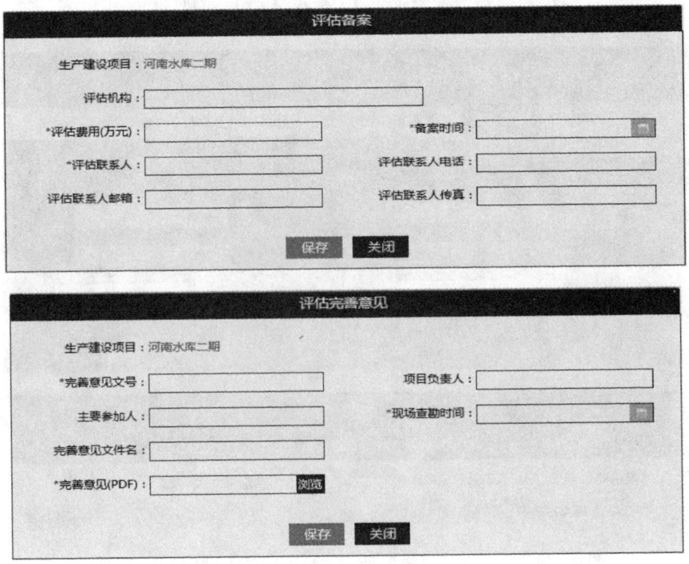

评估备案

生产建设项目：河南水库二期

评估机构：

*评估费用(万元)：　*备案时间：

*评估联系人：　评估联系人电话：

评估联系人邮箱：　评估联系人传真：

保存　关闭

评估完善意见

生产建设项目：河南水库二期

*完善意见文号：　项目负责人：

主要参加人：　*现场查勘时间：

完善意见文件名：

*完善意见(PDF)：　浏览

保存　关闭

图 4-19（一）　方案技术评估信息录入界面

评估报告

生产建设项目：河南水库二期

*水保方案批复投资(万元)：	*水保方案实际投资(万元)：
*评估时间：	*评估结论：通过 整改
*评估报告名称：	*评估报告(PDF)：浏览
方案确定防治责任范围：	验收防治责任范围：
主体工程工期：	水保工程工期：
扰动土地整治率(%)：	水土流失总治理度(%)：
土壤流失控制比：	拦渣率(%)：
植被恢复系数(%)：	林草覆盖率(%)：
主要工程量工程措施：	主要工程量植物措施：
主要工程量临时措施：	工程措施总体质量评定：
工程措施外观质量评定：	植物措施总体质量评定：
植物措施外观质量评定：	工程总体评价：
记录人(信息录入)：	报送(收到)日期：

投资变化原因：

描述：

保存 关闭

图 4-19（二） 方案技术评估信息录入界面

全国水土保持监督管理系统V3.0 用户名：王刚 退出 修改密码

首 页 方案管理 监督检查 监测监理 设施验收 补偿费征收 行政执法 查询统计 更多

查询

生产建设项目： 项目进度：--所有--

所属行业：--所有-- 项目性质：--所有--

验收会议时间： 鉴定书印发时间：

查询 重置

行政验收

生产建设项目	项目进度	验收申请	验收会议	行政验收
河南水库二期	已批复	添加	添加	添加
霍州煤电集团沁安煤电有限责任公司中峪矿井及选煤厂	已批复	添加	添加	添加

图 4-20 方案验收登录界面

在验收列表中找到对应的生产建设项目，点击验收申请下的【添加】按钮，进入验收申请添加页面；点击验收会议下的【添加】按钮，进入验收会议情况添加页面；点击验收下的【添加】按钮，进入验收信息添加页面。方案验收信息录入界面如图 4－21 所示。

验收申请

生产建设项目：河南水库二期

*收到时间：

*验收请示(PDF)：浏览

验收请示文件名称：

验收请示文号：

保存　关闭

验收会议

生产建设项目：河南水库二期

*通知发文时间：　*通知文号：

*通知文件(PDF)：浏览

会议时间：　会议地点：

描述：

保存　关闭

行政验收

生产建设项目：河南水库二期

*验收时间：　*验收鉴定书(PDF)：浏览

*验收鉴定书印发文号：　*验收鉴定书印发时间：

验收地点：

验收组组长：　验收组副组长：

主持单位：　验收组成员：

建设单位工作总结报告(PDF)：浏览

技术报告(PDF)：浏览

验收组成员信息

姓名	职称	工作单位	职务	删除

+添加验收组成员

参会单位信息

删除参会单位

单位名称：　单位类型：--请选择--

参会单位信息

删除参会单位

单位名称：　单位类型：--请选择--

参会单位成员信息

姓名	职称	职务	联系电话	删除

+添加

+添加参会单位

保存　关闭

图 4－21　方案验收信息录入界面

第5章 水土保持综合治理系统

5.1 系 统 概 述

为强化国家水土保持重点工程信息化管理，提高项目管理效率和水平，水利部组织开发了国家水土保持重点工程项目管理信息系统的建设。该系统服务于全国坡耕地水土流失综合治理项目、国家农业综合开发水土保持项目、国家水土保持重点建设工程、丹江口库区及上游水土保持工程等各类国家水土保持重点工程的项目管理工作。

系统主要面向水利部、省级和县级水行政主管部门三级用户，具备项目前期工作、计划管理、工程实施、检查验收等阶段业务信息的在线填报、上传、统计和分析功能，实现对国家水土保持重点工程以“图斑—项目片区—项目区—县—省—国家”为主线的全过程、精细化、信息化管理。系统登录界面如图5-1所示。

图5-1　系统登录界面

5.2　用户类别及业务流程

国家水土保持重点工程项目管理信息系统涉及三级用户（国家、省级、县级）、四个阶段（前期管理、计划管理、实施管理、检查验收）。国家级、省级、县级三级用户分别提交项目各执行阶段相应的成果信息，并完成项目信息在关键环节的审核入库。

5.2.1　用户类别及权限

国家级、省级、县级三级用户功能权限如表5-1所示。

表5-1　各级用户功能权限表

模块菜单名	功能权限											
	录入/审核			修改/删除			查询/浏览			导出		
	国家级	省级	县级	国家级	省级	县级	国家级	省级	县级	国家级	省级	县级
综合信息							√	√	√	√	√	√
业务流程							√	√	√			
国家规划	√			√			√	√		√	√	
省级规划		√			√		√	√	√	√	√	√
实施方案		√	√			√	√	√	√	√	√	√
国家计划	√			√			√	√		√	√	
省级计划		√			√		√	√	√	√	√	√
施工准备		√	√			√	√	√	√	√	√	√
施工进度		√	√			√	√	√	√	√	√	√
项目检查	√	√	√	√	√	√	√	√	√	√	√	√
项目验收	√	√	√		√	√	√	√	√	√	√	√
通知	√	√	√	√	√	√	√	√	√	√	√	√
标准规范	√	√	√	√	√	√	√	√	√	√	√	√

5.2.2　业务流程

国家水土保持重点工程项目管理信息系统中的详细业务流程如图5-2所示。

5.2.2.1　前期阶段

前期阶段的管理工作主要包括国家规划信息管理、省级规划信息管理、实施方案上报及管理、实施方案审核。

（1）水利部用户。负责管理国家规划信息，包括国家规划基本信息、涉及项目省、项目县信息。

国家规划录入完成之后，省级用户才能录入省级规划信息。

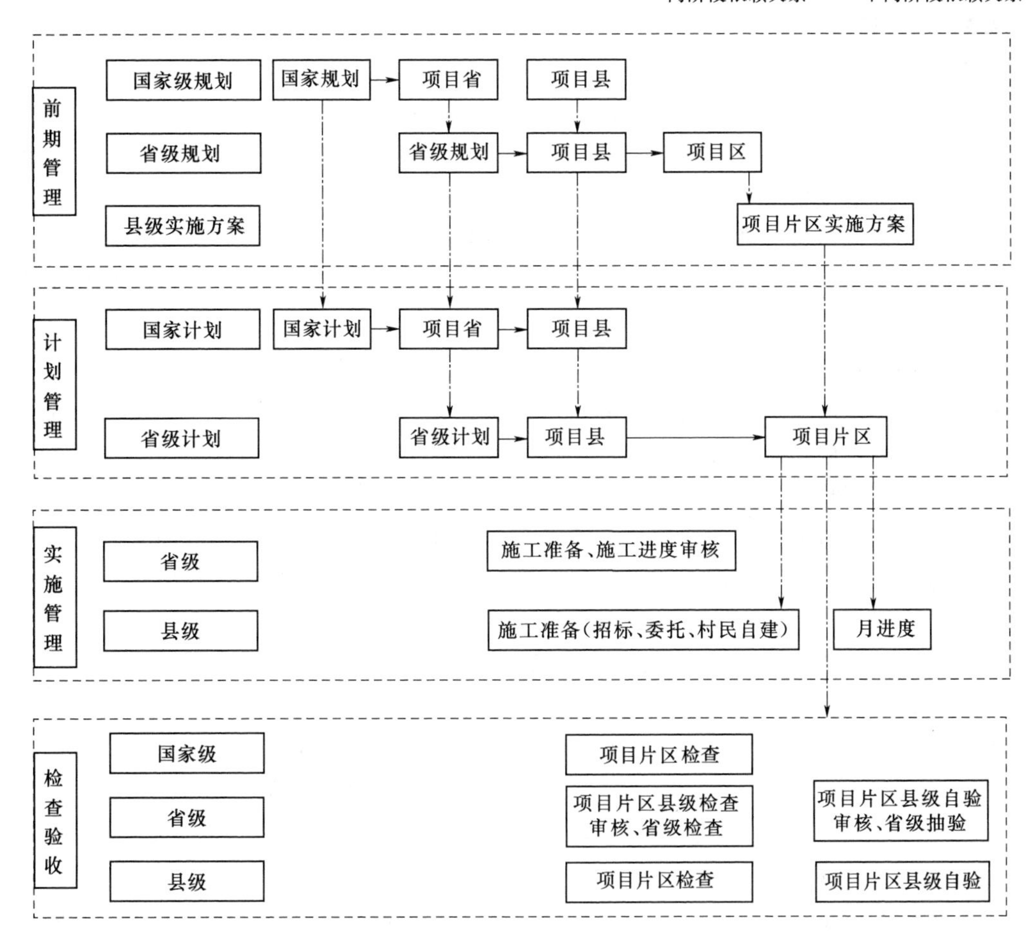

图5-2 业务流程

(2) 省级用户。负责管理省级规划信息，包括省级规划基本信息、项目县规划信息、项目区规划信息。同时，项目县上报实施方案后，省级用户负责审批本省范围内的实施方案。

省级规划录入完成后，县级用户才可以录入实施方案。

(3) 县级用户。负责上报及管理实施方案信息，包括项目片区基本信息、措施信息、投资信息、效益信息等。

省级审批通过的实施方案不可修改；未审批或审批未通过的可随时修改。

5.2.2.2 计划阶段

计划阶段的管理工作主要包括国家计划信息管理、省级计划信息管理。

(1) 水利部用户。负责管理国家计划信息，包括国家计划基本信息、项目省、项目县计划信息。

国家规划信息录入后才可录入国家计划信息。

(2) 省级用户。负责管理省级计划信息，包括省级计划基本信息、项目片区的计划信息。

国家计划信息、实施方案信息录入后才可录入省级计划信息。

5.2.2.3 实施阶段

实施阶段的管理工作主要包括施工准备信息管理、施工进度信息管理。

（1）省级用户。负责审核县级上报的项目片区施工准备信息、施工进度信息。

（2）县级用户。负责管理项目片区实施信息，包括施工准备（招标、委托、村民自建）信息、实施进度信息。

实施方案审批通过、省级计划上报并经水利部审核通过后，才可录入实施阶段信息。

省级审核通过的施工准备、施工进度信息不能修改；未审批或审批未通过的可随时修改。

5.2.2.4 检查验收阶段

检查验收阶段的管理工作主要包括国家级、省级（流域级）、县级（市级）检查信息管理，以及县级自验信息管理、省级审核县级自验信息、省级抽验信息管理。

（1）水利部用户。负责管理国家级检查信息、审核省级抽验信息。

水利部审核通过的省级抽验信息不能修改；未审批或审批未通过的可随时修改。

（2）省级用户。负责管理流域级、省级检查信息，以及审核县级自验信息、管理抽验信息。

县级用户自验信息录入后，省级用户才可以录入抽验信息。

（3）县级用户。负责管理市级、县级检查信息，以及县级自验信息。

实施方案审批通过后才可录入检查验收信息。

5.3 功能模块

国家水土保持重点工程项目管理系统从功能结构上分为七大功能模块：地图管理、综合信息、前期管理、计划管理、施工管理、检查验收、信息发布。总体功能模块如图5-3所示。

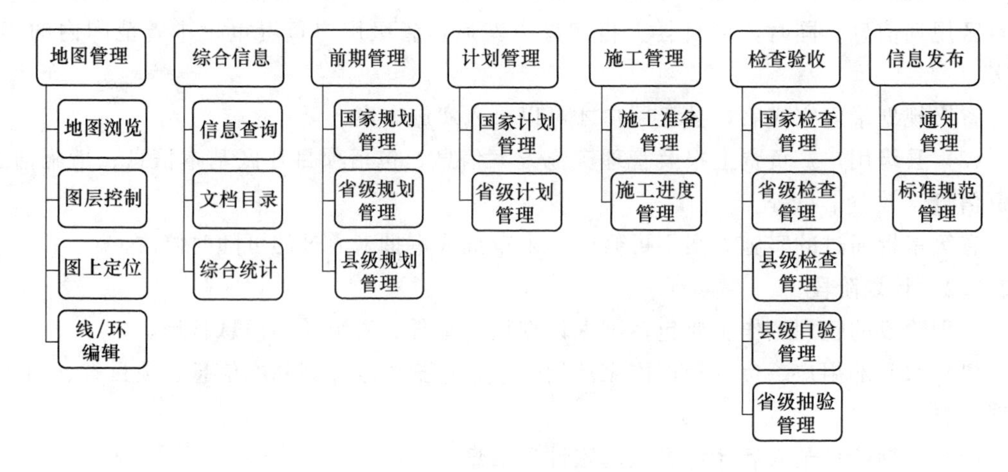

图5-3 总体功能模块

5.3.1　地图管理模块

（1）地图浏览。地图浏览包括地图放大、缩小、漫游、全图等功能。

（2）图层控制。用户可以根据自己的需求控制地图上显示的图层信息。通过控制各图层前面方框中的对勾来控制图层的显示或隐藏。不仅可以对高程、行政区边界及注记、流域边界及注记等公共图层进行控制，还可以对五类项目类型的项目区边界及注记、项目片区边界及注记、图斑边界及注记进行分层控制。图层控制界面如图 5－4 所示。

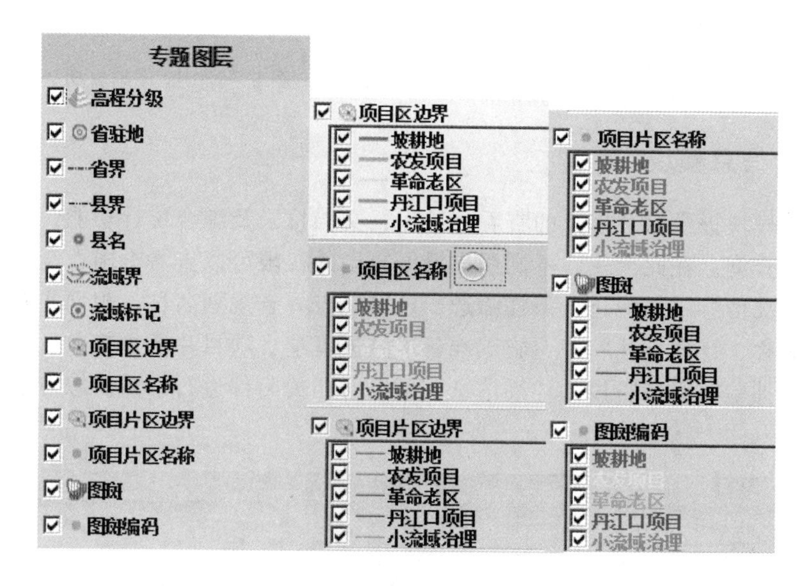

图 5－4　图层控制界面

（3）图上定位。选择数据列表中的项目信息，地图窗口将自动定位到项目区所在的位置，并放大、高亮显示选中区域。图形定位如图 5－5 所示。

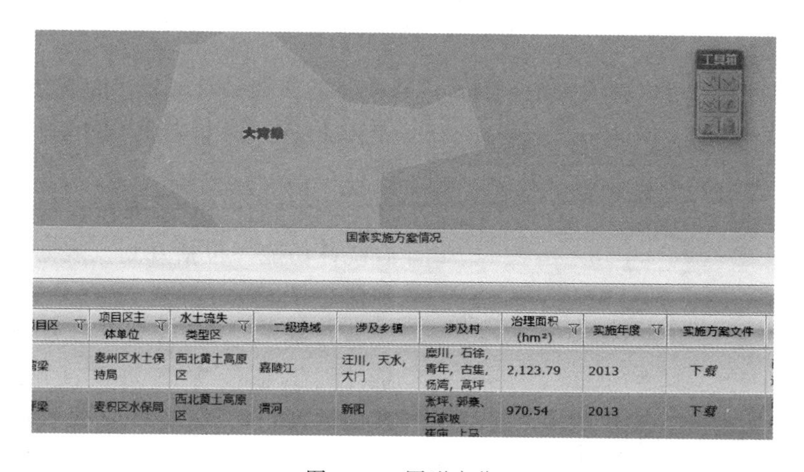

图 5－5　图形定位

（4）线/环编辑。线/环编辑工具箱是本系统非常重要的编辑工具，用于线段、多边形的编辑。该工具在绘制项目区、项目片区、图斑边界等操作中出现，能够在地图上任意选取和勾绘线段、多边形，辅助用户提取对应的专题信息。“线/环编辑”包括“连续添点”“其他动作”“撤销”“重做”“确认”和“放弃”六个功能按钮。其中，“其他动作”包含“图上抓取”“连抓延长”“延长一端”“替换局部”“截弯取直”“直段折弯”“移动单点”“删除单点”和“全部清除”九种操作。线/环编辑功能布局如图 5-6 所示。

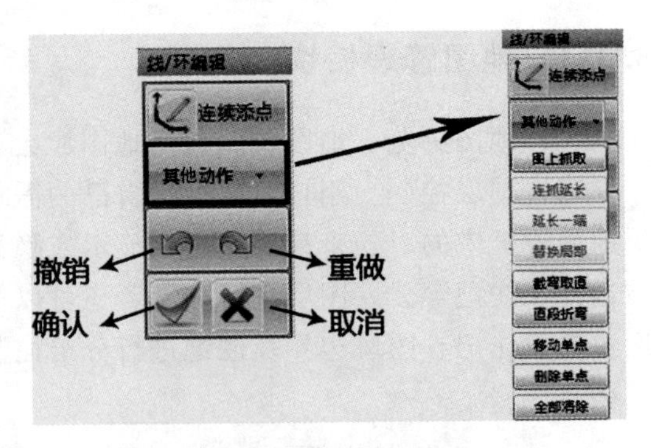

图 5-6　线/环编辑功能布局

5.3.2　综合信息模块

综合信息模块提供综合信息的查看、导出、文档目录及综合统计功能。

（1）信息查询。在此模块，不同用户根据自己的权限可以查看全国、全省、全县项目片区的综合情况信息，并能进行条件筛选；还可以查看省规划名称、规划实施年、实施方案、省计划名称、计划下达状态、施工准备、月进度项、项目片区检查数、项目片区自验数、项目片区抽验数等各阶段的详细信息；可以对相关附件进行下载。综合信息界面如图 5-7 所示。

项目区综合信息　项目区综合信息情况

序号	省	项目县	项目区	项目片区	省规划名称	规划实施年	实施方案	计划下达状	施工准备	月进度项	项目片区检查	项目片区自验	项目片区抽验
1	内蒙古	科尔沁右翼中	吐列毛都项目	巴彦乌兰项目	国家农业综合开	2011	已上报并审查通	已下达	招标项：2，委	4	2	0	0
2	宁夏	同心县	下马关项目区(	油坊塘	宁夏国家农业综	2014	已上报并审查通	已下达	招标项：1，委	1	1	1	0
3	内蒙古	扎兰屯市	蘑菇气项目区	蘑菇气项目区	国家农业综合开	2011	已上报并审查通	已下达	招标项：1，委	0	1	0	0
4	内蒙古	扎鲁特旗	锅底山项目区	锅底山小流域	国家农业综合开	2011	已上报但审查未	已下达	招标项：0，委	0	0	0	0
5	宁夏	彭阳县	山庄项目区（1	山庄小流域	宁夏国家农业综	2014	已上报并审查通	已下达	招标项：1，委	1	0	0	0
6	宁夏	海原县	臭草沟项目区	小河小流域	宁夏国家农业综	2014	已上报但审查未	已下达	招标项：1，委	1	1	1	1
7	宁夏	西吉县	震湖项目区(王	王坪小流域	宁夏国家农业综	2014	已上报并审查通	已下达	招标项：1，委	1	1	1	0
8	内蒙古	扎鲁特旗	锅底山项目区	锅底山2	国家农业综合开	2011	已上报并审查通	未下达	招标项：0，委	0	0	0	0
9	宁夏	盐池县	蔡家梁项目区(	郭家坑小流域	宁夏国家农业综	2014	已上报并审查通	已下达	招标项：1，委	1	0	0	0
				总计：409									

图 5-7　综合信息界面

（2）文档目录。可以查看指定项目片区各阶段的文档目录列表，能够进行相关文档附件的下载。项目片区文档目录如图 5-8 所示。

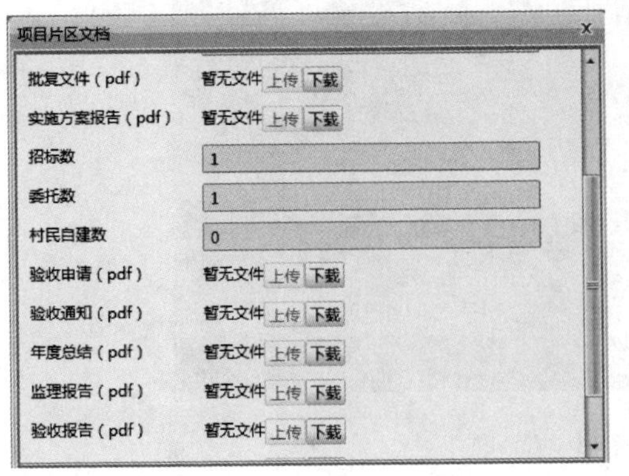
项目片区文档

批复文件（pdf）　暂无文件　上传　下载

实施方案报告（pdf）　暂无文件　上传　下载

招标数　1

委托数　1

村民自建数　0

验收申请（pdf）　暂无文件　上传　下载

验收通知（pdf）　暂无文件　上传　下载

年度总结（pdf）　暂无文件　上传　下载

监理报告（pdf）　暂无文件　上传　下载

验收报告（pdf）　暂无文件　上传　下载

图 5-8　项目片区文档目录

（3）综合统计。系统以报表形式提供综合统计功能，包括规划（规划信息统计、规划信息汇总）、实施方案（实施方案统计、实施方案汇总）、计划（投资计划分解、投资计划汇总）、施工进度（施工进度统计、实施进度汇总）、验收（验收情况统计、验收情况汇总）。统计结果可以导出（Excel 格式），方便用户对实施方案、计划、项目进行管理。综合统计功能界面如图 5-9 所示。

农发项目综合信息 农发项目综合统计

规划信息统计 规划信息汇总 规划 | 实施方案统计 实施方案汇总 实施方案 | 投资计划分解 投资计划汇总 计划 | 实施进度统计 实施进度汇总 施工进度 | 验收情况统计 验收情况汇总 验收

图 5-9 综合统计功能界面

5.3.3 前期管理模块

(1) 国家规划管理。水利部用户主要负责国家规划数据的管理。国家规划基本信息录入完成后，在此基础上录入国家规划的项目省、项目县信息，并进行国家规划数据的管理，包括查询、修改、删除、导出等。省级用户可以对国家规划进行浏览、下载。

(2) 省级规划管理。省级用户负责管理省级规划信息，包括省级规划基本信息、项目县规划信息、项目区规划信息。国家规划录入完成后，省级才可录入省级规划，并从国家规划项目省和项目县中选取。省级用户和县级用户均可录入项目区信息，包括项目区边界及中心点录入。

(3) 县级规划管理。省级规划录入完成后，县级用户录入本县范围内的项目片区实施方案信息，包括项目片区基本信息、措施配置、措施图斑、资金筹措、效益等信息，并进行实施方案的查询、录入、修改、删除、导出等操作。

县级用户上报实施方案后，省级用户审批实施方案，可对方案进行定位、详细信息查看、审核等操作，并给出审核通过或不通过意见。

5.3.4 计划管理模块

(1) 国家计划管理。水利部用户主要负责国家计划数据的管理。国家计划基本信息录入完成后，在此基础上录入国家计划的项目省、项目县信息，并对国家计划信息和计划实施的项目省、项目县数据进行管理，包括查询、录入、修改、删除、导出等。

省级用户可以对国家计划进行浏览、查询、导出。

(2) 省级计划管理。省级用户主要负责省级计划数据的管理。国家计划录入后，省级才可以录入省级计划。省级计划基本信息录入完成后，在此基础上录入项目片区计划信息，并进行省级计划数据的管理，包括查询、录入、修改、删除、导出等。

省级计划填报后，经水利部用户审核通过后下达至计划县。

县级用户可以浏览省级计划下达情况，未审核或审核未通过的省级计划，无法看到项目片区计划信息；审核通过的省级计划，可以看到项目片区计划信息。

5.3.5 施工管理模块

施工管理模块主要由县级用户进行录入、上报，省级用户进行审核。

(1) 施工准备管理。经省级用户审核通过实施方案、省级计划填报并经水利部用户审核通过后，县级才可以进行录入施工准备信息，包括招标信息、委托信息、村民自建信息，可以对施工准备信息进行浏览、录入、修改、删除等操作。

省级用户对县级用户所上报的项目施工准备信息进行审核，并给出审核意见。

(2) 施工进度管理。县级用户对项目片区的施工进度每月一报，每个月只能添加一条进度。实施进度中数据信息允许采用Excel文件导入。

省级用户对施工进度进行审查，状态为“审查通过”时，项目进度信息不可再修改；状态为“审查未通过”时，项目进度信息可修改。

5.3.6　检查验收模块

(1) 国家检查管理。水利部用户可以录入本年度计划项目片区的国家级检查信息，并进行修改、删除。国家级检查信息可以被各级用户浏览和导出。

(2) 省级检查管理。省级用户负责管理省级检查信息，对本级检查信息进行浏览、录入、修改、删除等操作。省级检查信息可以被各级用户浏览和导出。

(3) 县级检查管理。县级用户负责管理县级检查信息，对本级检查信息进行浏览、录入、修改、删除等操作。县级检查信息可以被各级用户浏览和导出。

(4) 县级自验管理。县级用户录入县级自验信息，包括基本信息、审计信息、财务阶段信息、措施实施信息、图斑措施信息、资金使用信息以及项目效益信息，并进行自验信息的管理。

省级用户对县级自验项目片区信息进行审核，并给出审核意见。

(5) 省级抽验管理。省级用户对已经填报县级自验信息的项目片区进行抽验，对基本信息、审计信息、财务结算信息、措施实施信息、图斑措施信息、资金使用信息、项目效益信息进行浏览、录入、修改、删除等管理。

5.3.7　信息发布模块

(1) 通知管理。水利部用户可以进行国家级通知的录入、修改、删除以及浏览。

省级用户可以进行省级通知的录入、修改、删除以及浏览，并可以浏览国家填写的通知信息。

县级用户可以浏览、下载国家及省级填写的通知信息。

(2) 标准规范管理。水利部用户可以进行国家级标准规范的录入、修改、删除以及浏览。

省级用户可以进行省级标准规范的上传、修改、删除以及浏览，并可以浏览、下载国家上传的标准规范信息。

县级用户可以浏览、下载国家及省级填写的标准规范信息。

5.4　系统功能示例

国家水土保持重点工程项目管理系统所管理的五大类项目业务流程相同，下面以国家农业综合开发水土保持项目为例，对前期管理、计划管理、施工管理、检查验收四个业务模块的操作流程进行说明。

5.4.1　前期管理

(1) 水利部录入国家级规划。点击【农发项目】→【国家规划】进入国家规划数据列表界面，进行国家规划的查询、录入、修改、删除、导出等操作。国家规划信息界面如图5-10所示，国家规划—项目省、县规划信息界面如图5-11所示。

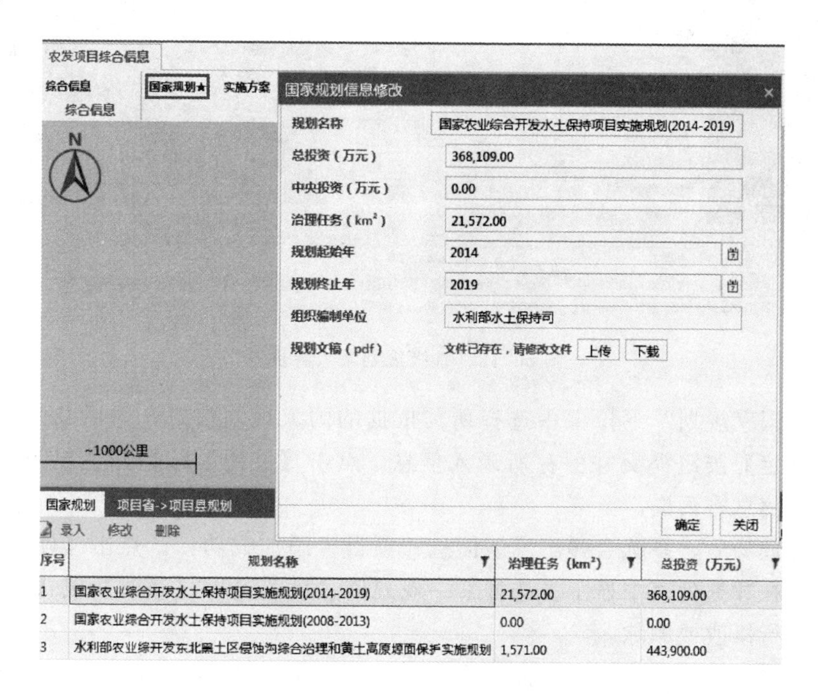

图5-10 国家规划信息界面

国家规划 | 项目省->项目县规划

国家项目省规划信息（录入 修改 删除）

序号	省区划码	省名称	治理任务（km²	依据国家规划名
1	140000	山西	888.00	国家农业综合开发水
2	150000	内蒙古	835.00	国家农业综合开发水
3	210000	辽宁	720.00	国家农业综合开发水
4	220000	吉林	1,035.00	国家农业综合开发水
5	230000	黑龙江	1,560.00	国家农业综合开发水
6	360000	江西	1,455.00	国家农业综合开发水
7	420000	湖北	675.00	国家农业综合开发水
8	430000	湖南	1,530.00	国家农业综合开发水
9	450000	广西	951.00	国家农业综合开发水
10	500000	重庆	1,480.00	国家农业综合开发水
11	510000	四川	3,345.00	国家农业综合开发水
12	520000	贵州	1,108.00	国家农业综合开发水
13	530000	云南	943.00	国家农业综合开发水
14	610000	陕西	1,872.00	国家农业综合开发水
15	620000	甘肃	1,235.00	国家农业综合开发水
16	640000	宁夏	1,010.00	国家农业综合开发水
	总计: 33			

国家项目县规划信息（录入 删除）

序号	县区划码	县名称
1	141027	浮山县
2	141029	乡宁县
3	141028	吉县
4	140823	闻喜县
5	140829	平陆县
6	140828	夏县
7	140821	临猗县
8	140882	河津市
9	140802	运城市盐湖区
10	140525	泽州县
11	140830	芮城县
12	140881	永济市
13	141034	汾西县
14	141031	隰县
	总计: 14	

图5-11 国家规划—项目省、县规划信息界面

（2）省级上报省级规划。点击【农发项目】→【省级规划】进入省级规划数据列表界面，进行省级规划基本信息及项目县的查询、录入、修改、删除、导出等操作。

1）省级规划基本信息录入。点击【省级规划】按钮，进入省级规划数据列表页面。在规划数据列表上，点击图标→【录入】按钮，进入省级规划信息录入界面。省级规划录入界面如图5-12所示。

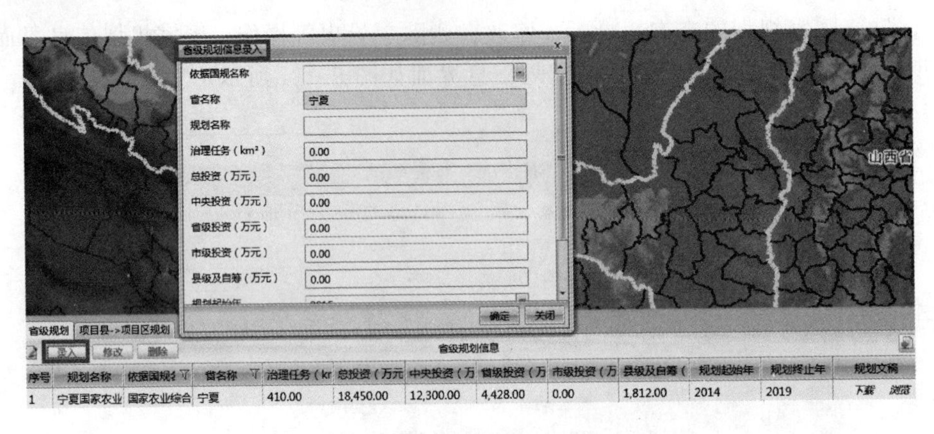

图 5－12　省级规划录入界面

在“依据国家规划”下拉框中选择所需依据的国家规划信息，然后录入其他字段信息。点击【确定】按钮提交并保存所录入信息。点击【关闭】按钮则退出当前的添加界面，所添加的信息将丢失。

信息保存成功后，系统会弹出反馈信息“项目省添加成功!”。点击【确定】按钮后，省级规划信息在数据列表中显示。选择某一规划信息后，点击【修改】或【删除】按钮，可以对数据进行修改或删除。

信息在删除后将不可恢复，应谨慎操作。如果系统中存在与该省级规划信息有关的项目信息时，则该数据不能删除。

2）项目县信息录入。点击【省级规划】→【项目县→项目区规划】，左边显示省级规划的项目县信息列表，右边显示某项目县内的项目区信息数据列表。项目县规划信息编辑界面如图 5－13 所示。

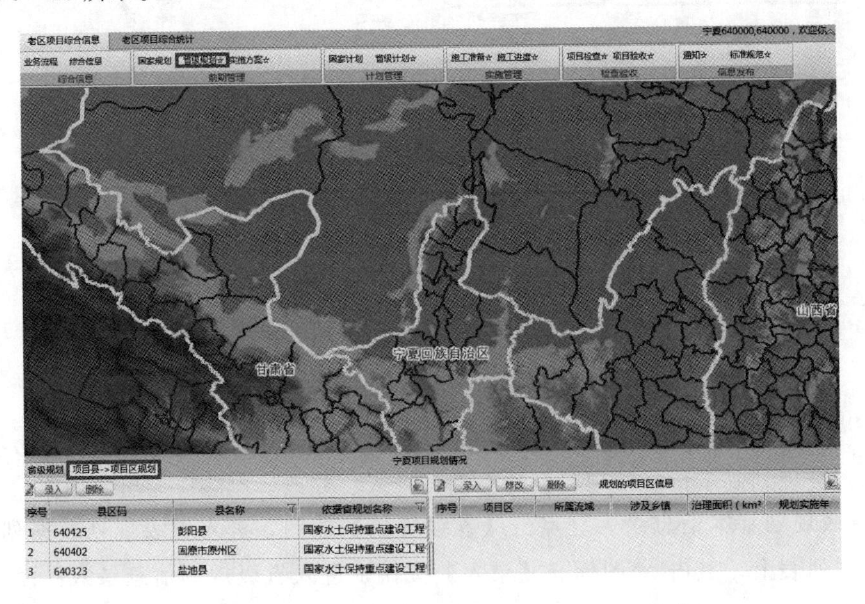

图 5－13　项目县规划信息编辑界面

在项目县规划信息列表上点击✎图标→【录入】按钮，进入规划信息录入界面。项目县规划录入界面如图 5-14 所示。

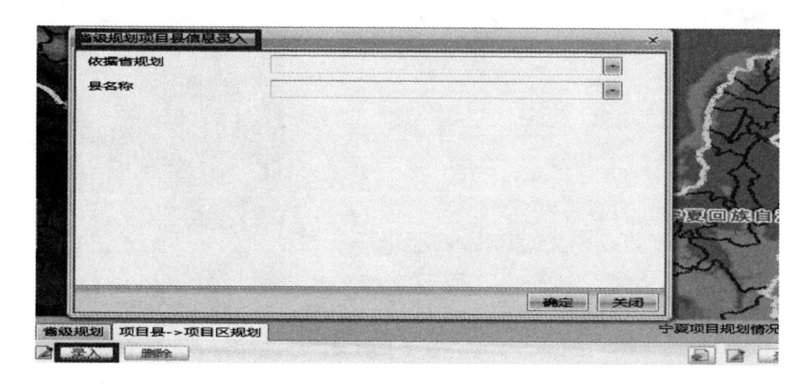

图 5-14 项目县规划录入界面

规划信息添加完成后，点击【确定】按钮对输入的信息进行保存提交；信息保存成功后，系统会提示“项目县添加成功!”，信息列表中则会出现所添加成功的信息。选择某一规划信息，以对录入的信息进行修改或删除。

项目县规划信息录入时，点击信息时在图层上显示相应的地理位置。

信息在删除后将不可恢复，用户应慎用该操作功能。如该信息有其他依附信息存在，该数据不能被删除。

3）项目区信息录入。在项目县信息添加后，应对该条项目县信息添加相应的项目区信息。点击【省级规划】→【项目县→项目区规划】，在该界面中选择某条项目县信息后，可对该项目县信息添加相应的项目区信息。项目区规划信息界面如图 5-15 所示。

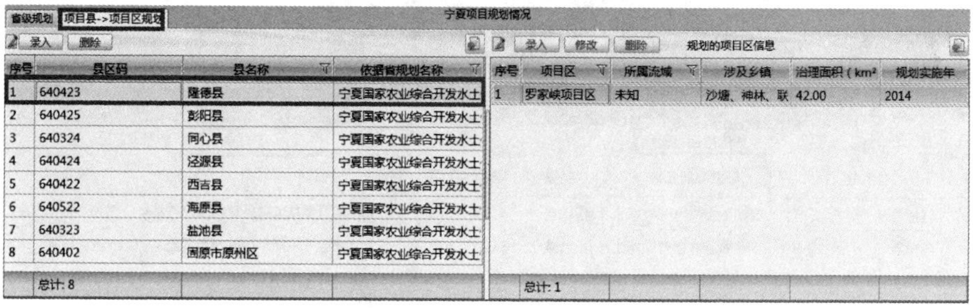

省级规划 | 项目县->项目区规划 宁夏项目规划情况

录入 删除

序号	县区码	县名称	依据省规划名称
1	640423	隆德县	宁夏国家农业综合开发水土
2	640425	彭阳县	宁夏国家农业综合开发水土
3	640324	同心县	宁夏国家农业综合开发水土
4	640424	泾源县	宁夏国家农业综合开发水土
5	640422	西吉县	宁夏国家农业综合开发水土
6	640522	海原县	宁夏国家农业综合开发水土
7	640323	盐池县	宁夏国家农业综合开发水土
8	640402	固原市原州区	宁夏国家农业综合开发水土
	总计: 8		

录入 修改 删除 规划的项目区信息

序号	项目区	所属流域	涉及乡镇	治理面积（km²	规划实施年
1	罗家峡项目区	未知	沙塘、神林、联	42.00	2014
	总计: 1				

图 5-15 项目区规划信息界面

在项目区规划信息列表上点击✎图标→【录入】按钮，进入项目区信息录入界面。输入规划信息时，部分信息依据国家规划信息进行选择。项目区规划录入界面如图 5-16 所示。

添加项目区规划信息时，需要制定项目区边界和中心位置。系统提供三种方式设置项目片区边界：图上采点、输入坐标拐点、导入 RM 文件。中心点位置设定方式有图上采点和输入中心点坐标。边界、中心位置信息可通过“线/环编辑”工具进行修改。

（3）县级上报实施方案。点击【农发项目】→【实施方案上报】即可进入实施方案管

图 5-16 项目区规划录入界面

理界面，进行实施方案的查询、录入、修改、删除、导出等操作。

实施方案总体情况信息列表包括两部分：左边是项目区信息，右边是某项目区内的项目片区实施方案总体情况。实施方案上报信息列表如图 5-17 所示。

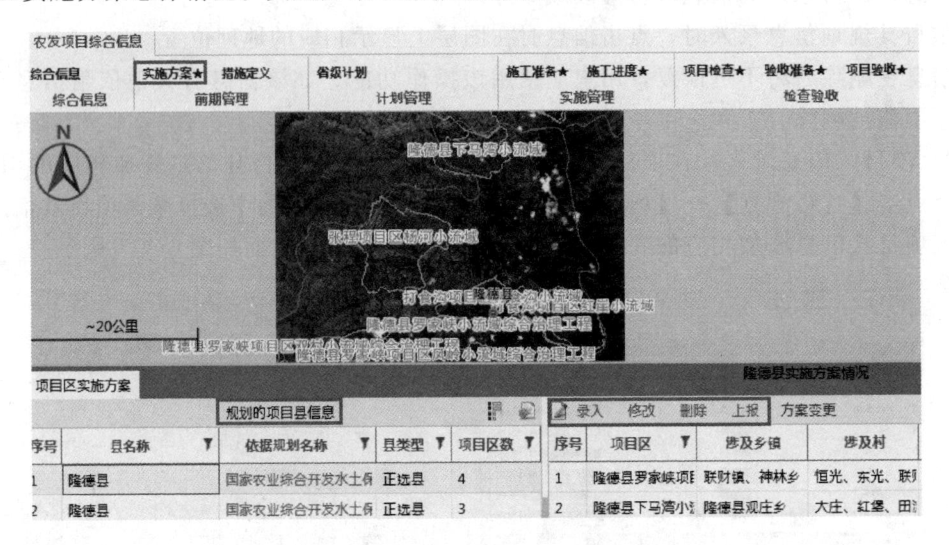

图 5-17 实施方案上报信息列表

在左边列表中选择某个项目区，录入该项目区内的项目片区实施方案。点击右边数据列表图标→【录入】按钮，进入实施方案录入界面，录入实施方案详细信息，包括基本信息，社会经济、土地利用现状、措施现状、水土流失现状、规划措施、投资估算、资金筹措、效益、附图。各项信息分别录入后，点击相应页面的【确定】按钮保存信息。录入实施方案界面如图 5-18 所示。

实施方案录入窗口中“基本信息”项需要设置项目片区边界和中心点位置。系统同样提供图上采点、输入坐标拐点、导入 RM 文件三种方式设置项目片区边界，图上采点和输入中心点坐标两种方式设定中心点位置。

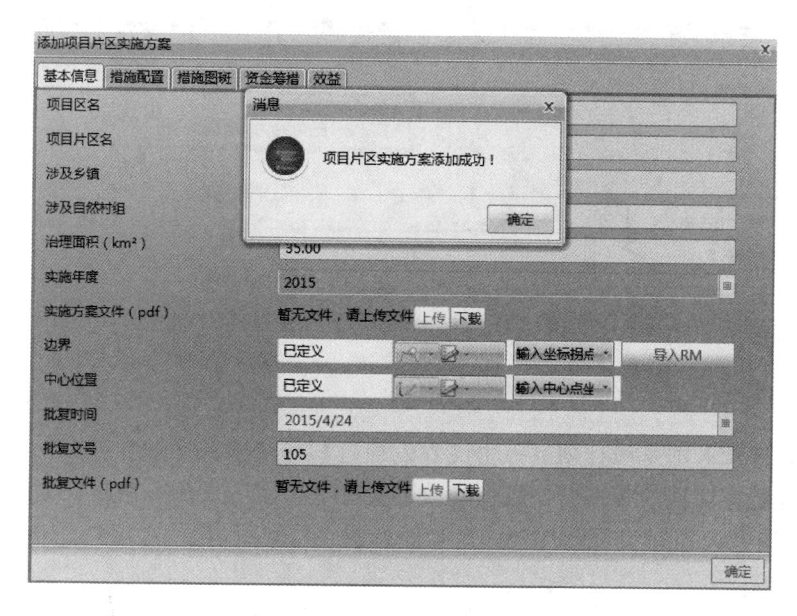

图 5-18　录入实施方案界面

实施方案录入窗口“配置措施”中数据信息允许采用 Excel 文件导入。实施方案录入窗口中“措施图斑”项需要设置措施图斑边界和中心点位置。系统提供两种方式录入措施图斑，包括单个图斑导入和批量导入。实施方案信息录入完成后，列表中实施方案“审查状态”为“已上报暂未审查”，等待省级用户审批。“审查状态”为“已上报暂未审查”和“审查未通过”时可修改与删除该信息，“审查状态”为“审查通过”时，该实施方案不能进行修改与删除。编辑实施方案界面如图 5-19 所示。

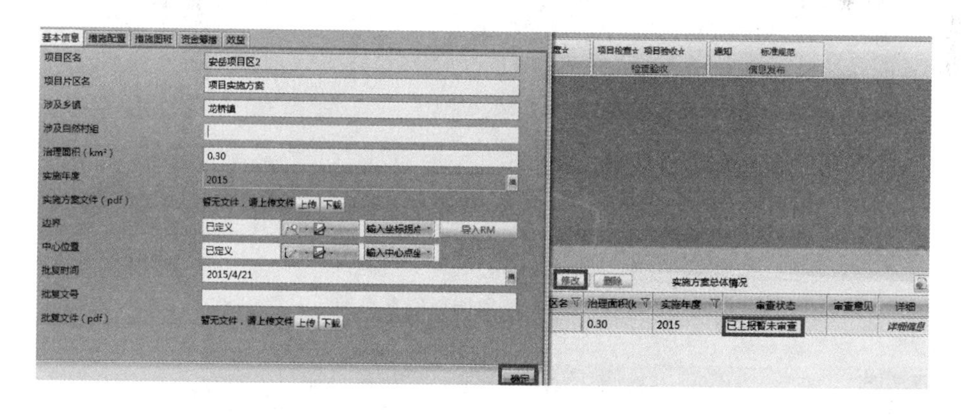

图 5-19　编辑实施方案界面

（4）省级审批实施方案。选择一条实施方案信息，点击【通过审核】按钮，提示审核的方案信息（包括需要审核的项目区数，成功通过审核的项目区数），点击【确定】按钮，该方案审核通过，列表中审查状态变为“已上报并审查通过”。选择审核不通过的方案，点击“不通过审核”按钮，输入不通过审核的理由。方案审核界面如图 5-20 所示。

图 5-20　方案审核界面

5.4.2　计划管理

（1）水利部录入国家级计划。点击【农发项目】→【国家计划】进入国家计划数据列表界面，进行国家计划的查询、录入、修改、删除、导出等操作。国家计划信息界面如图 5-21 所示，国家计划—项目省计划信息界面如图 5-22 所示。

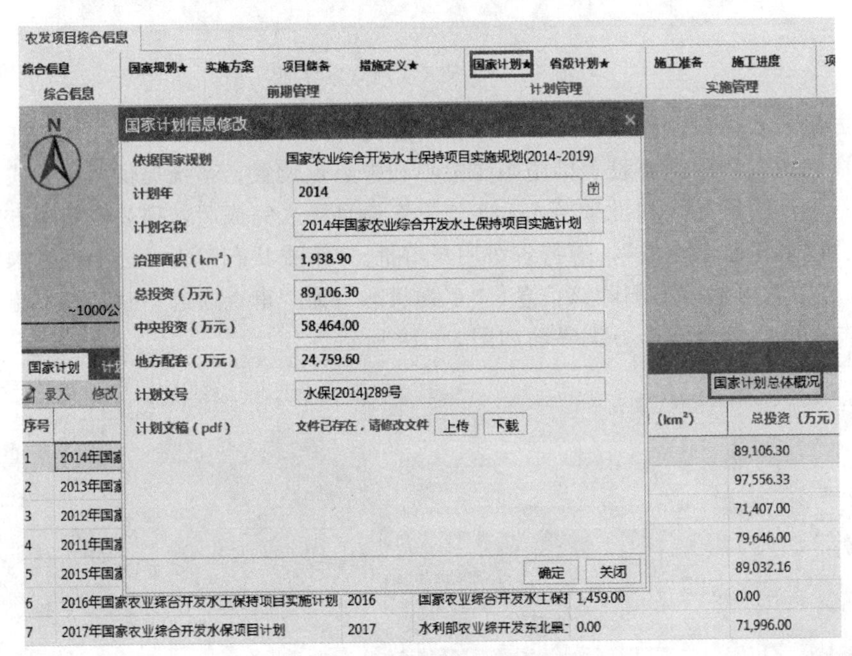

图 5-21　国家计划信息界面

国家计划　项目省->项目县计划

项目省计划总体概况

序号	省区划码	省名称	治理面积	总投资（	中央投资	地方配套（万	依据国家
1	150000	内蒙古	100.00	4,200.00	3,000.00	1,200.00	2014年国家
2	640000	宁夏	110.00	4,620.00	3,300.00	1,320.00	2014年国家
3	450000	广西	134.10	6,750.00	4,500.00	2,250.00	2014年国家
4	210000	辽宁	66.60	3,000.00	2,000.00	1,000.00	2014年国家
5	220000	吉林	134.90	5,600.00	4,000.00	1,600.00	2014年国家
6	240000	农垦局	130.50	2,900.00	2,900.00	0.00	2014年国家
7	500000	重庆	120.00	5,760.00	3,600.00	2,160.00	2014年国家
8	500000	重庆	144.00	6,069.77	3,600.00	2,160.00	2013年国家
9	140000	山西	66.00	2,624.05	1,640.00	820.05	2013年国家

项目县计划总体概况

序号	县名称	县区划码	省区划码	省名称
1	扎兰屯市	150783	150000	内蒙古
2	额尔古纳市	150784	150000	内蒙古
3	扎赉特旗	152223	150000	内蒙古
4	乌兰浩特市	152201	150000	内蒙古
5	突泉县	152224	150000	内蒙古
6	科尔沁右翼前旗	152221	150000	内蒙古
7	科尔沁右翼中旗	152222	150000	内蒙古
8	莫力达瓦达斡尔	150722	150000	内蒙古
9	阿荣旗	150721	150000	内蒙古

图 5-22　国家计划—项目省计划信息界面

水利部用户可以对录入的国家计划中央投资信息进行核对，即对国家计划总额与该国家计划的中央投资所分解到各省的资金总和进行比较，检查国家计划录入的准确性。数据无误时，“国家计划下达的中央投资”的数据等于“国家计划分解的中央投资”的数据。国家计划—核对中央投资界面如图 5-23 所示。

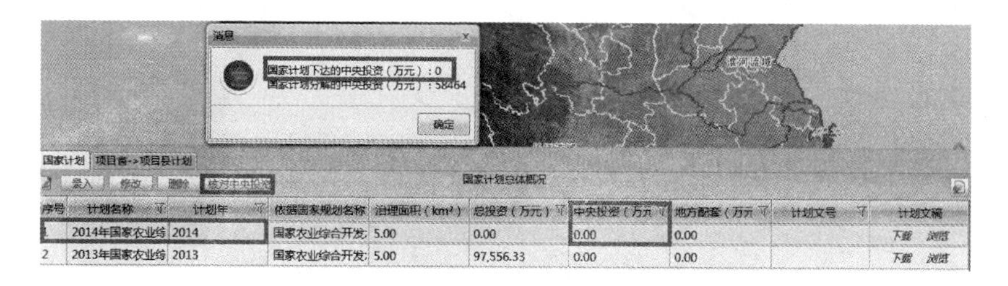

图 5-23 国家计划—核对中央投资界面

（2）省级上报省级计划。省级用户点击【农发项目】→【省级计划】可进入省级项目情况信息列表中。省级计划信息界面如图 5-24 所示。

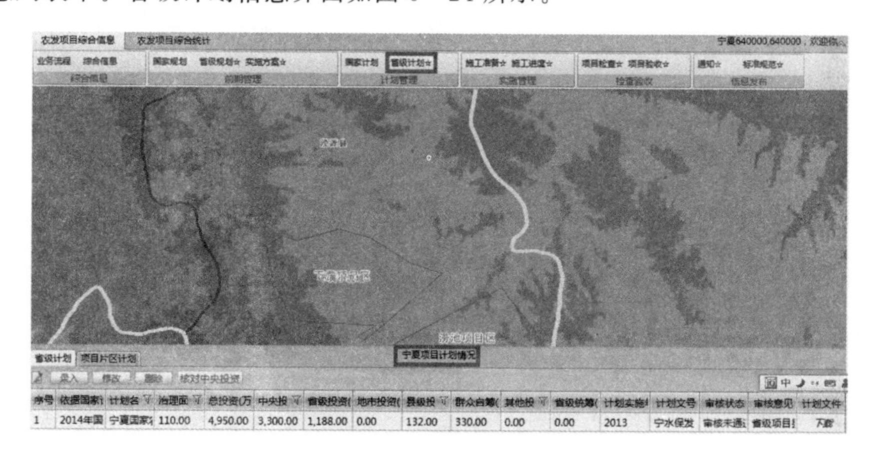

图 5-24 省级计划信息界面

1）省级计划基本信息录入。在计划信息列表上边，点击图标→【录入】按钮，进入计划信息录入界面。选择“依据国家计划名称”项的下拉三角，列出项目计划进行选择，以下部分信息将依据计划连动带出。

录入完成后，点击【确定】按钮后即可对输入的信息进行提交；信息提交成功后，系统界面中将显示所添加的信息。如点击【关闭】按钮则退出添加界面。信息保存成功后，系统会给予相应的添加成功反馈信息，信息列表中则会出现所添加成功的信息。选择某一计划信息后，可以进行修改或删除。省级计划信息录入如图 5-25 所示。

2）核对中央投资。省用户进入省计划模块中，选中某条需要“核对中央投资”的项目信息，然后点击【核对中央投资】按钮进行。能查看“省级计划下达的中央投资”与“省级计划分解的中央投资”信息。项目片区的中央投资信息界面如图 5-26 所示，省级计划—核对中央投资信息界面如图 5-27 所示。

“省分解到项目片区的中央投资”是各项目片区中的中央投资金额之和。例如图5-26中

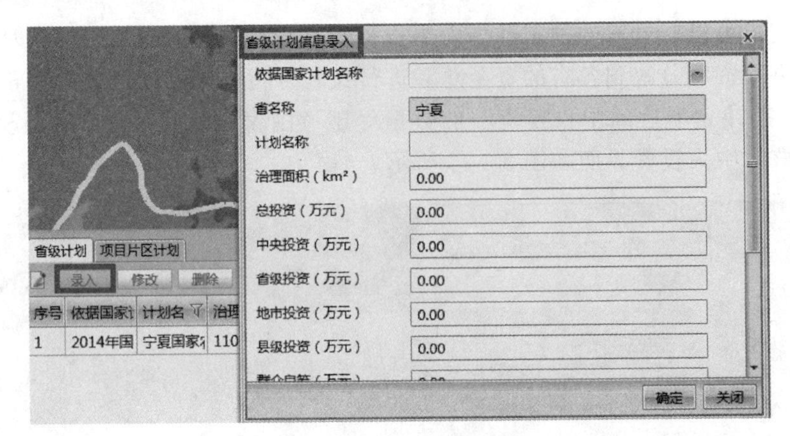

图 5 - 25　省级计划信息录入

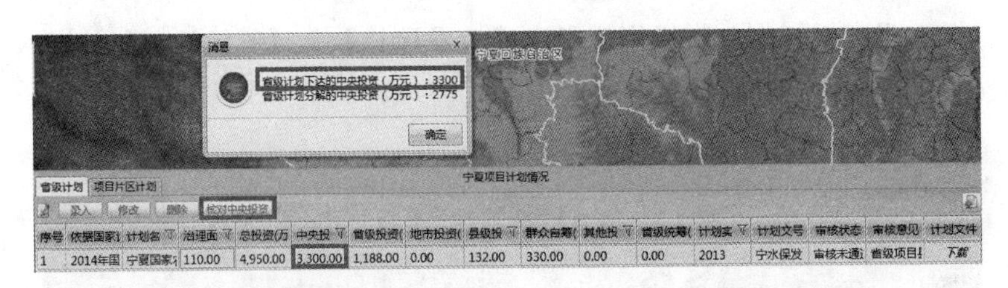

图 5 - 26　项目片区的中央投资信息界面

宁夏项目计划情况

省级计划　项目片区计划

项目县计划总体概况

序号	计划名称	省名称	省区划	县名称	县区划
1	2014年国家农业综合	宁夏	640000	固原市原	640402
2	2014年国家农业综合	宁夏	640000	盐池县	640323
3	2014年国家农业综合	宁夏	640000	泾源县	640424
4	2014年国家农业综合	宁夏	640000	隆德县	640423
5	2014年国家农业综合	宁夏	640000	彭阳县	640425
6	2014年国家农业综合	宁夏	640000	海原县	640522
7	2014年国家农业综合	宁夏	640000	西吉县	640422
8	2014年国家农业综合	宁夏	640000	同心县	640324

录入　修改　删除

项目片区计划信息

序号	项目县	项目区	项目片区	治理面积（kn	中央投资	详细信息
1	固原市原州区	将口小流域	将口小流域	0.00	434.00	详细信息

图 5 - 27　省级计划—核对中央投资信息界面

看到的“省级计划分解的中央投资（万元）：2775”与“省级计划下达的中央投资（万元）：3300”金额不等，是因为有部分项目片区的计划信息还未添加上报。“省级计划分解的中央投资”数据是该省所有的项目片区中的“中央投资”数据之和。

3）项目片区计划录入。点击【省级计划】→【项目片区计划】，显示项目县/项目片区计划信息列表页面。选择某一项目县计划信息后右边显示该县下的项目片区计划信息。省级项目片区计划信息界面如图 5 - 28 所示。

在项目片区计划信息列表上点击✏图标→【录入】按钮，进入计划信息录入界面。选择“依据省计划名称、项目县名、项目片区名”项的下拉三角，列出项目计划进行选择，部分信息将依据计划连动带出。录入完成后，点击【确定】按钮保存信息，系统界面中将显示所添加的信息。如点击【关闭】按钮则退出添加界面。信息保存成功后，系统会给予相应的添加成功反馈信息“项目区基本信息添加成功!”，信息列表中则会出现所添加成功的信息。选择某一计划信息后，点击【修改】按钮，进入修改界面进行修改。省级项

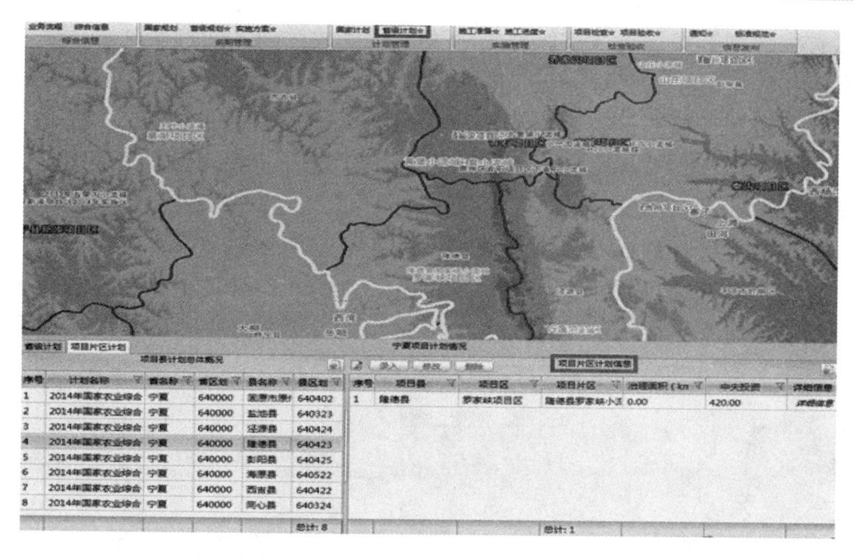

图 5-28　省级项目片区计划信息界面

目片区计划信息录入界面如图 5-29 所示。

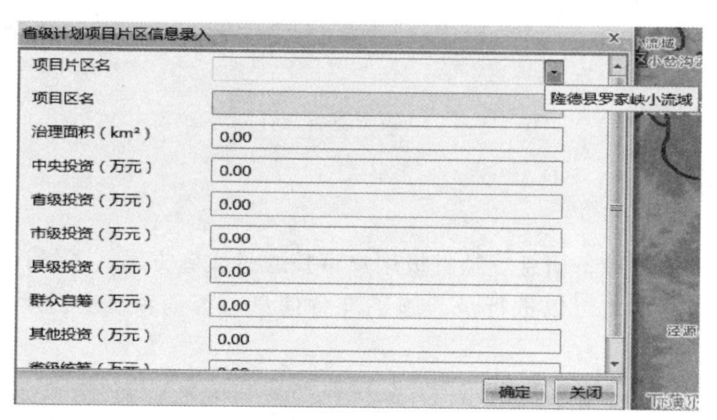

图 5-29　省级项目片区计划信息录入界面

(3) 水利部审核省级计划。水利部用户选中需要查看的某省计划信息，然后点击【核对中央投资】按钮进行。通过对比国家分解到省的中央投资、国家计划分解的中央投资和省分解到项目片区的中央投资进行核对。原则上，三个数值相等。相等时，国家审核通过该省级计划。省级计划—核对中央投资界面如图 5-30 所示。

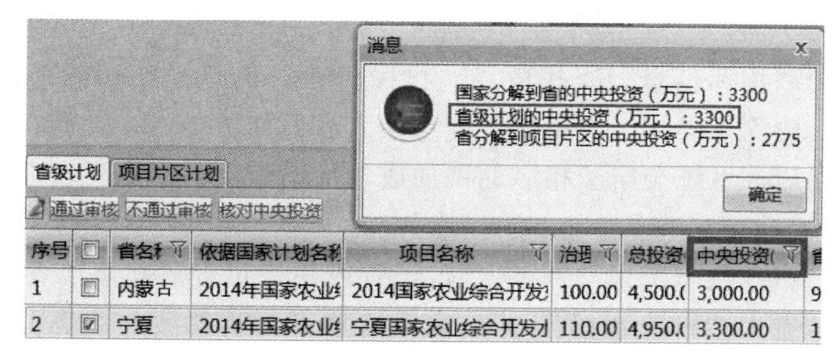

图 5-30　省级计划—核对中央投资界面

点击【省级计划】按钮进入省级计划列表，可以通过漏斗筛选要进行计划检查的计划省、计划实施年等。选中省级计划记录后，点击列表左上角【通过审核】按钮，出现相关提示，点击【确定】按钮，该省级计划审核状态变为“审核通过”。点击列表左上角【不通过审核】按钮，出现相关提示，输入未通过理由，点击【确定】按钮，该省级计划审核状态变为“审核未通过”。

（4）县级浏览省级计划。县级用户可以浏览省级计划下达情况，未审核或审核未通过的省级计划，无法看到项目片区计划信息；审核通过的省级计划，可以看到项目片区计划信息。县级浏览省级计划界面如图5-31所示。

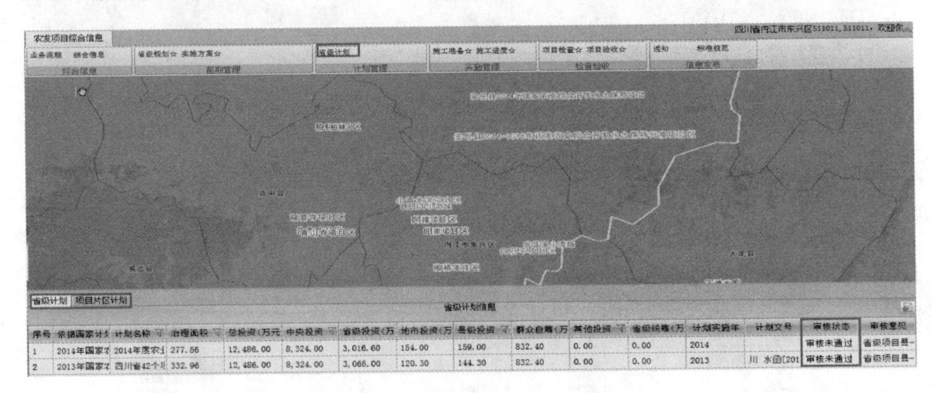

图5-31 县级浏览省级计划界面

5.4.3 施工管理

（1）县级录入施工准备信息。经省级用户审核通过实施方案、省级计划填报并经国家用户审核通过后，县级才可以进行录入施工准备信息，否则系统会提示如图5-32所示信息。

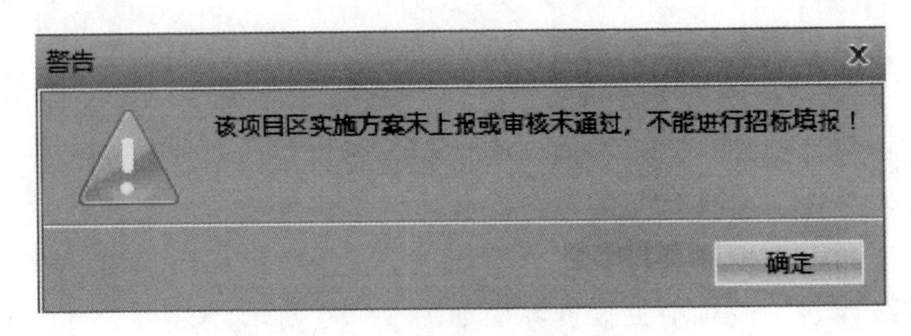

图5-32 不可填报施工准备信息提示

该模块项目的“招标信息、委托信息、村民自建”信息操作功能类同，可以进行浏览、录入、修改、删除等操作。施工准备信息录入界面如图5-33所示。

信息保存成功后，系统会给予相应的添加成功反馈信息，信息列表中则会出现所添加成功的信息。

信息列表中“审查状态”为“未审查”，经省级用户审查后状态改变为“审查通过和不通过”状态。状态为“审查通过”时，项目信息不可再修改；状态为“审查未通过”时，项目信息可修改。

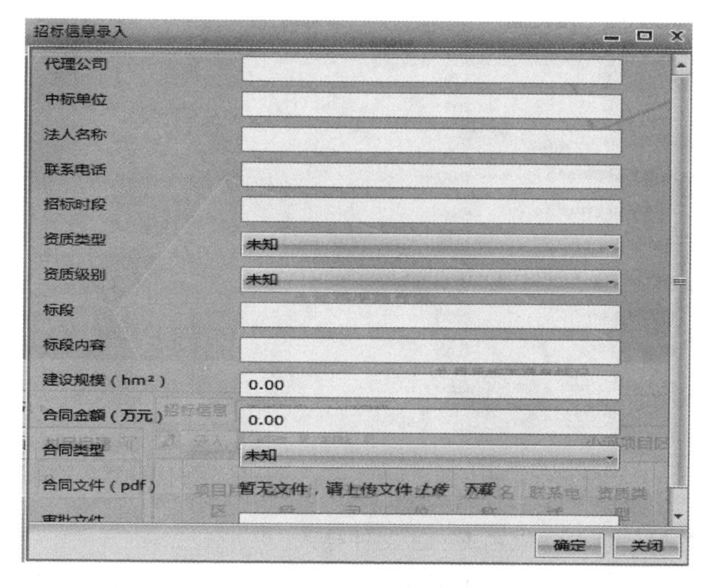

图 5-33 施工准备信息录入界面

（2）县级录入施工进度信息。点击【农发项目】→【施工进度】进行浏览项目片区月进度总体概况，点击左边列表中项目区月进度信息，则右边列表显示该项目片区月进度基本信息。施工进度信息列表如图 5-34 所示。

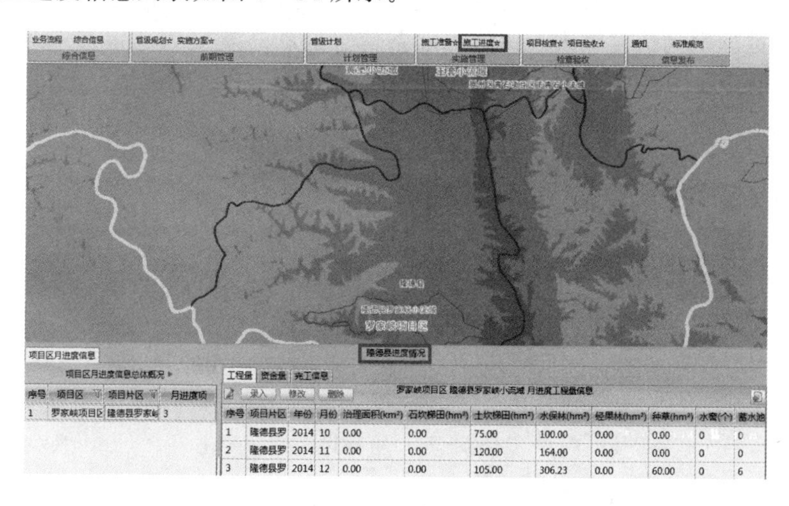

图 5-34 施工进度信息列表

选择项目区，点击列表上✎图标→【录入】按钮，进入月进度信息录入界面，输入信息点击【确定】按钮，完成录入操作。点击【关闭】按钮则关闭当前录入窗口。施工进度信息录入如图 5-35 所示。

信息保存成功后，系统会给予相应的添加成功反馈信息，信息列表中则会出现所添加成功的信息。

施工进度的治理面积不可手动录入，该数据等于省级计划治理面积与施工进度数据乘积。其中，施工进度依赖省级计划任务与实际完成量。

实施进度信息录入

导入EXCEL

年份	2015
月份	0
治理面积（km²）	0.00
石坎梯田（hm²）	0.00
土坎梯田（hm²）	0.00
水保林（hm²）	0.00
经果林（hm²）	0.00
种草（hm²）	0.00
保土耕作（hm²）	0.00

确定　关闭

图5-35　施工进度信息录入

实施进度中数据信息允许采用Excel文件导入。

信息列表中“审查状态”为“未审查”，经省级用户审查后状态改变为“审查通过和不通过”状态。状态为“审查通过”时，项目进度信息不可再修改；状态为“审查未通过”时，项目进度信息可修改。

（3）省级审核施工准备信息。在信息界面中，查看某信息后点击【通过审核】按钮，提示审核数和通过数。状态改为“审核通过”。在界面信息中点击【审核不通过】按钮，系统弹出不通过理由的信息输入。该施工准备信息的状态变更为“审查未通过”。审核操作如图5-36所示。

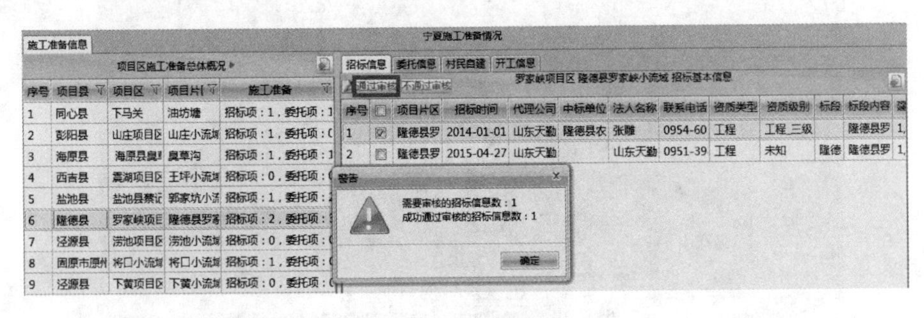

图5-36　审核操作

（4）省级审核施工进度信息。操作方法同省级审核施工准备信息。

5.4.4　检查验收

（1）县级录入县级检查信息。县级用户点击【农发项目】→【项目检查】进行浏览项目片区检查情况，点击左边列表中“项目区检查信息总体概况”，右边列表则显示该项目片区检查具体的情况信息。县级用户检查信息列表如图5-37所示。

点击项目检查数据列表左上角✎图标→【录入】按钮，进入检查信息录入界面，进行检查信息的录入。可以对录入信息进行修改、删除。检查信息录入界面如图5-38所示。

图 5-37 县级用户检查信息列表

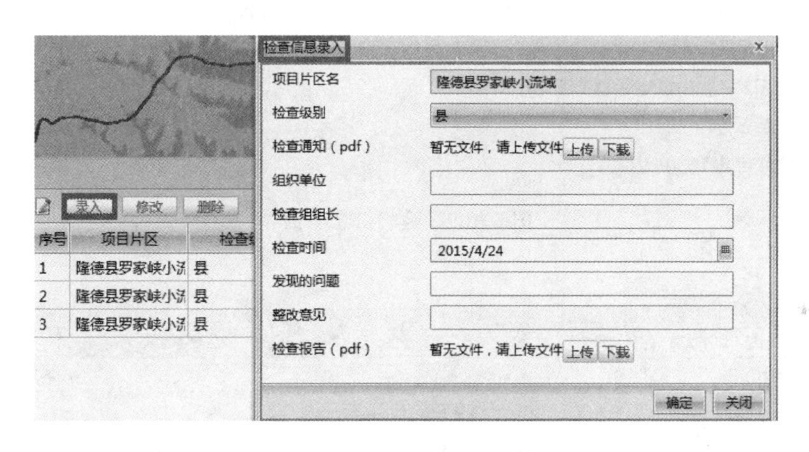

图 5-38 检查信息录入界面

（2）省级录入省级检查信息。省级用户录入省级检查的信息，录入方式同县级录入县级检查信息。

（3）水利部录入国家检查信息。水利部用户录入国家级检查的信息，录入方式同县级录入县级检查信息。

（4）县级录入县级自验信息。点击【农发项目】→【项目验收】进行浏览项目片区验收情况，点击左边数据列表某项目片区验收总体概况信息，则右边列表默认显示该项目片区县级自验信息。验收信息界面如图 5-39 所示。

县级自验信息需要录入基本信息、审计信息、财务阶段信息、措施实施信息、图斑措施信息、资金使用信息以及项目效益信息。县级自验信息录入如图 5-40 所示。

（5）省级审核县级自验信息。选择要审核的县级自验项目片区信息进行审核，点击【通过审核】按钮，或者【不通过审核】按钮，给出审核意见。审核县级自验信息如图 5-41 所示。

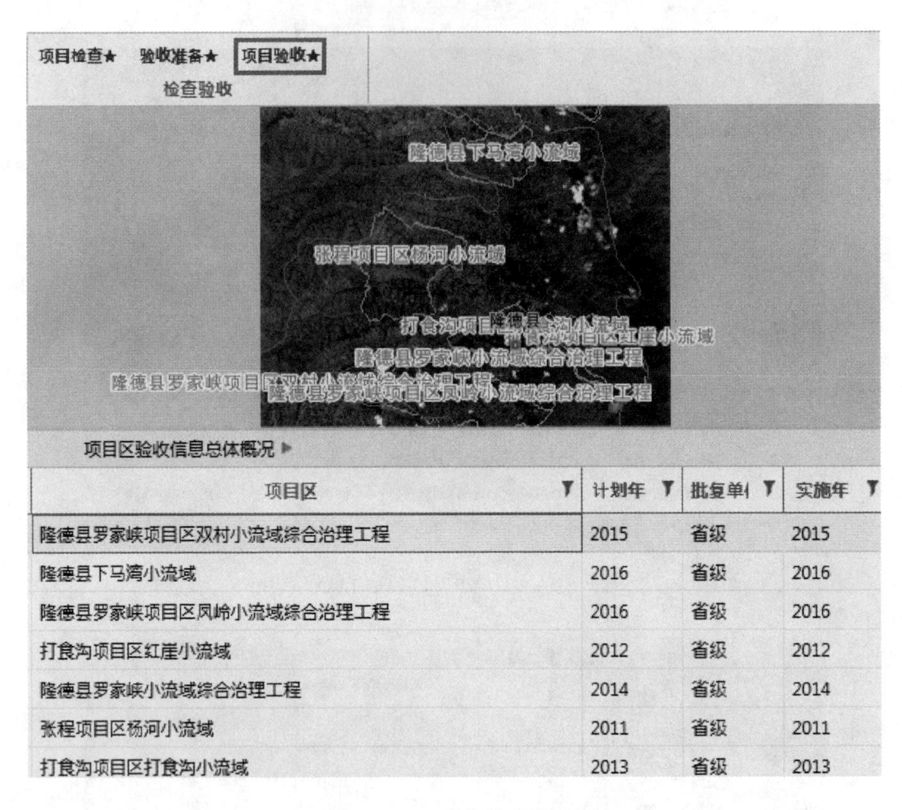

项目区	计划年	批复单(	实施年
隆德县罗家峡项目区双村小流域综合治理工程	2015	省级	2015
隆德县下马湾小流域	2016	省级	2016
隆德县罗家峡项目区凤岭小流域综合治理工程	2016	省级	2016
打食沟项目区红崖小流域	2012	省级	2012
隆德县罗家峡小流域综合治理工程	2014	省级	2014
张程项目区杨河小流域	2011	省级	2011
打食沟项目区打食沟小流域	2013	省级	2013

图 5-39 验收信息界面

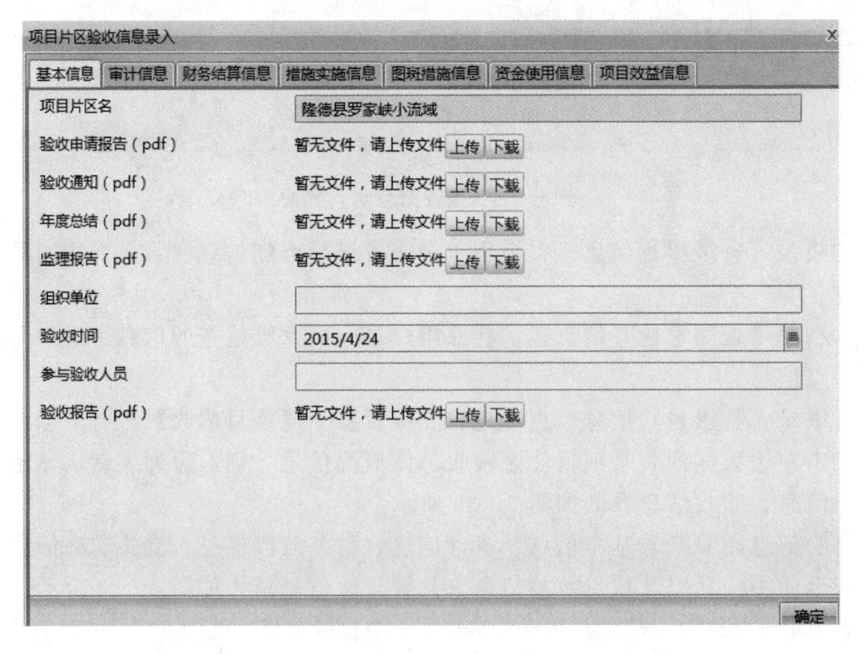

图 5-40 县级自验信息录入

图 5-41　审核县级自验信息

(6) 省级录入省级抽验信息。省级用户对已经填报县级自验信息的项目片区进行抽验，切换“省级抽验”标签。点击列表上图标→【录入】按钮，打开验收信息录入窗口，录入省级抽验信息。省级抽验信息录入界面如图 5-42 所示。

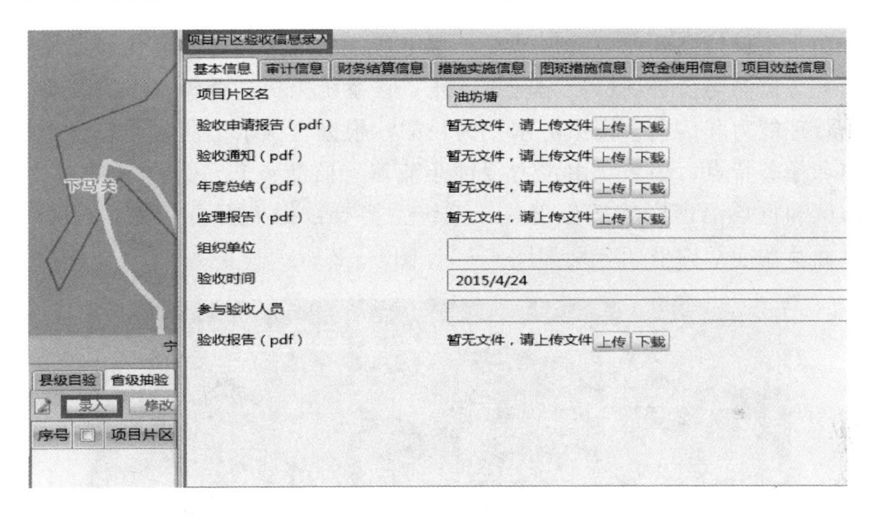

图 5-42　省级抽验信息录入界面

切换到“措施实施信息”标签页下，对该窗口的信息可以手动录入，也可以点击图标，数据信息允许采用 Excel 文件导入。导入措施实施信息界面如图5-43所示。

图 5-43　导入措施实施信息界面

第 6 章 水土保持监测管理系统

6.1 系统概述

根据全国水土保持监测业务开展情况，本书所说的水土保持监测管理系统主要是指全国水土流失动态监测与公告项目数据管理系统。该系统以提高全国水土流失动态监测与公告项目数据管理能力和信息应用服务水平为目的。根据全国水土流失动态监测与公告项目的监测内容和任务特点，该系统由水力侵蚀小流域（监测点）、风力侵蚀监测点、水土流失重点预防区和重点治理区等部分组成，系统主要有数据上报、审核、入库、管理等功能，系统界面及功能结构框架分别如图 6-1、图 6-2 所示。

图 6-1 系统界面

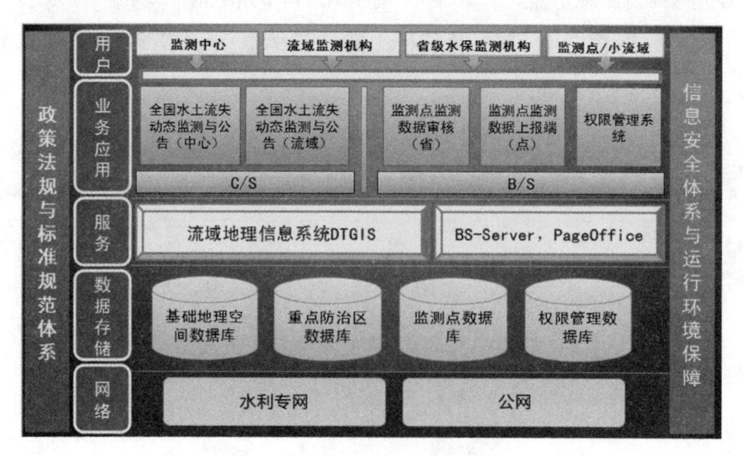

图 6-2 系统功能结构框架

该系统不仅能满足全国水土流失动态监测与公告数据上报和管理要求，同时尽量兼顾历史数据的管理和应用，对项目水土流失动态监测数据进行上报和管理，提高项目管理能力和信息应用服务水平。该系统为分布式系统，用户在浏览器中输入系统 Web 服务所在的 URL 就可以进行访问。

6.2 用户类别及业务流程

该系统采用两级部署、四级应用的模式。两级部署是指系统分别部署于水利部水土保持监测中心和各流域水土保持监测中心站；四级应用是指系统用户分别为水利部水土保持监测中心、各流域水土保持监测中心站、省级水土保持监测机构和监测站点。

6.2.1 用户类别及权限

（1）国家级用户。主要指水利部水土保持监测中心，负责全国水土流失动态监测与公告项目监测数据的管理。

（2）流域级用户。主要指长江水利委员会、黄河水利委员会、淮河水利委员会、海河水利委员会、珠江水利委员会、松辽水利委员会和太湖流域等七大流域管理机构，各流域管理机构监测总站（中心）主要负责监测点上报数据的审核。

（3）省级用户。主要指项目涉及的各省（区）主要负责监测点上报数据的复核工作。

（4）监测点用户。主要负责监测点数据的采集、小流域相关信息的录入以及数据的上报工作；监测点用户上报相应的径流小区信息、小流域信息、气象站信息，该用户填写信息确认无误后进行数据的上报，上报后等待数据的审核。

6.2.2 业务流程

6.2.2.1 水力侵蚀监测点（小流域）和风力侵蚀监测点数据上报

按照“监测点用户上报→流域级用户审核→国家级用户审核”使用操作流程进行开发。各级用户按照各自职责进行数据的填报及审核，具体业务流程如图 6-3 所示。

监测点业务人员进行数据的填报工作；监测点负责人进行数据的内部审核工作，审核不通过的数据由监测点业务人员进行修改并重新执行流程；省级相关业务人员进行数据的审核工作，审核不通过的数据由监测点业务人员进行修改并重新执行流程；省级相关领导进行数据的审批工作，审批不通过的数据由监测点业务人员进行修改并重新执行流程；流域级相关业务人员进行数据的审核工作，审核不通过的数据由监测点业务人员进行修改并重新执行流程；流域级相关领导进行数据的审批工作，审批不通过的数据由监测点业务人员进行修改并重新执行流程；所有最终通过的数据由监测中心进行管理。

6.2.2.2 水土流失重点预防区和重点治理区数据上报

按照“流域级用户上报→国家级用户审核”的使用操作流程进行设计开发。以北京地拓科技发展有限公司的流域空间信息服务平台（Datum Geospatial Information Service，DTGIS）为基础，是针对全国水土流失动态监测项目水土流失重点预防区和重点治理区（简称“重点防治区”）的监测数据整编规范设计开发的，主要用于管理人员将重点防治区

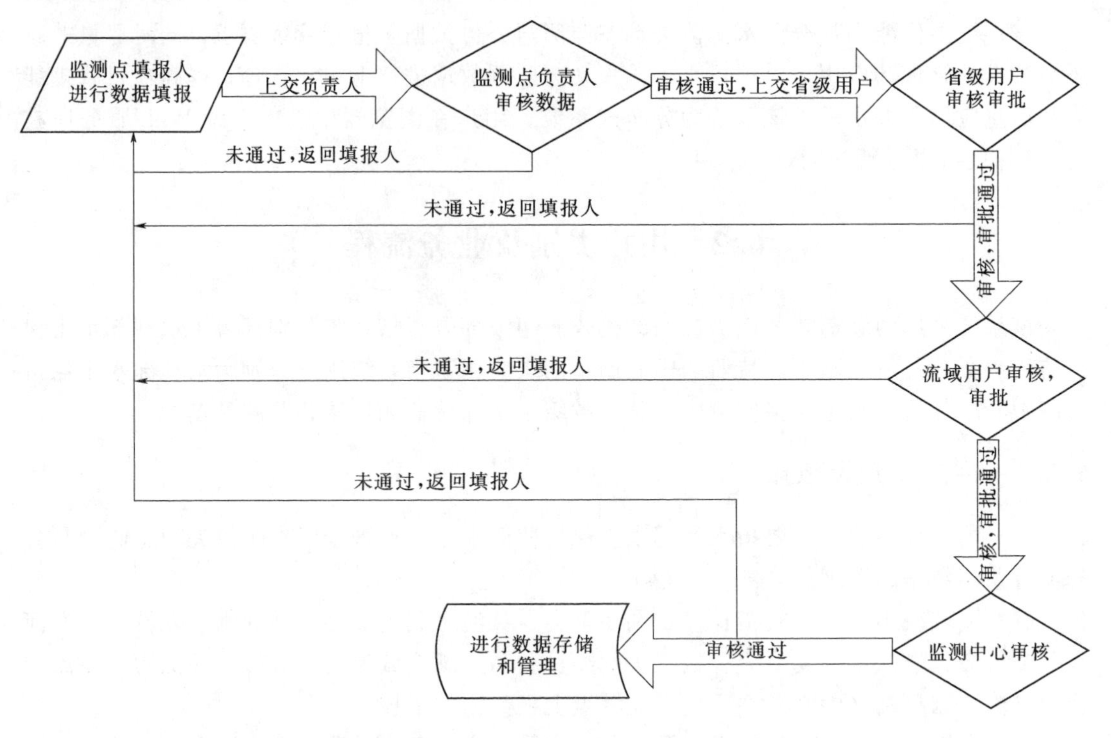

图6-3　数据填报及审核审批业务流程图

数据导入至空间数据库进行存储及管理。

6.2.2.3　数据管理

水利部用户通过“全国水土流失动态监测与公告系统”管理端进行数据管理；流域级用户使用部署在流域的“全国水土流失动态监测与公告系统”对重点防治区数据进行管理。机构选择【水利部】或【流域机构】按钮，进入系统后，选择水力侵蚀监测点（小流域）、风力侵蚀监测点、水土流失重点预防区和重点治理区及生产建设项目集中区分别进行数据管理，并可以根据年度、区域来查看数据信息。数据格式包括图件和表格等。

6.3　系统功能示例

6.3.1　水力侵蚀监测点（小流域）数据上报

（1）登录系统。通过IE浏览器进入系统登录页面，用户输入自己的用户名与密码后，点击【登录】按钮进入系统界面。

（2）数据填报。用户使用系统进行数据的填报，填报数据主要使用Office插件进行。下面以降水摘录为例来说明。

首先是填报监测点基本信息，填报界面如图6-4所示。然后是查看降水数据，有数据就将降水数据进行摘录并填报，填报表界面如图6-5所示。

（3）监测点内部审核。监测点技术负责人通过使用“监测点数据上报系统”进行数据

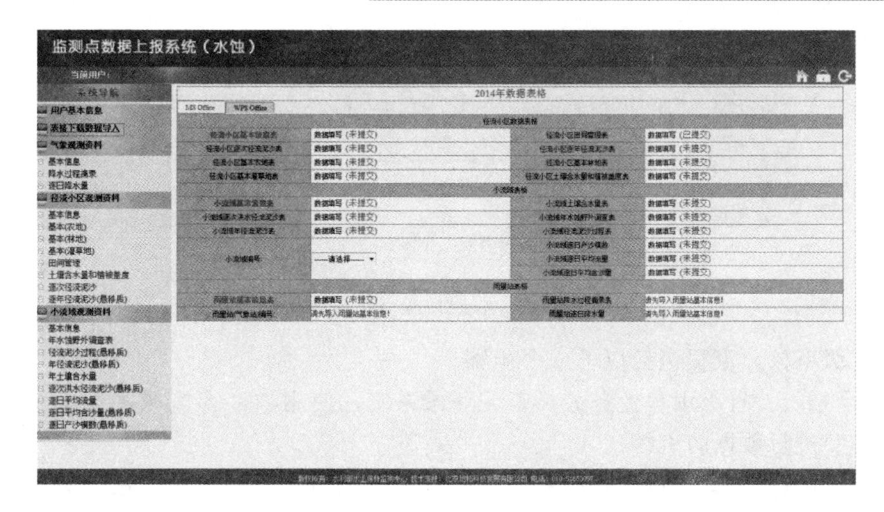

图 6-4 监测点基本信息填报界面

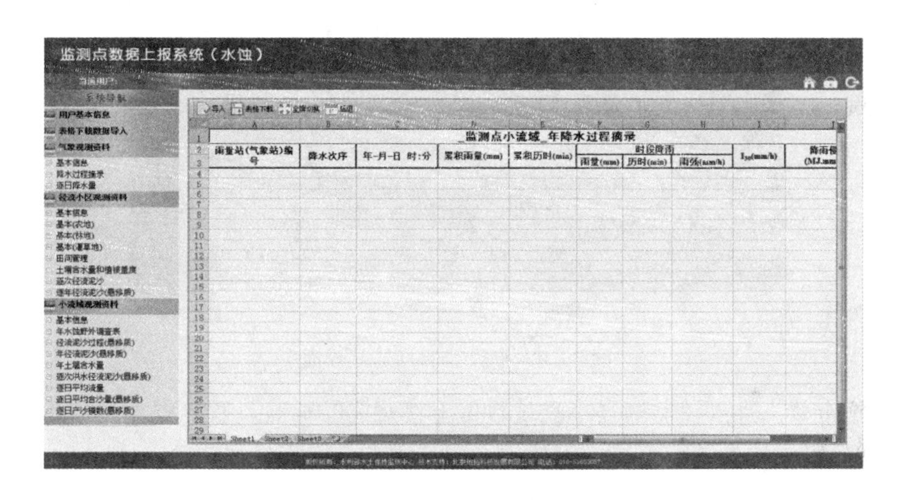

图 6-5 监测点降水数据填报表界面

的内部审核。审核方式可以选用单条审核也可以采用批量审核。

1）单条审核。进入“降水过程摘录”信息列表中单击某一条数据，弹出审核窗口后对数据进行审核，审核界面如图 6-6 所示。

上报人：	黑龙江九三鹤北小流域	上报时间：	2014-09-30
审核人：	马连成	审核时间：	2014-10-09
审批结果：	○审核通过 ○审核未通过		
审核意见：			
✔审核　✕取消			

图 6-6 数据单条审核界面

2）批量审核。如果列表中已对某条数据审核未通过时，点击“✔审核”图标，打开数据批量审核界面，系统提示如图 6-7 所示。

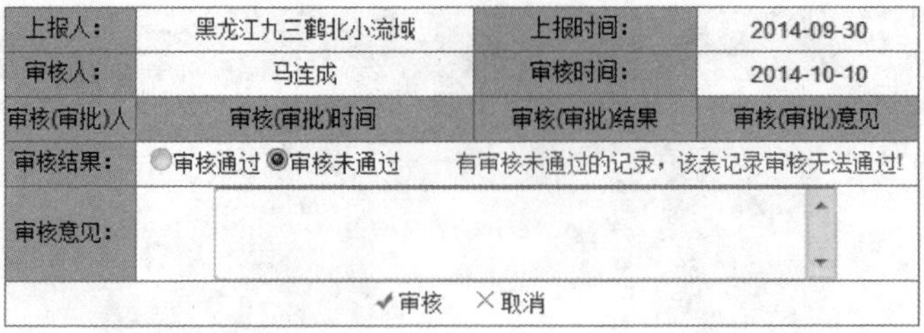

上报人：	黑龙江九三鹤北小流域	上报时间：	2014-09-30
审核人：	马连成	审核时间：	2014-10-10
审核(审批)人	审核(审批)时间	审核(审批)结果	审核(审批)意见
审核结果：	○审核通过 ◉审核未通过	有审核未通过的记录，该表记录审核无法通过!	
审核意见：			
✔审核　✕取消			

图6-7　数据批量审核界面

(4) 省级审核。流程包括以下4个步骤。

1) 登录系统。省级用户业务人员首先登录系统，使用“××流域水土流失动态监测与公告系统”进行数据的审核。

2) 审核监测点选择。该用户登录系统后点击右上角“监测点小流域”菜单，打开所属的监测点小流域数据上报界面选择监测点（小流域），审核监测点选择界面如图6-8所示。

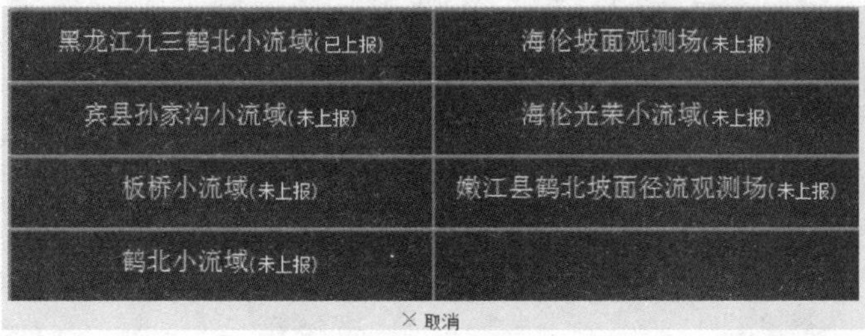

黑龙江九三鹤北小流域(已上报)	海伦坡面观测场(未上报)
宾县孙家沟小流域(未上报)	海伦光荣小流域(未上报)
板桥小流域(未上报)	嫩江县鹤北坡面径流观测场(未上报)
鹤北小流域(未上报)	

✕取消

图6-8　审核监测点选择界面

3) 数据审核。进入“监测点小流域数据上报情况”页面，监测点数据审核如图6-9所示，选择要审核的表进行审核，审核方式同监测点内部审核方式。

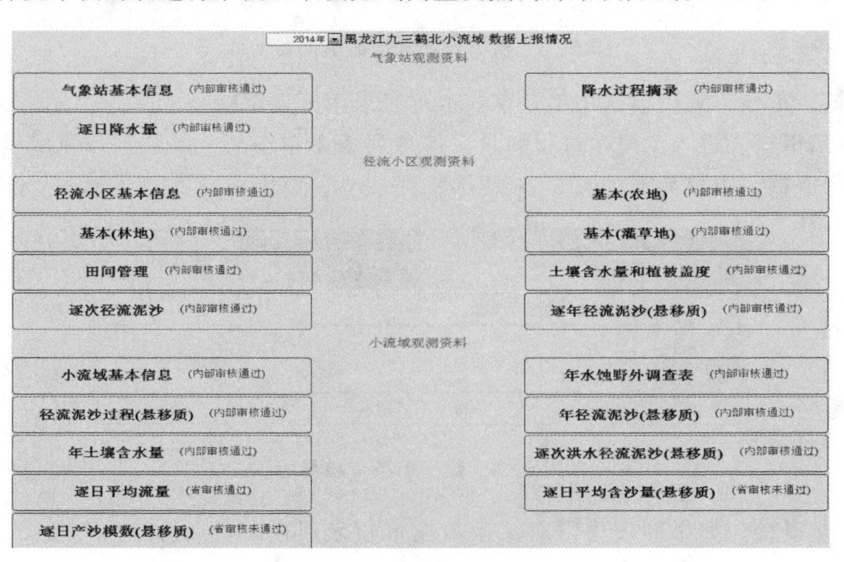

图6-9　监测点数据审核

4）数据成果审批。省级用户单位领导使用“××流域水土流失动态监测与公告系统”进行数据的审批工作，包括登录系统、审批（参见审核功能，需特殊说明的是，审批只对整表进行操作）。

（5）流域管理机构审核。流程包括以下3个步骤。

1）登录系统。流域管理机构用户输入用户名与密码后，点击【登录】按钮进入系统快速导航界面，登录界面和导航界面分别如图6-10、图6-11所示。

图6-10　流域管理机构用户登录界面

图6-11　流域管理机构用户系统快速导航界面

2）数据成果审核。参见省级审核。

3）数据成果审批。参见省级审批。

6.3.2　风力侵蚀监测点数据上报

（1）登录系统。通过IE浏览器进入系统登录页面，用户输入自己的用户名与密码后，点击【登录】按钮进入系统界面，如图6-12所示。

（2）数据填报。流程包括以下4个步骤。

1）数据填报。监测点用户登录“监测点数据上报系统（风蚀）”页面，用户可以手动添加小流域基本信息，也可以使用导入功能进行数据填报，数据填报主要通过Office导入数据进行填报。在填报“监测设备观测数据”时，只有先点击“监测设备观测数据”菜单进行监测设备的选择，才出现监测设备对应的观测数据表格，数据填报如图6-13所示。

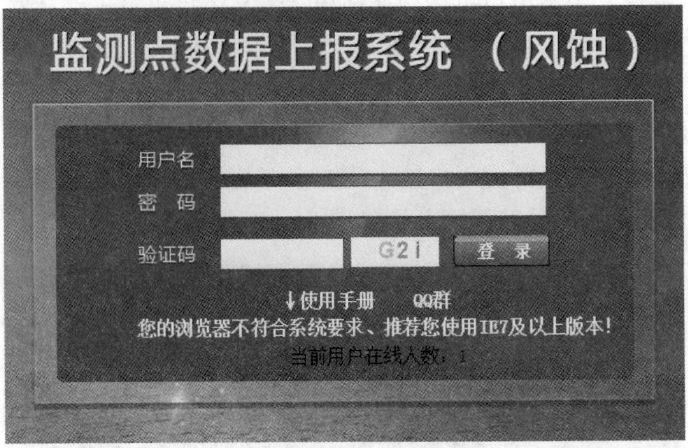

图 6－12　风力侵蚀监测点数据上报系统登录界面

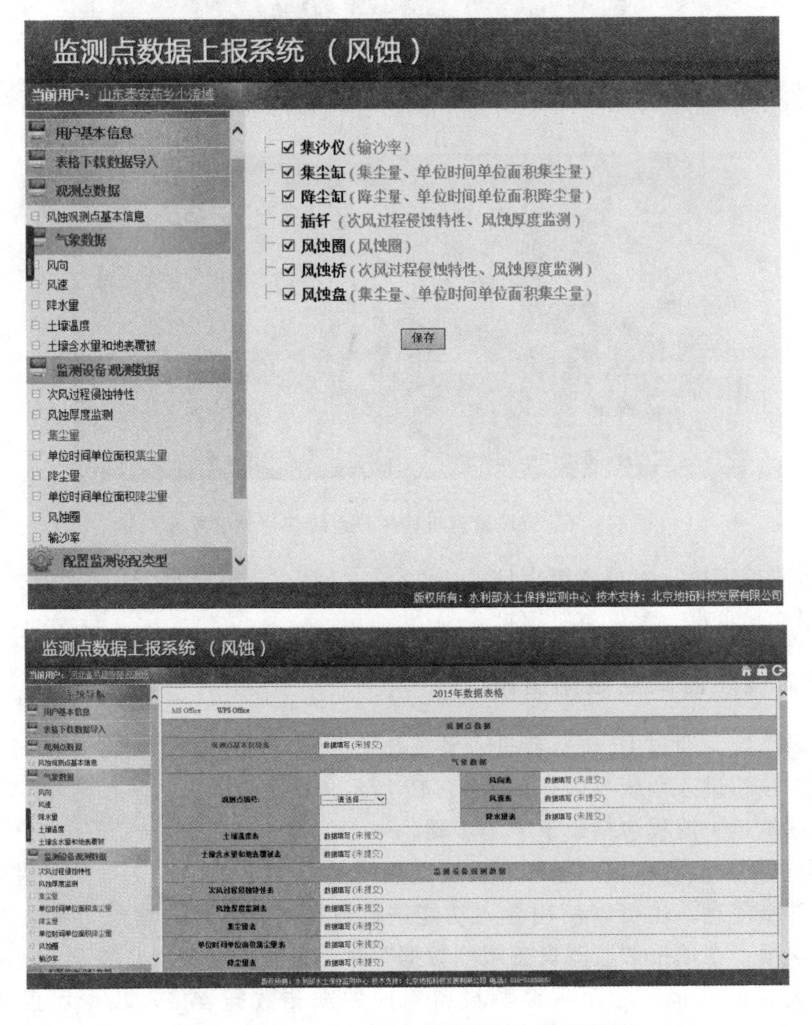

图 6－13（一）　风力侵蚀监测点数据填报

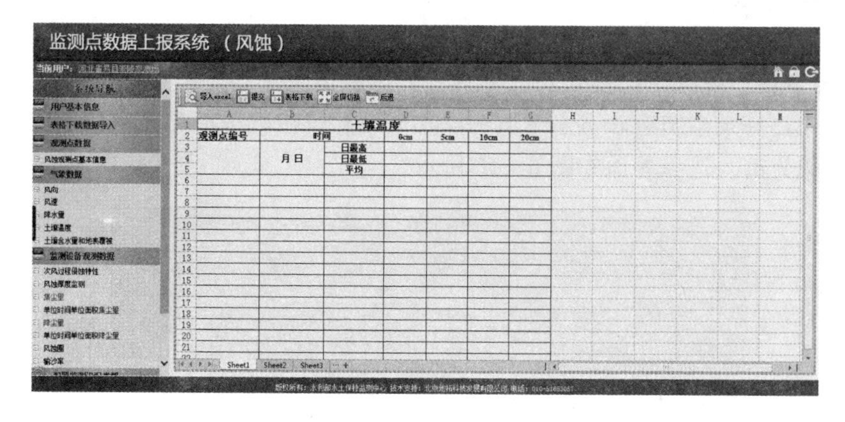

图 6-13（二） 风力侵蚀监测点数据填报

2）数据查看。用户登录后，点击系统页面左侧的【风蚀观测点基本信息】按钮，页面跳转到风蚀观测点基本信息列表，用户可在此查看已添加的数据，此处可以进行修改和删除等操作。查看界面如图 6-14 所示。

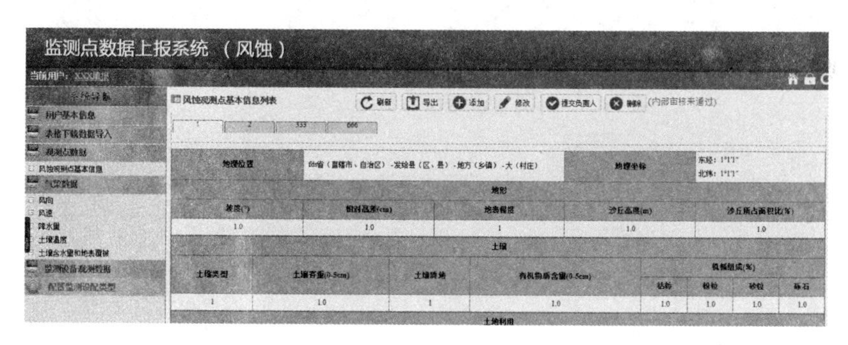

图 6-14 风力侵蚀监测点数据填报查看界面

3）数据上报。点击系统页面左侧的【风蚀观测点基本信息】按钮，页面跳转到风蚀观测点基本信息列表，点击【提交负责人】按钮可以进行数据上报，由负责人进行数据审核。

4）监测点内部审核。监测点负责人登录“监测点数据上报系统（风蚀）”页面，点击系统页面左侧的【风蚀观测点基本信息】按钮，选中需要审核的数据信息，点击【审核】按钮，审核通过后，数据上交到省级，由省级继续审核，如审核未通过，则返回监测点填报人进行数据修改。审核界面如图 6-15 所示。

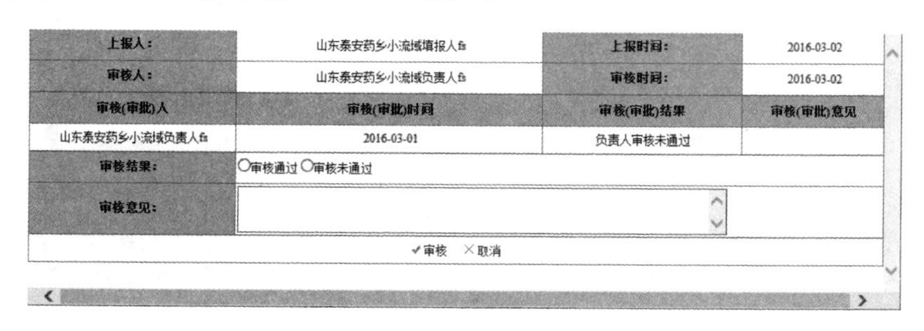

图 6-15 风力侵蚀监测点数据审核界面

(3) 省级审核。流程包括 2 个步骤：

1) 技术审核。省级用户技术人员使用“全国水土流失动态监测与公告系统”进行数据的审核工作，登录系统后，点击【监测点小流域】按钮，选择需要审核的监测点。以泰安药乡小流域为例。选择界面如图 6-16 所示。

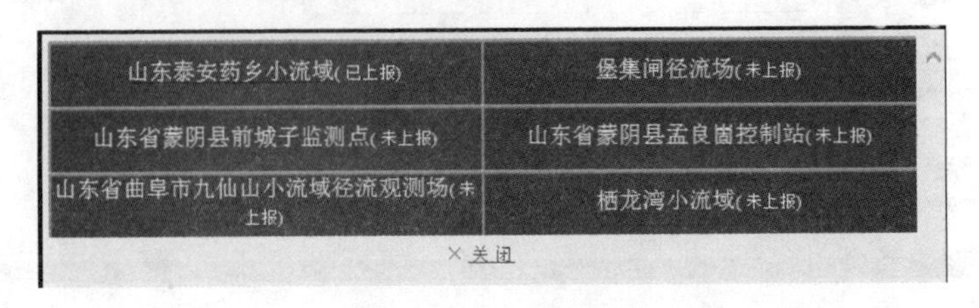

图 6-16　省级用户审核风力侵蚀监测点选择界面

选择山东药乡小流域数据，弹出以下页面，选择内部审核通过的数据进行审核，点击【降尘量】按钮。选择界面如图 6-17 所示。

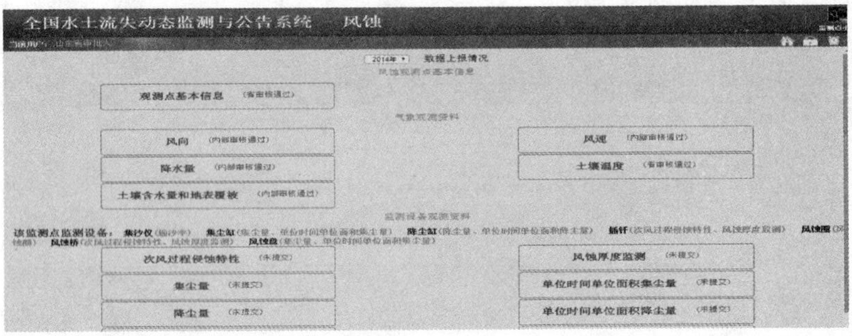

图 6-17　风力侵蚀监测点省级用户审核数据表选择界面

如果数据存在问题，可以点击有问题的那行数据填写审核意见，进行单行审核；再点击【审核】按钮，然后选择“审核未通过”，并填写审核意见，将数据返回到监测点。

如果数据确认无误，点击【审核】按钮，然后选择“审核通过”，点击【审核】按钮完成省级审核。审核界面如图 6-18 所示。

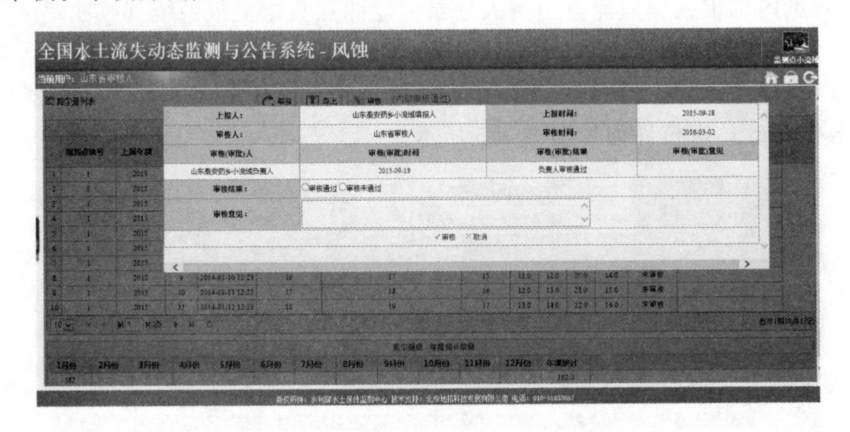

图 6-18　风力侵蚀监测点省级用户数据审核界面

2）领导审批。省级用户单位领导使用“全国水土流失动态监测与公告系统”进行数据的审批工作，登录系统后，点击【监测点小流域】按钮，选择需要审核的数据。选择界面如图 6-19 所示。

山东泰安药乡小流域(已上报)	堡集闸径流场(未上报)
山东省蒙阴县前城子监测点(未上报)	山东省蒙阴县孟良崮控制站(未上报)
山东省曲阜市九仙山小流域径流观测场(未上报)	栖龙湾小流域(未上报)

× 关闭

图 6-19 省级用户审批风力侵蚀监测点选择界面

选择山东药乡小流域数据，弹出以下页面，选择省级审核通过的数据进行审批。审核界面如图 6-20 所示。

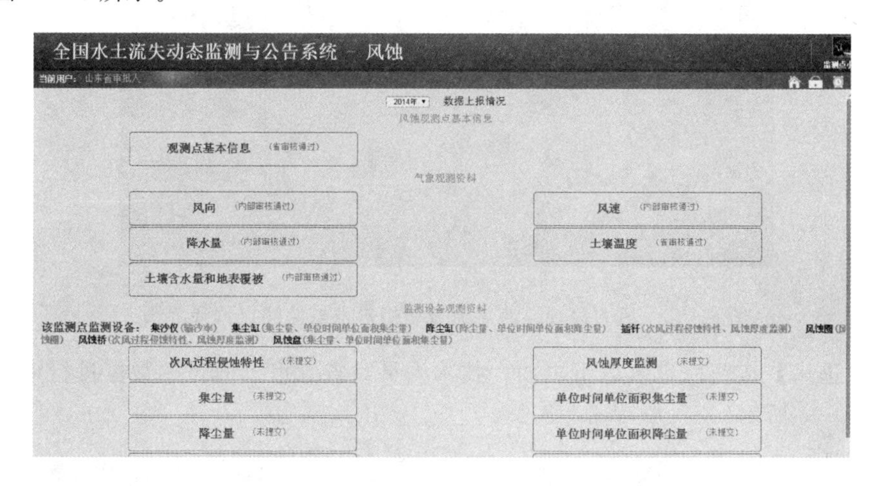

图 6-20 风力侵蚀监测点省级用户审批数据表选择界面

如果数据确认无误，点击【审批】按钮，然后选择“审批通过”，点击【审批】按钮完成省级审批。否则，审批不通过。审批界面如图 6-21 所示。

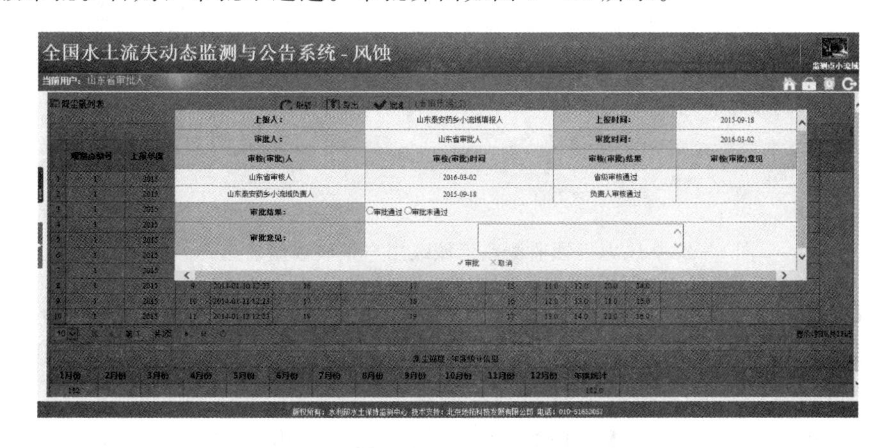

图 6-21 风力侵蚀监测点省级用户数据审批界面

(4) 流域级用户审核。流程包括以下 2 个步骤。

1) 技术审核。流域水土保持监测中心站技术人员登录“全国水土流失动态监测与公告系统”管理端进行数据审核工作，系统登陆后，点击【风蚀监测点】按钮，选择要审核的监测点。选择界面如图 6-22 所示。

图 6-22　风力侵蚀监测点流域级用户审核监测点选择界面

点击【进入】按钮后进入以下页面，技术人员对省级审批通过的数据进行审核。选择界面如图 6-23 所示。

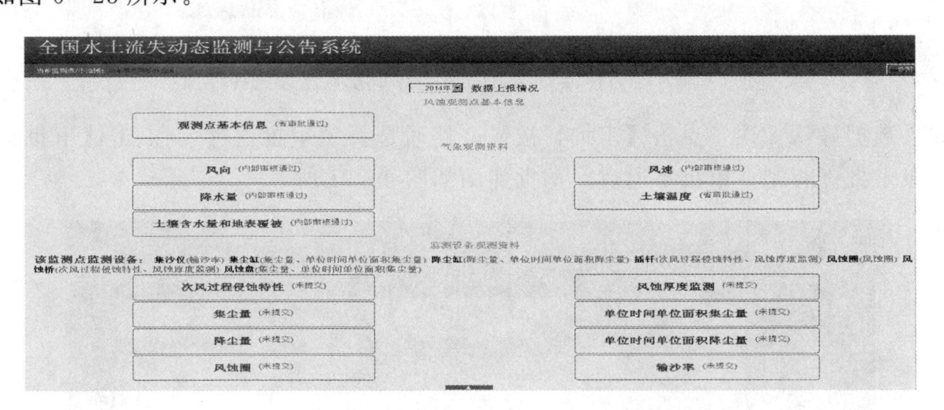

图 6-23　风力侵蚀监测点流域级用户审核数据表选择界面

点击【集尘量】按钮，进入集尘量观测数据浏览页面。如果数据存在问题，可以点击有问题的那行数据填写审核意见，进行单行审核；再点击【审核】按钮，然后选择“审核未通过”并填写审核意见，将数据打回到监测点。

如果数据确认无误，点击【审核】按钮，然后选择“审核通过”，点击【审核】按钮完成流域审核。审核界面如图 6-24 所示。

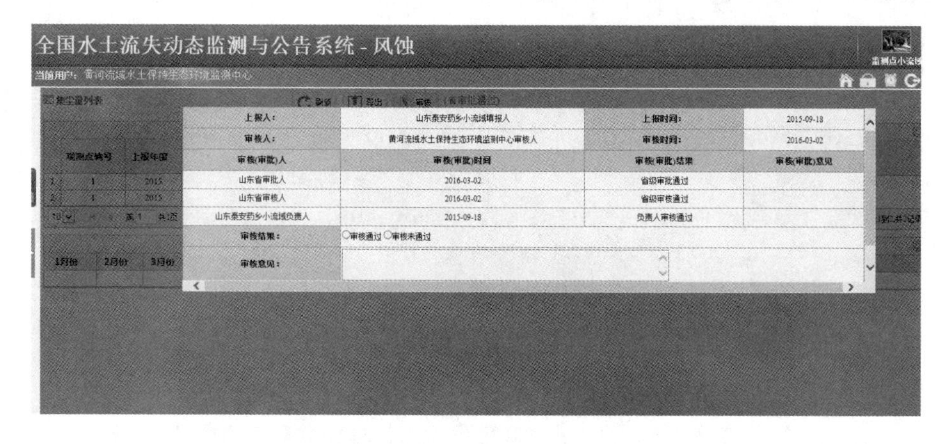

图 6-24　风力侵蚀监测点流域级用户监测点数据审核界面

2）领导审批。流域水土保持监测中心站技术负责人使用“全国水土流失动态监测与公告系统”管理端进行数据的审批工作。系统登陆后，点击【风蚀监测点】按钮，选择要审核的监测点。选择界面如图 6-25 所示。

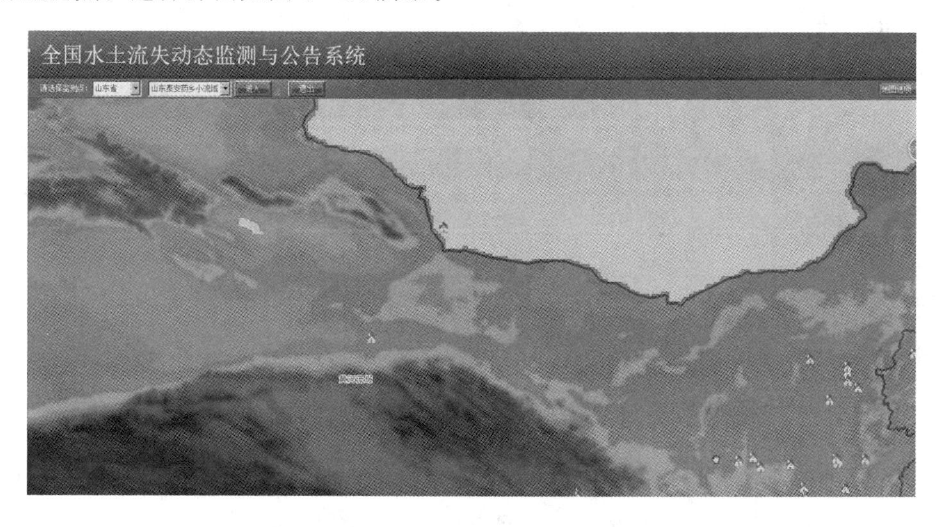

图 6-25　流域级用户审批风力侵蚀监测点选择界面

点击【进入】按钮后进入以下页面，流域水土保持监测中心站技术负责人对流域审核通过的数据进行审批。选择界面如图 6-26 所示。

如果数据确认无误，点击【审批】按钮，然后选择“审批通过”，点击【审批】按钮完成省级审批。否则，审批不通过。审批界面如图 6-27 所示。

（5）部级用户审核。水利部水土保持监测中心用户登录“全国水土流失动态监测与公告系统”管理端进行数据审核工作，系统登陆后，点击【风蚀监测点】按钮，选择要审核的监测点。具体操作同风力侵蚀监测点流域级用户审核。

6.3.3　水土流失重点防治区和重点治理区数据填报

（1）启动程序。安装 DTMap 的启动程序。拿到“安装 .msi”文件后，直接双击安装

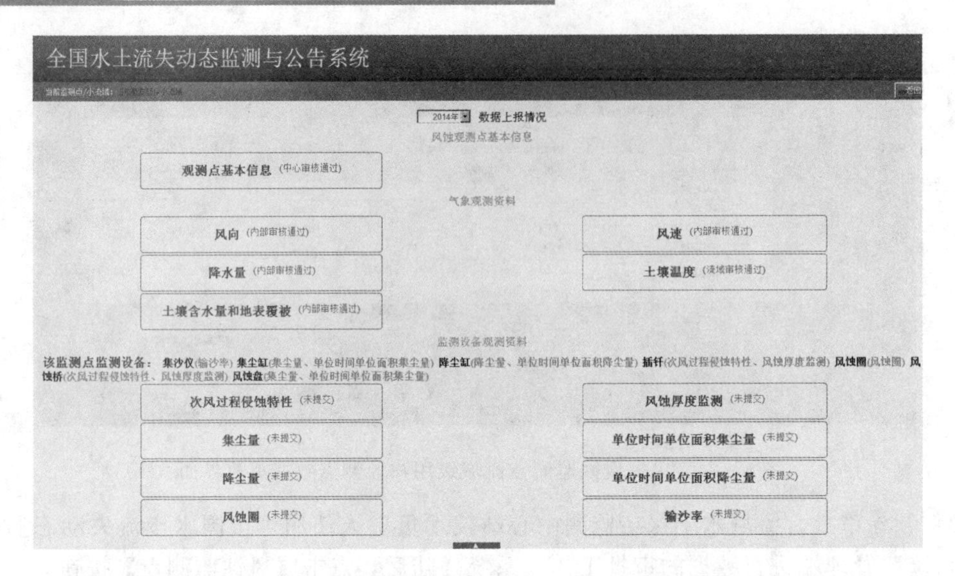

图 6－26　风力侵蚀监测点流域级用户审批数据表选择界面

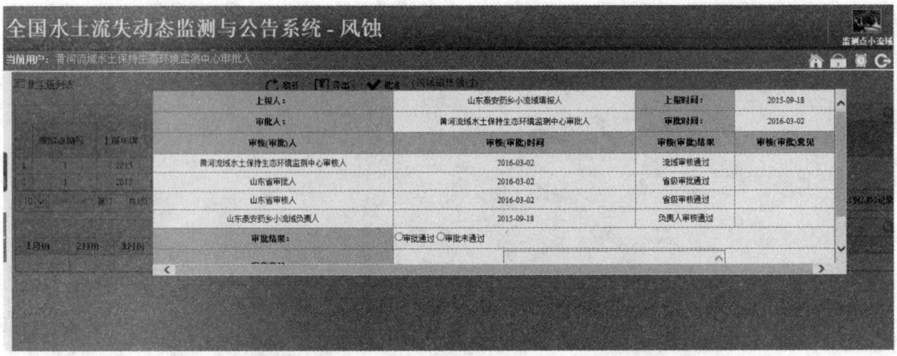

图 6－27　风力侵蚀监测点流域级用户数据审批界面

该程序（安装过程和普通的软件相同），安装完成后，在桌面会显示 DTMap 的启动程序。启动 DTMap 数据导入工具后进入该工具的主页面，如图 6－28 所示。

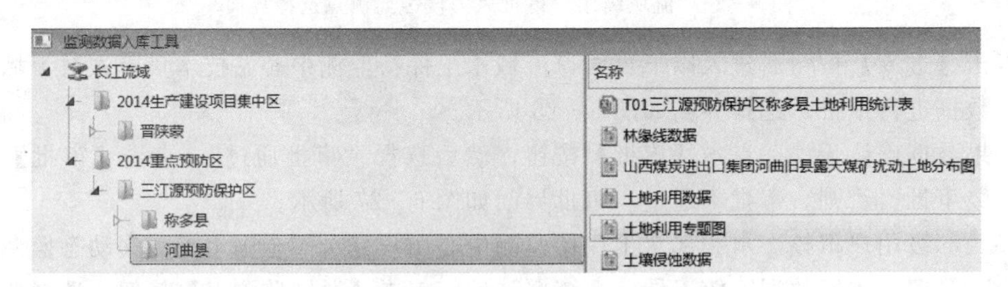

图 6－28　DTMap 启动及数据导入主页面

（2）创建文件库。初次进行导入操作时，应先创建文件库。

在 DTMap 数据导入工具主页面中点击左上角的倒三角按钮后，再次点击【文件空间全局名单管理器】按钮，进入文件空间全局名单管理器窗口，如图 6－29 所示。

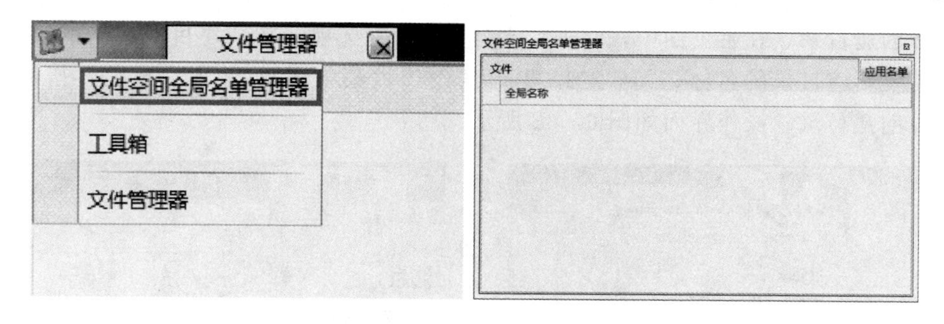

图 6-29 文件空间全局名单管理器窗口

在文件空间全局名单管理器页面中，点击左上角的【文件】按钮，再次点击【创建本机文件库】按钮，出现新建文件库对话框。在主库文件输入框中，填入主库文件所在的目录，并在该目录下填写一个后缀为“. 文件库”的文件名。操作界面如图 6-30 所示。

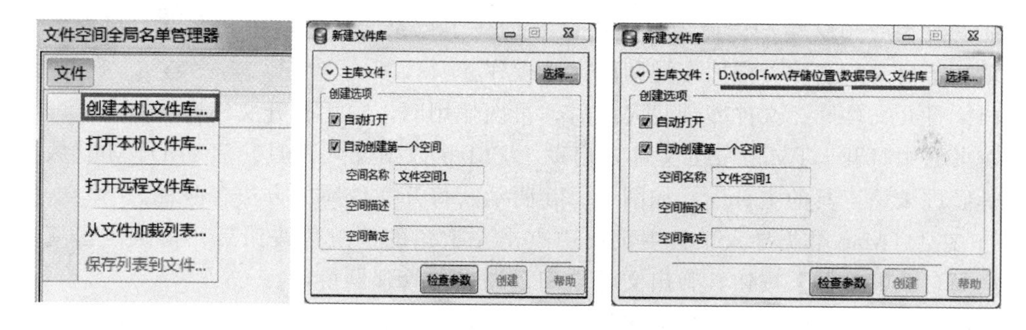

图 6-30 创建本机文件库操作界面

本文档的主库文件目录在 D：\tool-fwx\存储位置。

完成上述操作后，点击新建文件库对话框下方的【检查参数】按钮，提示“未发现错误”。

【注意】 当主库文件的目录是点击【选择】按钮进行选择的，可以不用点击【检查参数】按钮，直接点击【创建】按钮，即可完成操作。

点击【确定】按钮后，在新建文件库对话框中点击【创建】按钮，即可完成创建。在文件空间全局名单管理器页面中点击右上角的【应用名单】按钮，等待文件库的命名空间出现在文件管理器左边的窗口后关闭文件空间全局管理器页面。操作界面如图 6-31 所示。

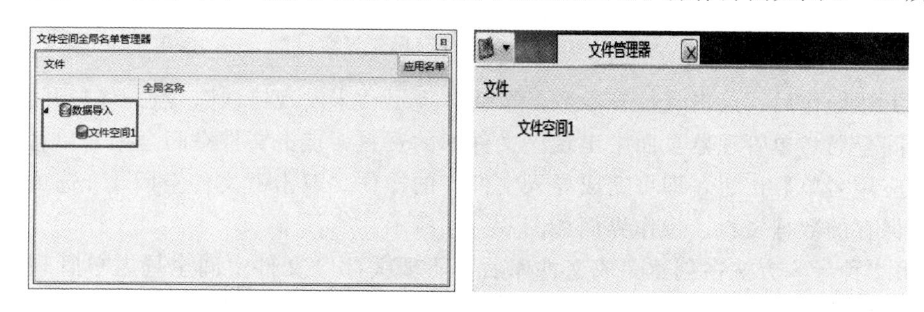

图 6-31 文件库创建完成操作界面

（3）创建目录。在主页面中，右击“文件空间1”选项，在新建目录右侧的输入框中输入所需要新建目录的名称，如“2014生产建设项目集中区”。输入完成后，按回车键，即可完成创建目录。操作界面如图6－32所示。

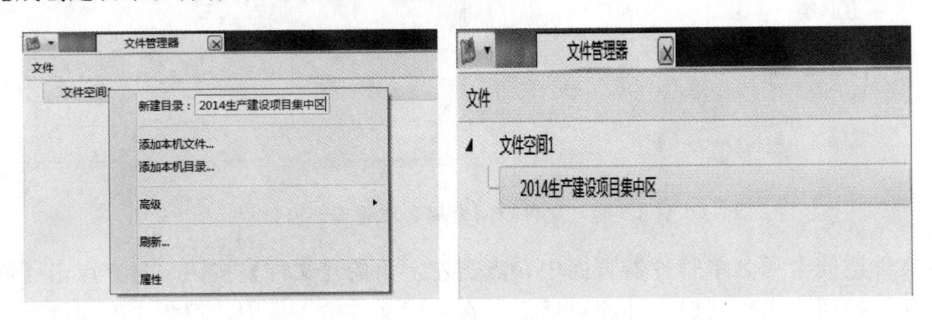

图6－32　创建目录操作界面

如需要在“2014生产建设项目集中区”创建子目录，只需右击其名字，根据上述操作，填写子目录的名称，按回车键即可完成操作。

（4）打开文件库。文件库创建完成后，再次使用时，需用打开文件库功能。

在桌面中打开DTMap.exe文件，启动DTMap数据导入工具。启动DTMap数据导入工具后进入该工具的主页面，如图6－32所示。打开文件库的方法有两种。

1）在DTMap数据导入工具主页面中点击左上角的倒三角按钮后，再次点击【文件空间全局名单管理器】按钮，弹出文件空间全局名单管理器窗口。

点击该窗口左上角的【文件】按钮，弹出下拉列表，选择“打开本机文件库”选项，弹出打开文件库窗口，点击主库文件右侧的【选择】按钮，弹出选择主库文件的窗口，在该窗口中找到文件库所在的路径，选择该文件库后，点击【打开】按钮。操作界面如图6－33所示。

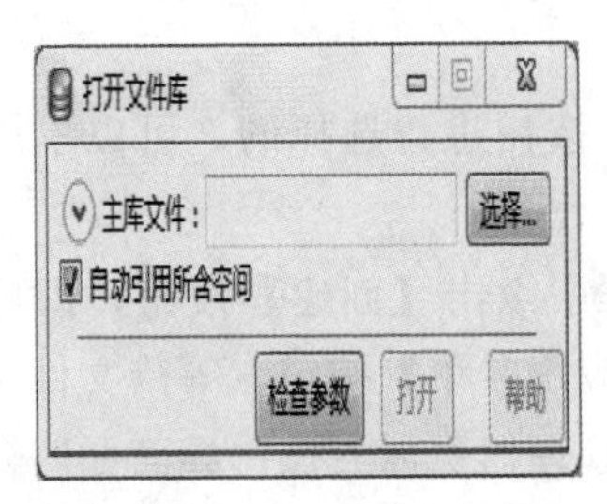

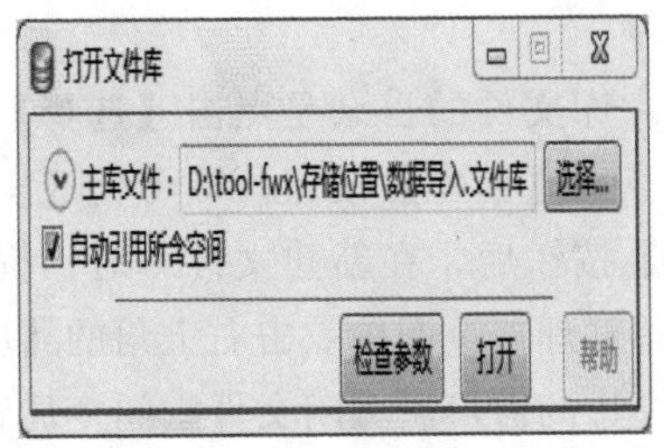

图6－33　打开文件库操作界面

完成上述操作后，点击【检查参数】按钮，提示“未发现错误”，点击【打开】按钮，在文件空间全局名单管理器页面中出现该文件库的资料，点击文件空间全局名单管理器右上角的【应用名单】按钮，即可完成导入文件库的操作。双击“文件空间1”选项，即可调出之前保存的数据资料。操作界面如图6－34所示。

2）第二种导入方法在创建完成文件库后，不要关闭“文件空间全局名单管理器”页面。在该页面的左上角点击【文件】按钮，选择“保存列表到文件”选项，如图6－35所示。在弹出的对话框中的文件名输入框中输入要保存文件的名称，如“数据导入文件库”，

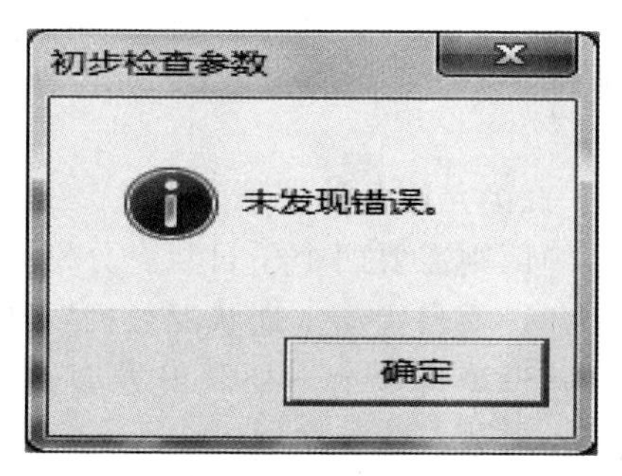

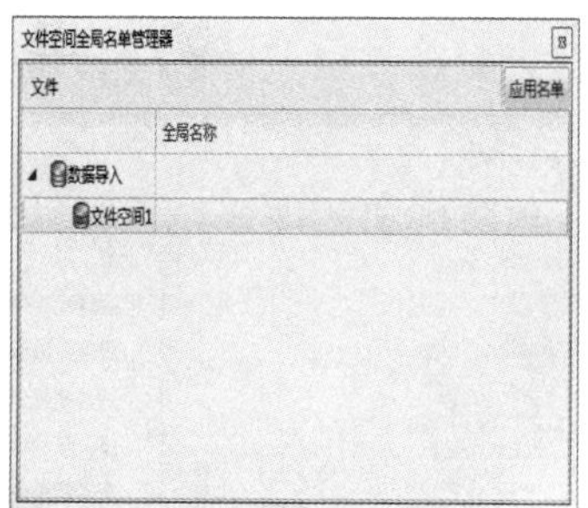

图 6-34　导入文件库操作界面

选择要保存的路径，然后点击【保存】按钮，至此文件保存成功。

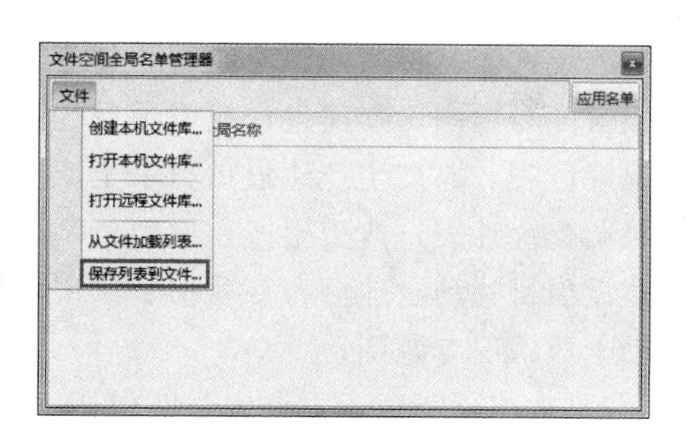

图 6-35　保存列表到文件操作界面

如需要打开文件时，在“文件空间全局名单管理器”页面中，点击【文件】按钮，选择“从文件加载列表”选项。在弹出的窗口中，选择刚刚保存好的文件，然后点击【打开】按钮，即可完成打开文件库的操作。在“文件空间全局名单管理器”页面中点击【应用名单】按钮，即可完成操作，如图 6-36 所示。

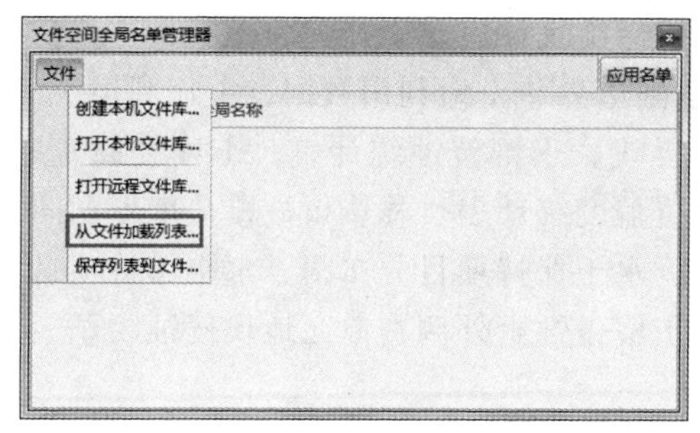

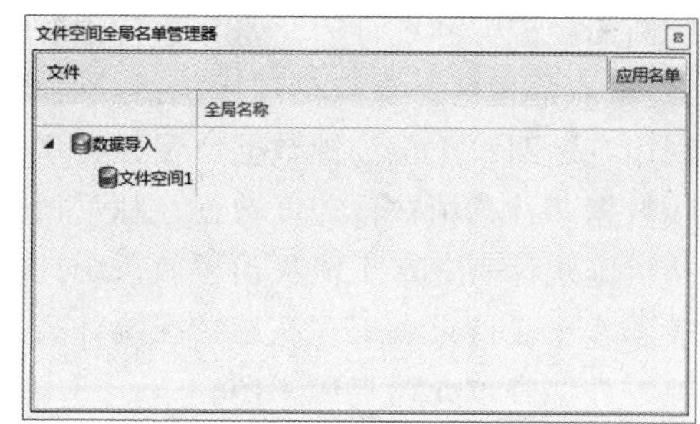

图 6-36　从文件加载列表打开文件操作界面

(5) 目录的组织方式。在 DTMap 数据导入工具中，目录的命名需按照要求进行操作，不可随意命名。

一级目录：××××（年份）＋三种区域中的一种区域名称（区域名称的类型包括生产建设项目集中区、重点预防区、重点治理区）。如“2014 生产建设项目集中区”“2015 重点预防区”等。

二级目录：××××（地名）＋×××××区。如“陕晋蒙接壤开发监督区”“三江源预防保护区”等。

三级目录：××县、××区等（该级目录为××××区下的）。如“河曲县”“榆阳区”等。

四级目录：预防区和治理区，三级目录下直接存放各种类型的文件。生产建设项目集中区则需要两个子目录，分别是“典型生产建设项目扰动土地状况数据”和“典型生产建设项目扰动土地状况专题图”。目录的组织方式，请参照图 6-37。

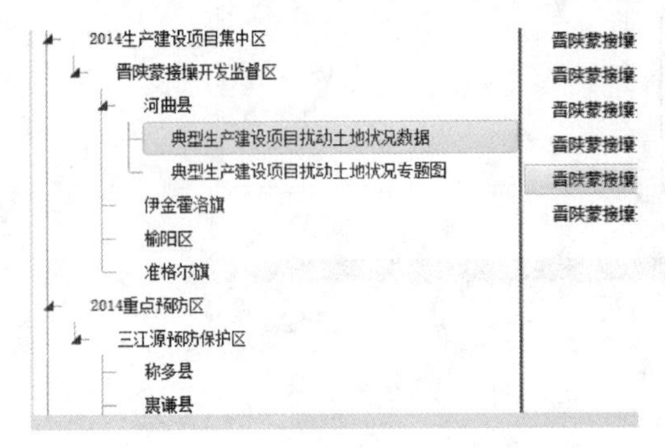

图 6-37　目录的组织方式

（6）文件种类和名称。生产建设项目集中区、重点预防区、重点治理区的文件种类和名称必须以本文档为准，不可以随意更改。

1）生产建设项目集中区。生产建设项目集中区包括：土地利用数据、土地利用统计表、土地利用专题图、土壤侵蚀数据、土壤侵蚀统计表、土壤侵蚀专题图、林草植被覆盖度数据、林草植被覆盖度统计表、林草植被覆盖度专题图、在建生产建设项目扰动土地基本情况统计表、大中型在建生产建设项目情况统计表、典型生产建设项目水土流失调查统计表、典型生产建设项目水土保持措施及效果调查统计表、典型生产建设项目调查图斑属性表、生产建设项目扰动土地分布图、生产建设项目扰动土地分布专题图、典型生产建设项目扰动土地状况图、典型生产建设项目扰动土地状况专题图。

2）重点预防区。重点预防区包括：监测范围边界、土地利用数据、土地利用统计表、土地利用专题图、土壤侵蚀数据、侵蚀类型分界线、土壤侵蚀统计表、土壤侵蚀专题图、林缘线数据、林草植被覆盖度数据、林草植被覆盖度统计表、林草植被覆盖度专题图、河流控制断面径流泥沙统计表、水土保持预防保护措施统计表。

3）重点治理区。重点治理区包括：监测范围边界、土地利用数据、土地利用统计表、土地利用专题图、土壤侵蚀数据、侵蚀类型分界线、土壤侵蚀统计表、土壤侵蚀专题图、林缘线数据、林草植被覆盖度数据、林草植被覆盖度统计表、林草植被覆盖度专题图、水土保持措施统计表、水土流失治理效果统计表、水土保持项目分布图、水土保持项目实施统计表、水土保持重点工程实施情况统计表、土壤侵蚀野外调查单元地块侵蚀因子表、土壤侵蚀野外调查单元调查成果图。

（7）数据导入。数据导入包括以下 6 种。

1）矢量转栅格数据导入。源数据有 shp 格式的，也有 gdb 格式的，其中 gdb 格式的是一个文件夹（名称以“.gdb”结尾），源数据集选择时直接路径到文件夹一级即可。土地利用、植被覆盖、土壤侵蚀、林缘线需要进行矢量转栅格数据导入。矢量转栅格数据导入操作步骤如下：

步骤一：在主页面中点击左上角的倒三角按钮，选择“工具箱”选项，出现工具箱下拉列表，如图 6-38 所示。

步骤二：在工具箱下拉列表的最下方双击“矢量转栅格”选项，弹出数据转换（矢量

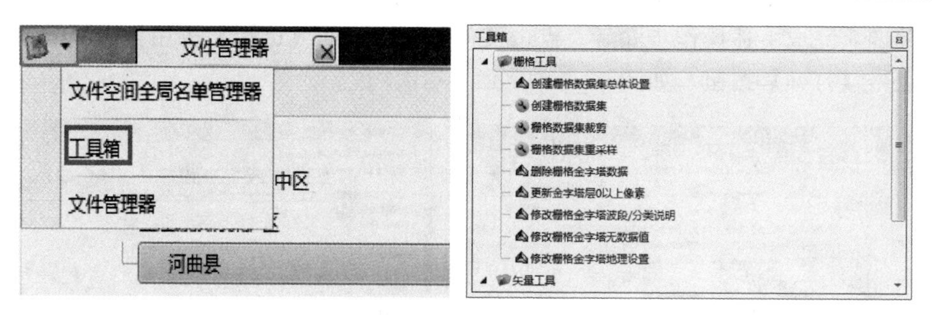

图 6-38 矢量转栅格数据导入操作步骤一界面

转栅格）的对话框，如图 6-39 所示。

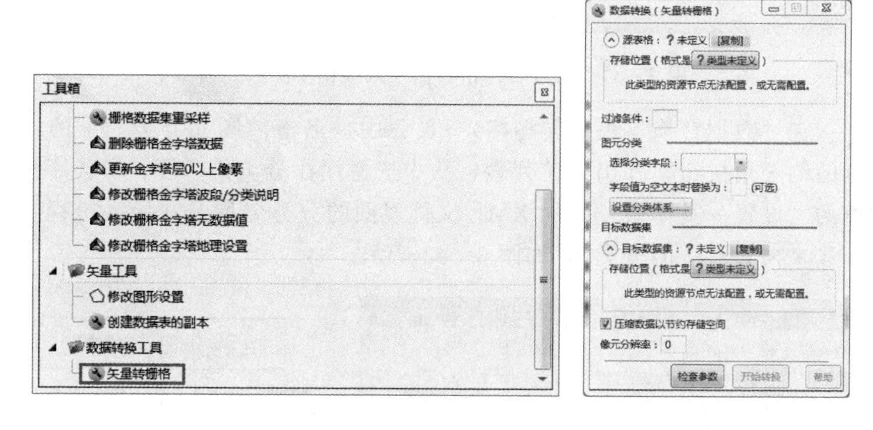

图 6-39 矢量转栅格数据导入操作步骤二界面

步骤三：在“数据转换（矢量转栅格）”对话框中，点击“源表格”和“储存位置”选项右侧的【类型未定义】按钮，出现选择储存位置的列表数据，选择“OGR 矢量数据表（来自文件）”选项，然后点击【确认】按钮，如图 6-40 所示。

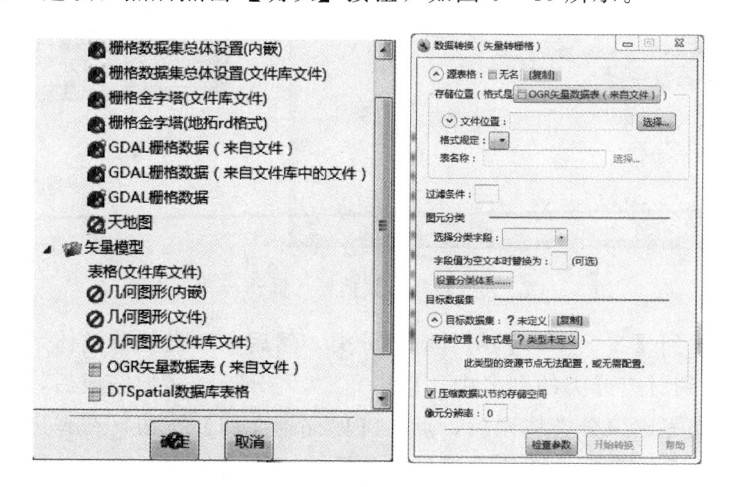

图 6-40 矢量转栅格数据导入操作步骤三界面

步骤四：完成上述操作步骤后，点击文件位置右侧的【选择】按钮，选择需要导入的数据，点击【打开】按钮，如图 6－41 所示。

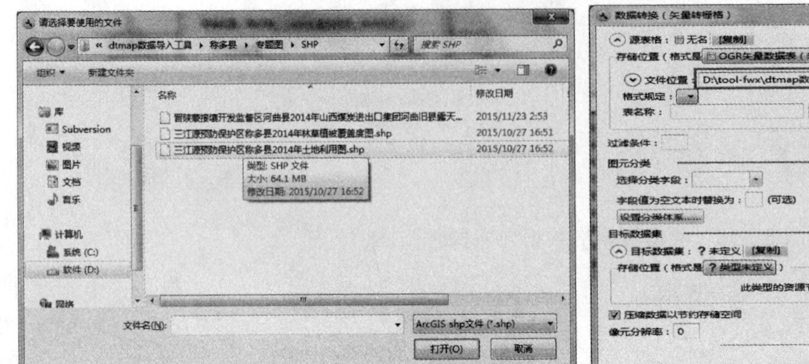

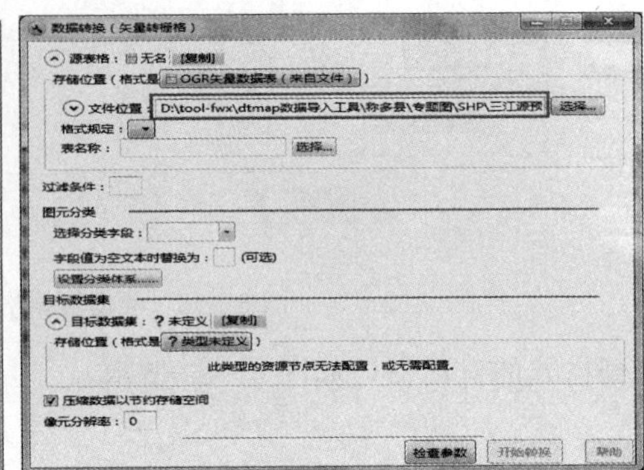

图 6－41　矢量转栅格数据导入操作步骤四界面

步骤五：在“数据转换（矢量转栅格）”页面中，点击“图元分类”下的“选择分类字段”右侧的倒三角按钮，弹出下拉列表，从中选择用作分类的字段。分类字段是指字段的值为相应的“设置分类体系”中的 XML 文件里面的分类名称及在导入过程中提示“无法确定【××××】对应的分类”，如图 6－42 所示。

图层名称	分类字段
土地利用	TDLYMC
植被覆盖	FLFJ

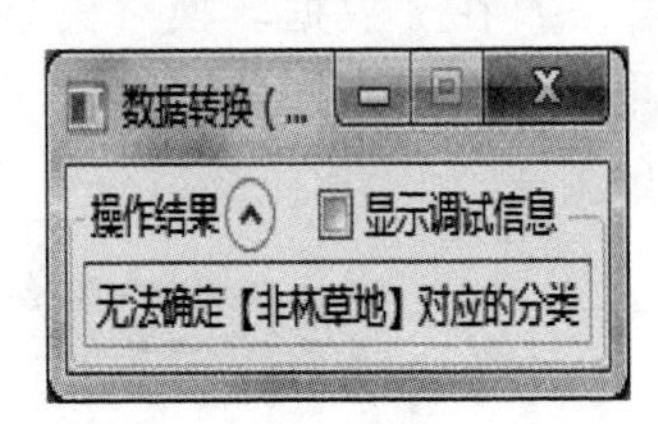

图 6－42　矢量转栅格数据导入操作步骤五界面

先在规范中找到【××××】所对应的分类，然后在“设置分类体系”的窗口中，将【××××】添加到对应分类的别名中，以半角“，”分隔。添加完成后，点击一下空白处予以保存。在添加完成该分类体系后，点击【保存到文件】按钮，在弹出的窗口中选择合适的路径，在文件名输入框中输入合适的名称后，点击【保存】按钮，保存成功后，方便下次使用。点击【设置分类体系】按钮，弹出“栅格分类信息编辑”窗口，如图 6－43 所示。

栅格分类信息编辑

新添分组 | 上移分组 | 下移分组 | 移除分组 | 移除全部 | 保存到文件... | 从文件加载...

分类序号	分类名称	分类别名	缺省渲染颜色
0	无数据		
1	低覆盖林地	31	
2	中低覆盖林地	32	
3	中覆盖林地	33	
4	中高覆盖林地	34	
5	高覆盖林地	35	
6	低覆盖草地	41	
7	中低覆盖草地	42,非林草地	
8	中覆盖草地	43	
9	中高覆盖草地	44	
10	高覆盖草地	45	

图 6-43　设置分类体系操作界面（一）

在“栅格分类信息编辑”窗口中点击【从文件加载】按钮，弹出选择分类体系的窗口。选择“土地利用分类体系.xml”文件，点击【打开】按钮，弹出对话框，如图 6-44 所示。然后关闭该窗口，继续进行下一步操作。

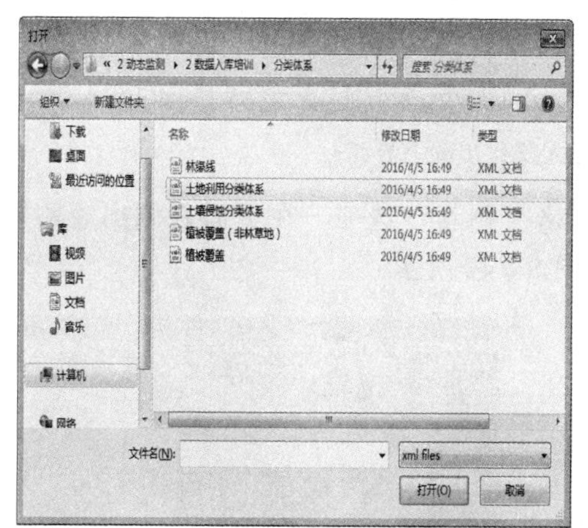

栅格分类信息编辑

新添分组 | 上移分组 | 下移分组 | 移除分组 | 移除全部 | 保存到文件... | 从文件加载...

分类序号	分类名称	分类别名	缺省渲染颜色
0	无数据		
1	水田	11,	
2	水浇地	12,	
3	旱地	13,坡耕地,梯坪地,其他旱地	
4	果园	21,	
5	茶园	22,	
6	其它园地	23,	
7	有林地	31,	
8	灌木林地	32,	
9	疏林地	33,	
10	幼林地	34,	
11	其它林地	35,	
12	高覆盖草地	45,高覆盖度草地	鼠标右键可增删
13	中高覆盖草地	44,中高覆盖度草地	

* 鼠标右键可增加分类定义。
* 分类别名：代表某一类的名称，矢量数据中被分类字段的值，可用逗号,或分号;隔开多个字段值，代表等于该字段值的归属于对应的类别。

图 6-44　设置分类体系操作界面（二）

步骤六：在“数据转换（矢量转换栅格）”对话框中，点击“目标数据集”下的【类型未定义】按钮，弹出“储存位置”的格式列表，在“栅格模型”选项中选择“栅格金字塔（文件库文件）”，点击【确定】按钮。在文件名输入框中输入储存的绝对路径，并在绝对路径后添加转换后的名称。在“数据转换（矢量转栅格）”页面的最下方，在“像元分辨率”的输入框中输入“5”（推荐输入“5”，上下浮动不要太大，否则可能会导致图像不清晰或导入有问题）。至此，所有信息填写完毕，如图 6-45 所示。

【技巧】　在输入绝对路径时，可以右击“河曲县”→【属性】按钮，复制河曲县属性页面中的位置信息，关闭该页面，粘贴在文件名输入框中，并在输入框最后加“/转换后的名称”。

步骤七：完成上述操作后，点击【检查参数】按钮，提示“未发现错误”。点击【确定】按钮后，在“数据转换（矢量转栅格）”页面的最下方，点击【开始转换】按钮，转换完成后，提示“操作成功完成”，如图 6-46 所示。

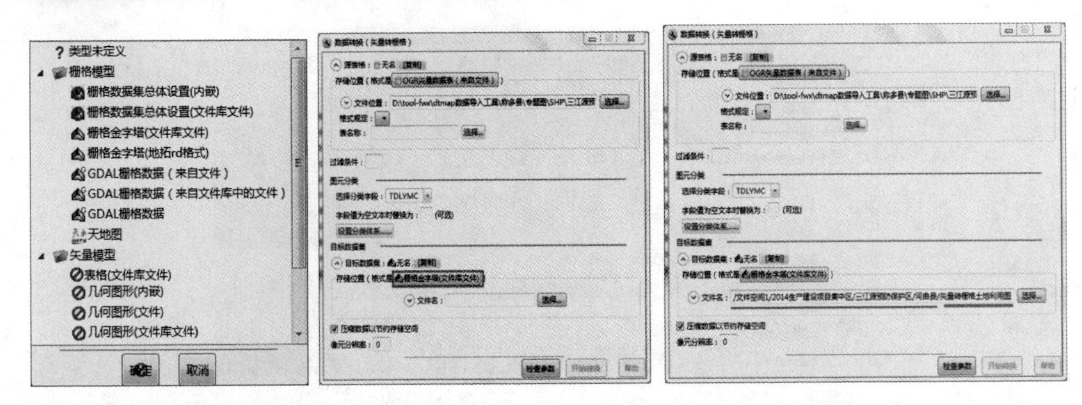

图 6－45　矢量转栅格数据导入操作步骤六界面

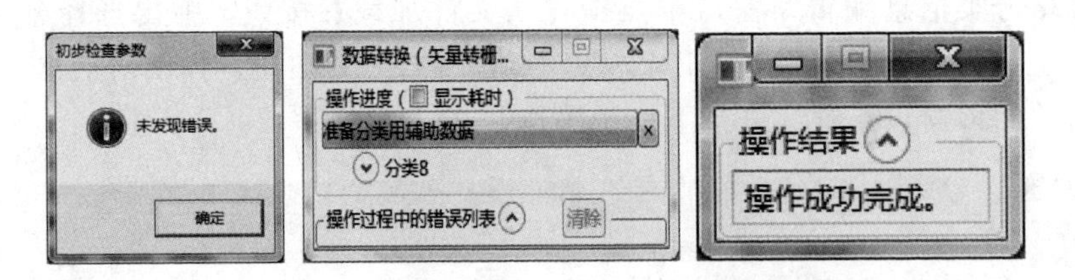

图 6－46　矢量转栅格数据导入操作步骤七界面

关闭窗口回到主页面中，右击“河曲县”，点击“刷新”选项，在页面右侧出现刚刚导入的数据。双击该数据，可以查看该数据，如图 6－47 所示。

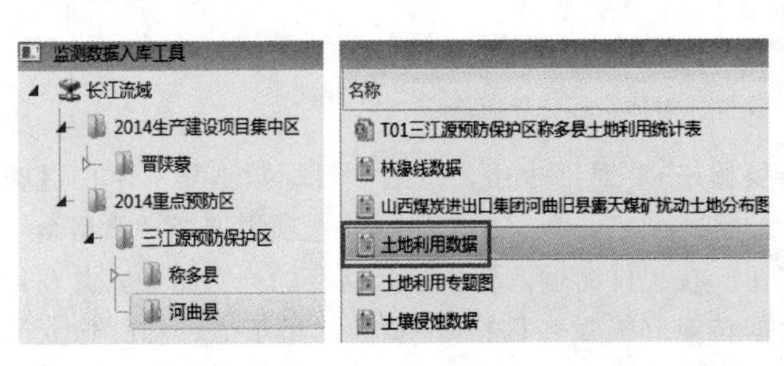

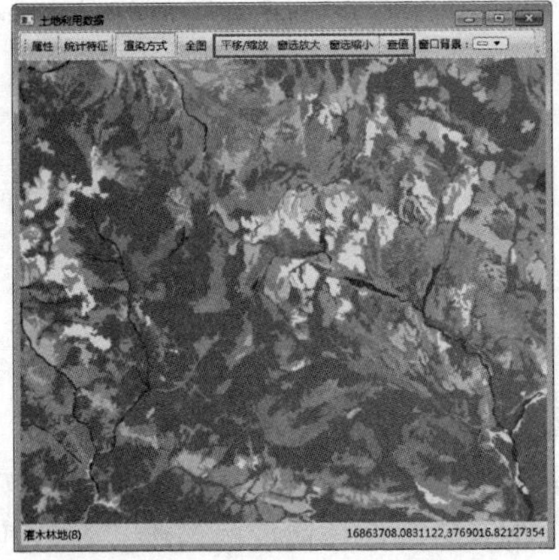

图 6－47　查看矢量转栅格数据操作界面

2）专题图数据导入。专题图数据的后缀为“.tif”或“.jpeg”。导入的源数据为：土地利用专题图、土壤侵蚀专题图、林草植被覆盖度专题图、生产建设项目扰动土地分布专题图、典型生产建设项目扰动土地状况专题图。专题图数据导入的操作步骤如下。

步骤一：在主页面中点击左上角的倒三角按钮，选择“工具箱”选项，出现工具箱下拉列表，如图 6－48 所示。

步骤二：在工具箱下拉列表的最下方双击“创建栅格数据集”选项，弹出“创建栅格

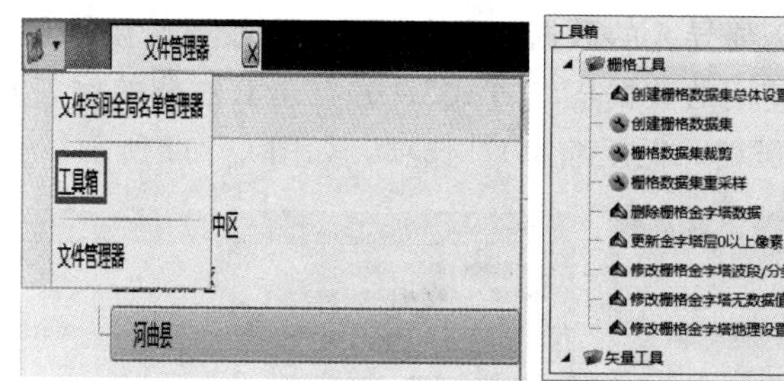

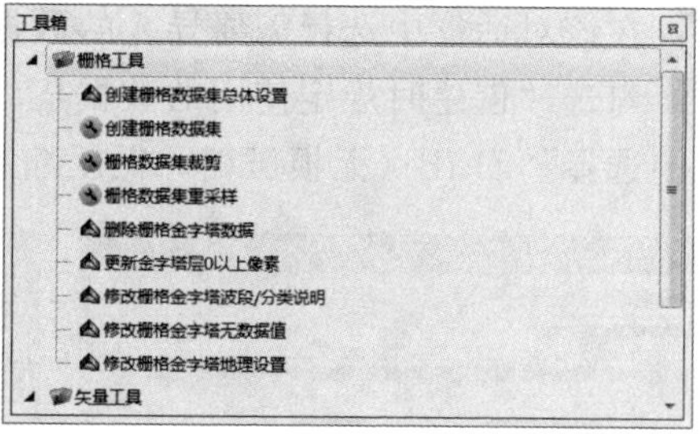

图 6-48　专题图数据导入操作步骤一界面

数据集”对话框。点击目标数据集下的【类型未定义】按钮，选择“栅格金字塔（文件库文件）”选项，再点击【确定】按钮，在文件名输入框中输入储存的绝对路径，并在绝对路径后添加转换后的名称，如图 6-49 所示。

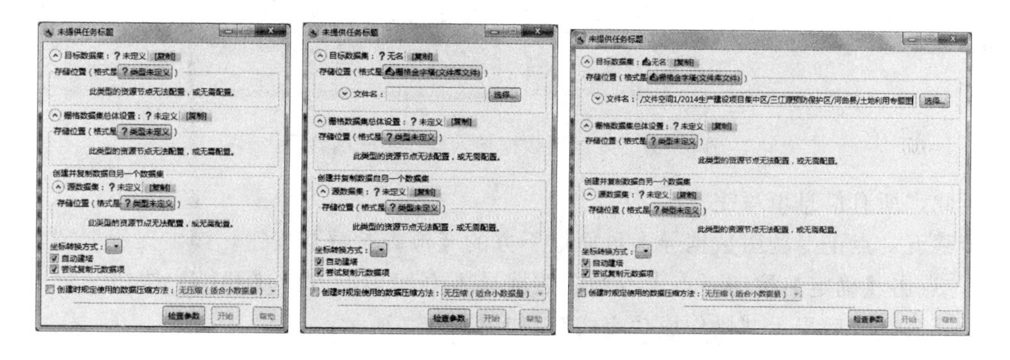

图 6-49　专题图数据导入操作步骤二界面

【技巧】 在输入绝对路径时，可以右键点击“河曲县”→【属性】按钮，复制河曲县属性页面中的位置信息，关闭该页面，粘贴在文件名输入框中，并在输入框最后加“/转换后的名称”。

步骤三：在专题图数据导入页面中，点击源数据集下的【类型未定义】按钮，弹出下拉列表，在该列表中选择“GDAL 栅格数据（来自文件）”选项。点击“源数据集”下文件名右侧的【选择】按钮，弹出对话框，如图 6-50 所示。

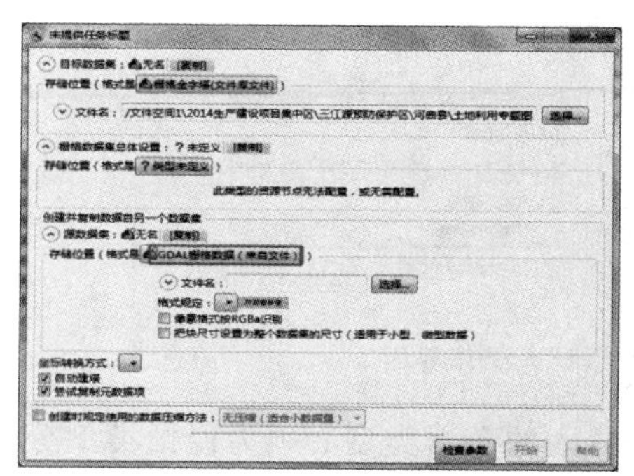

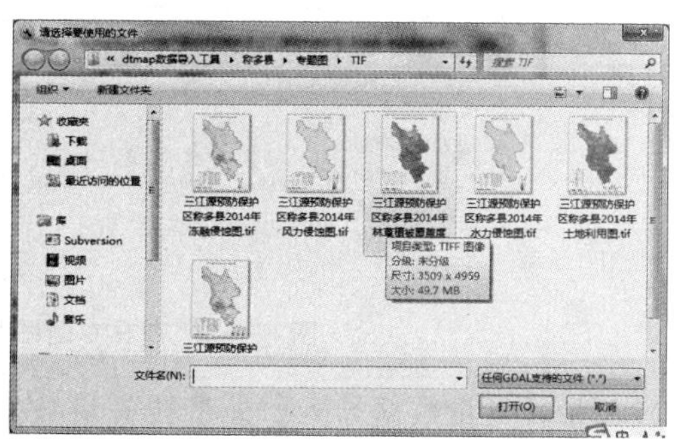

图 6-50　专题图数据导入操作步骤三界面

步骤四：在该对话框中选择需要导入的数据，点击【打开】按钮，在专题图数据导入页面最下方，勾选“创建时规定使用的数据压缩方式”，并点击其右侧的倒三角按钮，在弹出的列表中选择“ZLIB（无损压缩，低压缩率）”选项，如图 6－51 所示。

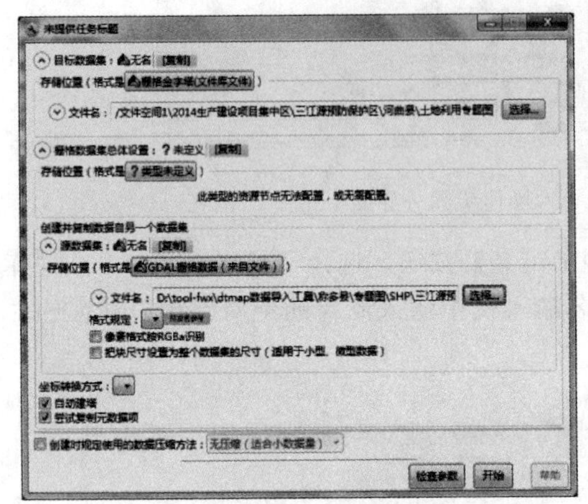

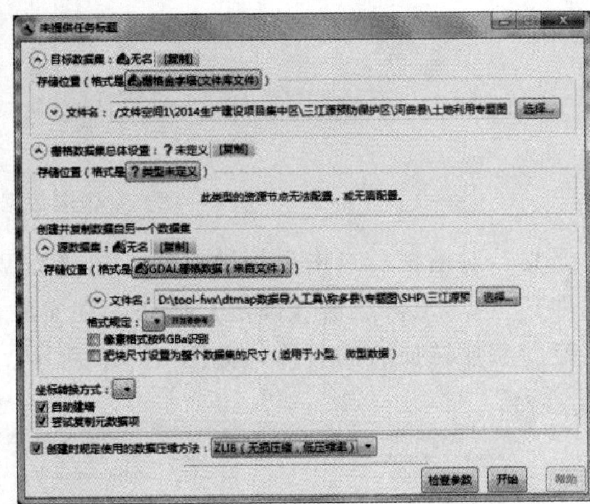

图 6－51　专题图数据导入操作步骤四界面

至此，所有信息填写完毕。

步骤五：点击专题图数据导入页面最下方的【检查参数】按钮，弹出提示框“未发现错误”，点击【确定】按钮。点击专题图数据导入页面最下方的【开始】按钮，数据开始导入。导入完成后提示“操作成功完成”，如图 6－52 所示。

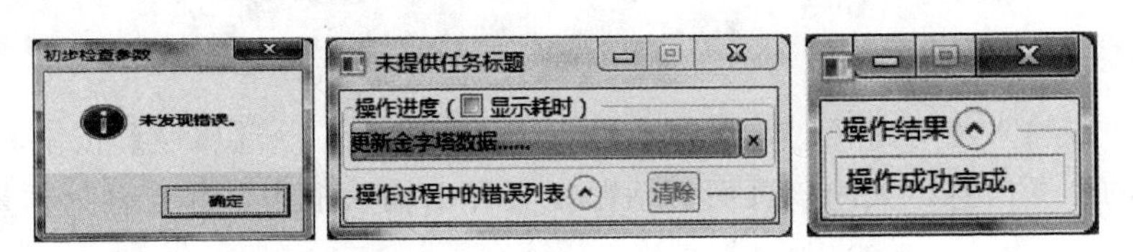

图 6－52　专题图数据导入操作步骤五界面

关闭窗口回到主页面中，右击“河曲县”，点击“刷新”选项，在页面右侧出现刚刚导入的数据。双击该数据，可以查看该数据，如图 6－53 所示。

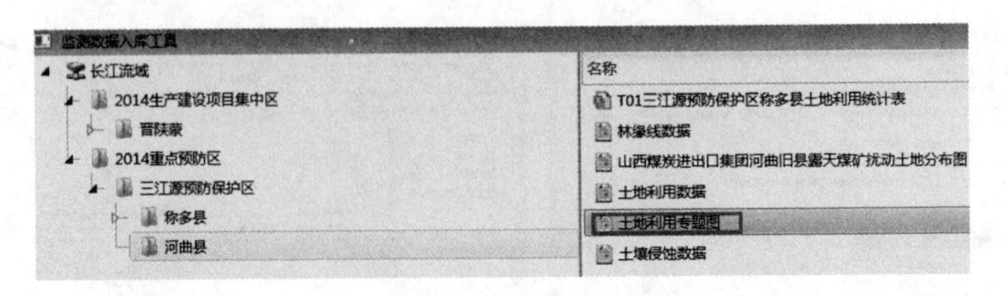

图 6－53　查看专题图数据导入操作界面

3）矢量转矢量数据导入。矢量转矢量数据导入的数据类型必须为侵蚀类型分界线、生产建设项目扰动分布图、水土保持项目分布图、监测范围边界、野外调查单元信息、典型生产建设项目扰动土地状况数据。矢量转矢量数据导入的操作步骤如下：

步骤一：在主页面中点击左上角的倒三角按钮，选择“工具箱”选项，出现工具箱下拉列表。在矢量工具箱下拉列表中双击“创建数据表的副本”选项，弹出“创建一个表格的副本”对话框，如图 6-54 所示。

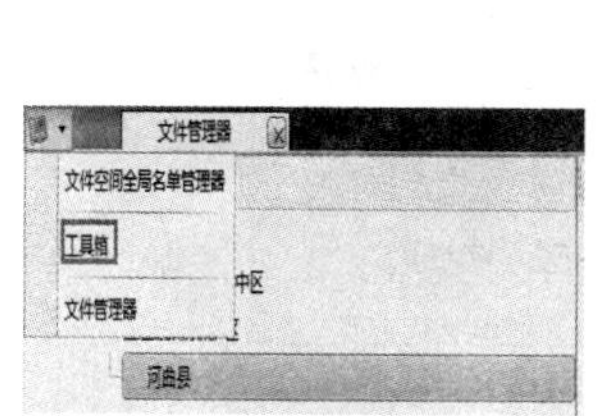

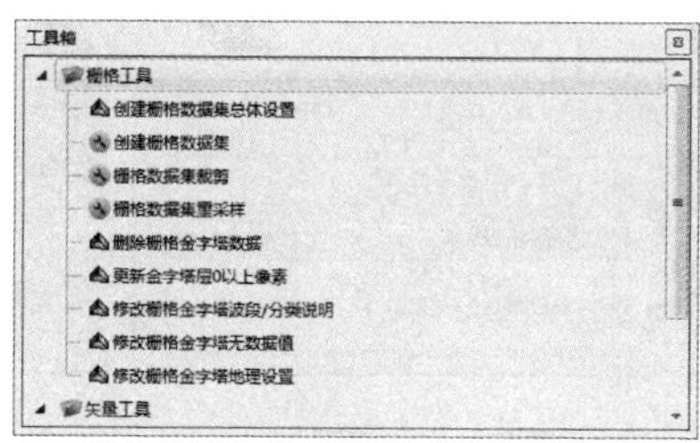

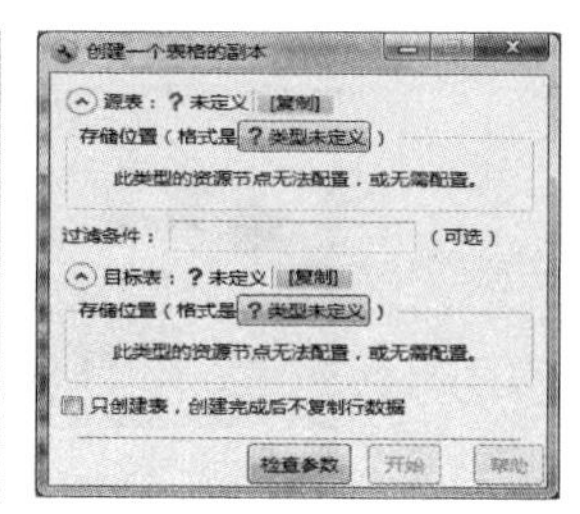

图 6-54 矢量转矢量数据导入操作步骤一界面

步骤二：点击源表下的【类型未定义】按钮，选择“OGR 矢量数据表（来自文件）”选项，再点击【确定】按钮，点击文件位置右侧的【选择】按钮，弹出选择文件位置的对话框。选择需要导入的数据，点击【打开】按钮，即可完成添加文件的操作，如图 6-55 所示。

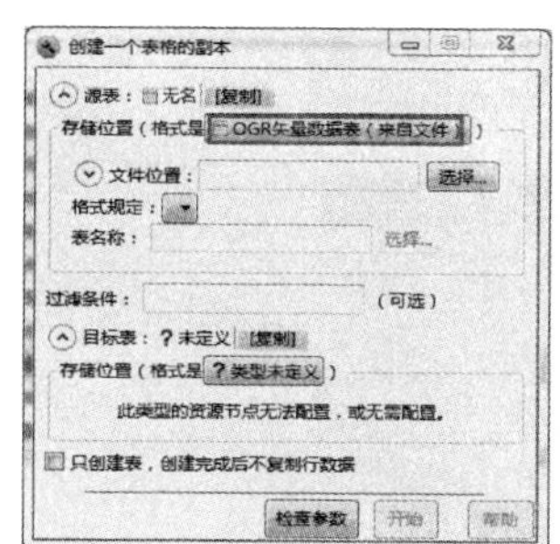

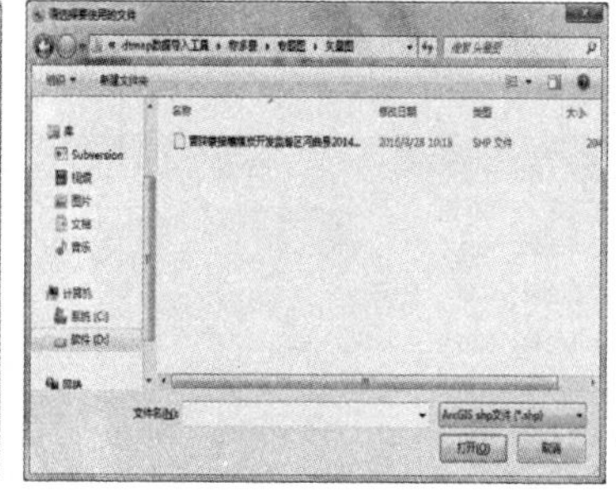
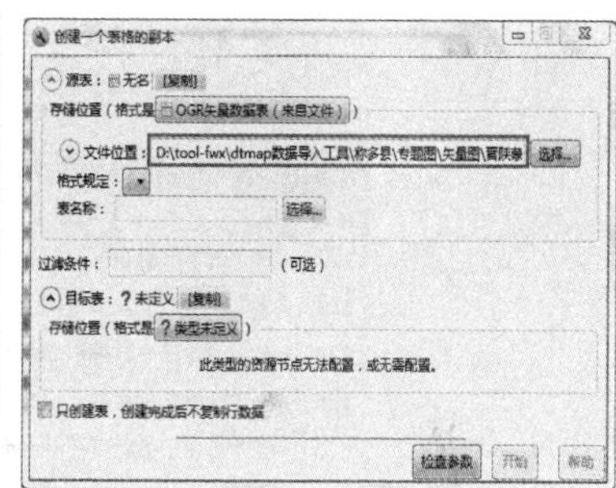

图 6-55 矢量转矢量数据导入操作步骤二界面

步骤三：完成上述操作后，在“创建一个表格的副本”对话框中点击“目标表”下方的【类型未定义】按钮，弹出该类型的下拉列表。在下拉列表中，选择“表格（文件库文件）”选项，然后点击【确定】按钮。在文件名输入框中输入储存的绝对路径，并在绝对路径后添加转换后的名称，如图 6-56 所示。

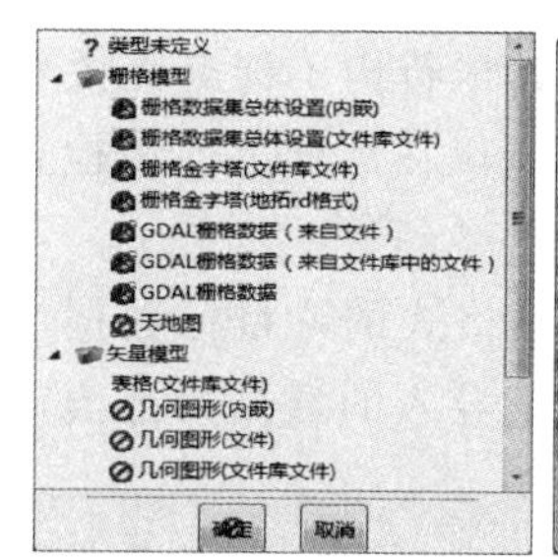

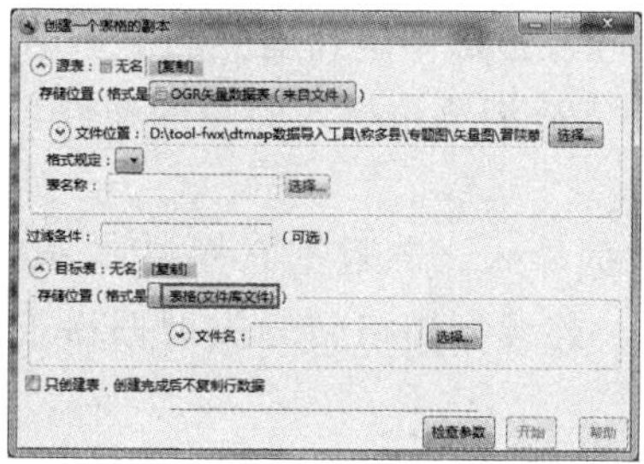

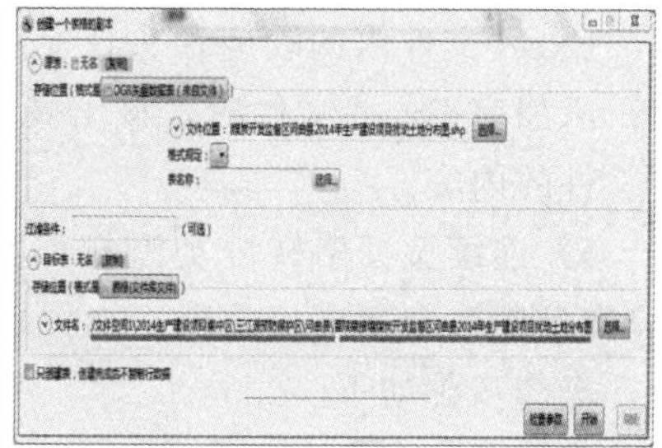

图 6-56 矢量转矢量数据导入操作步骤三界面

至此，所有信息填写完毕。

步骤四：点击“创建一个表格的副本”页面最下方的【检查参数】按钮，弹出提示框“未发现错误”，点击【确定】按钮。点击“创建一个表格的副本”页面最下方的【开始】按钮，数据开始导入。导入完成后提示“操作成功完成”，如图 6－57 所示。

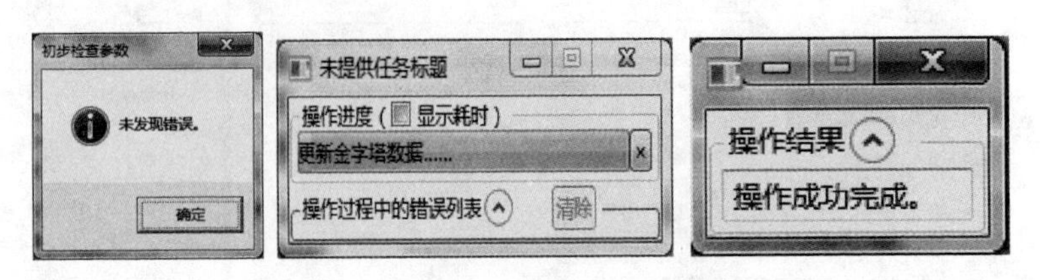

图 6－57　矢量转矢量数据导入操作步骤四界面

关闭窗口回到主页面中，右击“河曲县”，点击“刷新”选项，在页面右侧出现刚刚导入的数据。双击刚刚导入的数据，即可查看该数据，如图 6－58 所示。

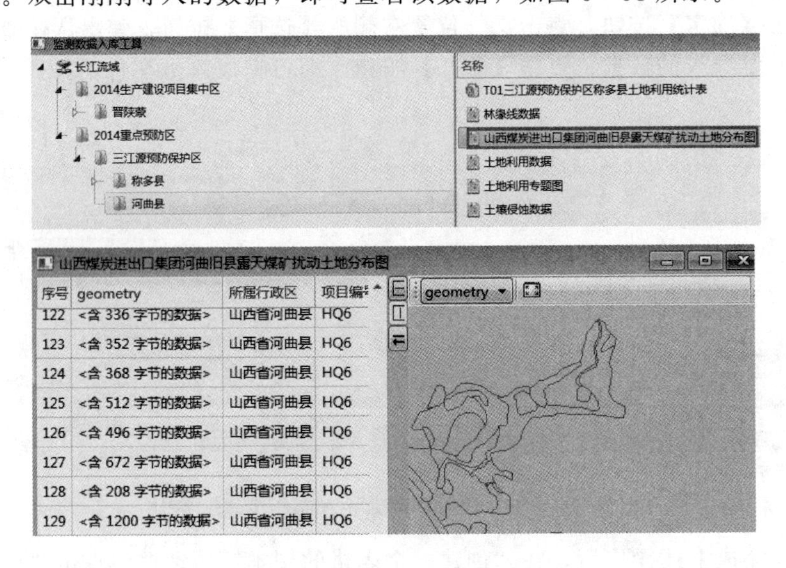

图 6－58　查看矢量转矢量数据操作界面

4）Excel 格式文件导入。在主页面中右击“河曲县”，选择“添加本机文件”选项，弹出添加本机文件窗口。选择所需要添加的文件后，点击【打开】按钮，即可添加成功，如图 6－59 所示。

Excel 文件内的表应顶头，上边和左边都不应留有空行，并且其他行内不能有无关数据。添加完 Excel 文件后，该工具不支持浏览该格式类型的文件，所以在添加之前请检查好文件的内容。

5）连续型栅格转分类型栅格数据导入。源数据有栅格（.tif）格式的，目标数据为“分类型栅格金字塔（文件库文件）”。连续型栅格转分类型栅格工具导入的数据为土壤侵蚀，操作步骤如下。

步骤一：在主页面中点击左上角的倒三角按钮，选择“工具箱”选项，出现工具箱下拉列表。完成上述操作步骤后，在转换工具箱下拉列表中双击“连续型栅格转分类型栅

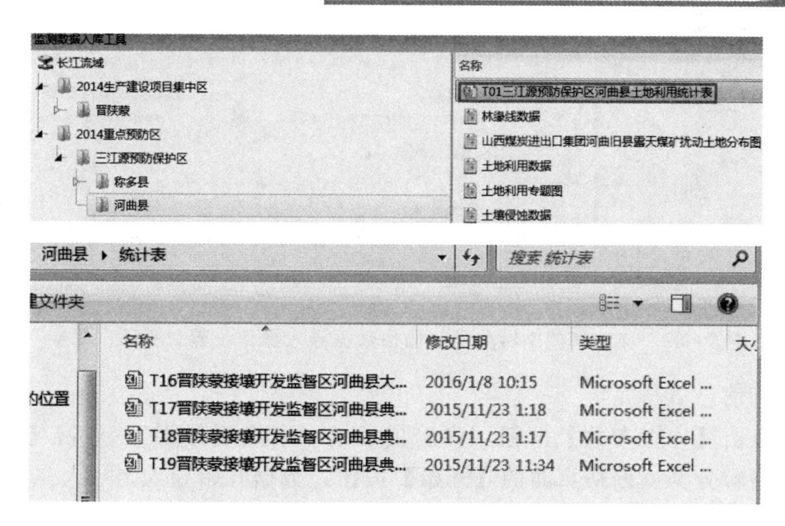

图 6-59 Excel 格式文件导入操作步骤界面

格”选项，弹出创建数据表的副本对话框，如图 6-60 所示。

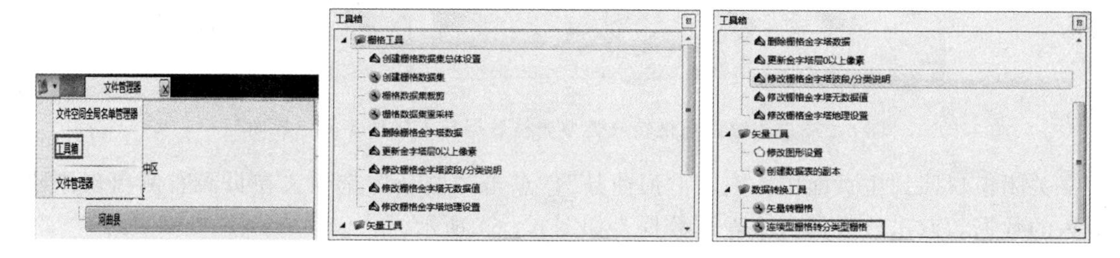

图 6-60 连续型栅格转分类型栅格数据导入操作步骤一界面

步骤二：完成上述操作后，在弹出的窗口中点击“源数据集”下的【类型未定义】按钮，在弹出的下拉列表中选择“ODAL 栅格数据（来自文件）”选项。点击“文件名”右侧的【选择】按钮，在弹出的窗口中选择“栅格数据 .tif”文件（注意：是栅格数据，不是专题图）。选择完成后，点击【打开】按钮，如图 6-61 所示。

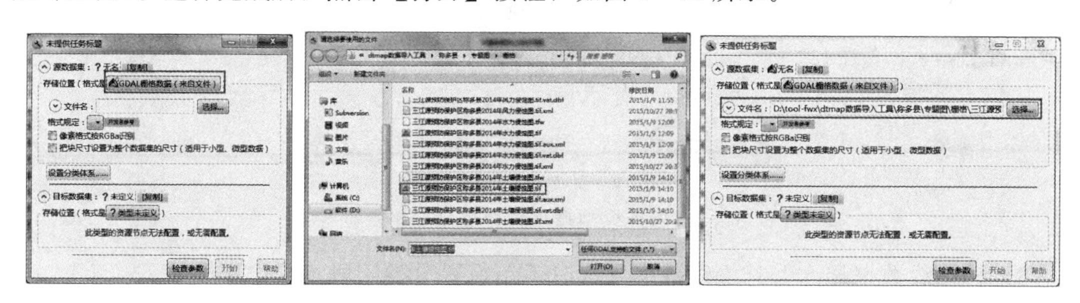

图 6-61 连续型栅格转分类型栅格数据导入操作步骤二界面（一）

在连续型栅格转分类型栅格窗口中，点击【设置分类体系】按钮，在弹出的栅格分类信息编辑窗口中点击“从文件加载”选项，在目标数据集下的文件名输入框中输入储存的绝对路径，并在绝对路径后添加转换后的名称，如图 6-62 所示。

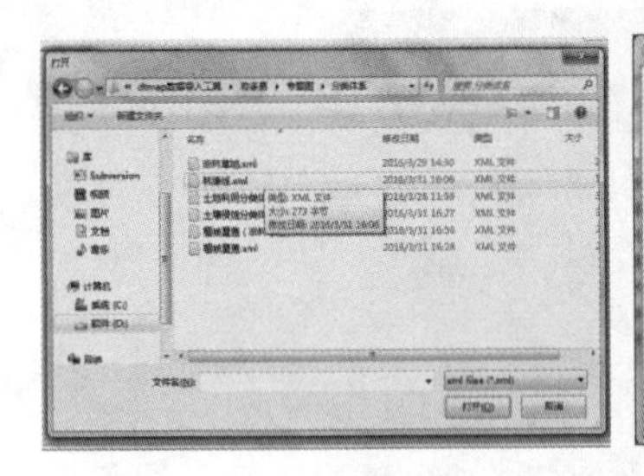

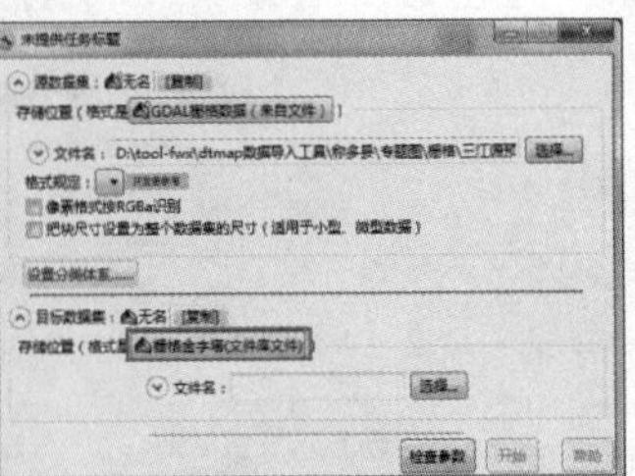

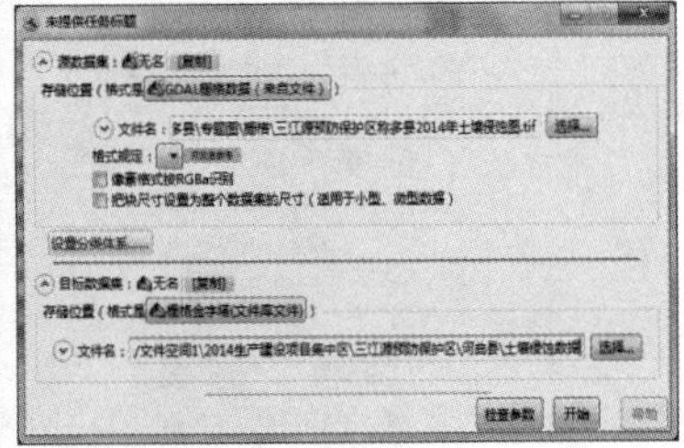

图6-62 连续型栅格转分类型栅格数据导入操作步骤二界面（二）

至此，所有信息填写完毕。

步骤三：点击【检查参数】按钮，弹出提示框“未发现错误”。点击【确定】按钮。点击连续型栅格转分类型栅格页面的【开始】按钮，数据开始导入。导入完成后提示“操作成功完成”，如图6-63所示。

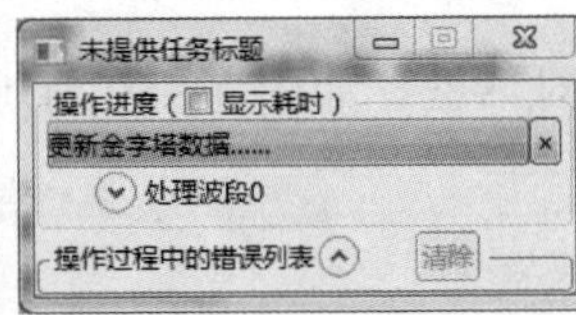

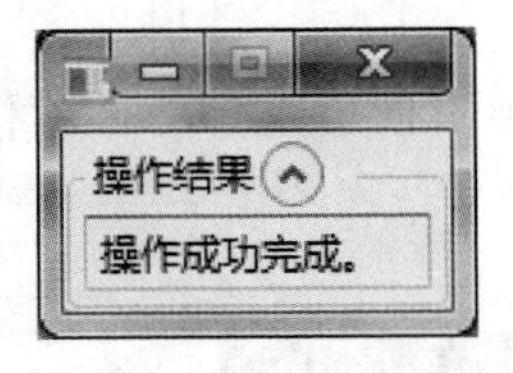

图6-63 连续型栅格转分类型栅格数据导入操作步骤三界面

关闭窗口回到主页面中，右击“河曲县”，点击“刷新”选项，在页面右侧出现刚刚导入的数据。双击该数据可查看该数据，如图6-64所示。

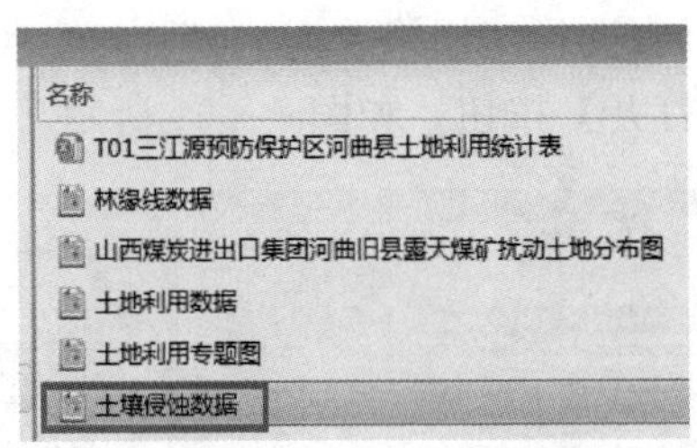

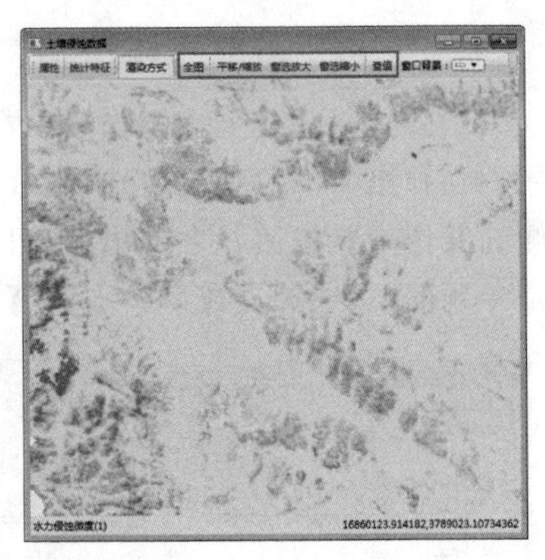

图6-64 查看连续型栅格转分类型栅格数据界面

6）林缘线数据导入。林缘线数据导入时不用设置分类字段，操作步骤如下。

步骤一：在主页面中点击左上角的倒三角按钮，选择“工具箱”选项，出现工具箱下拉列表。在“数据转换工具”中双击“矢量转栅格”选项，如图6-65所示。

步骤二：完成上述操作步骤后，弹出“数据转换（矢量转栅格）”的对话框。数据转换（矢量转栅格）对话框中，点击“源表格”和“储存位置”选项右侧的【类型未定义】按钮，出现选择储存位置的列表数据。在该列表数据中，选择“OGR矢量数据表（来自

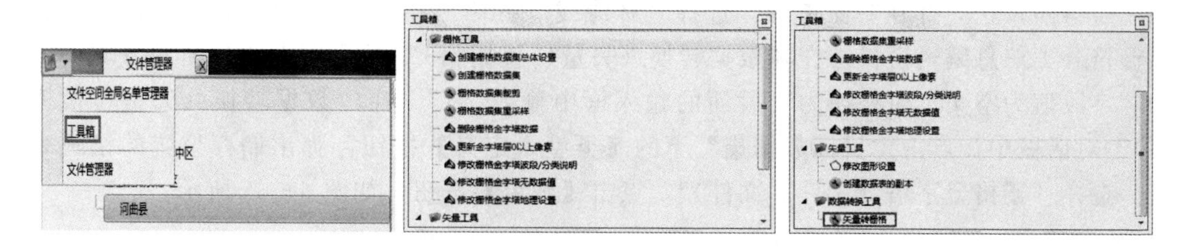

图 6-65　林缘线数据导入操作步骤一界面

文件)”选项，然后点击【确认】按钮，如图 6-66 所示。

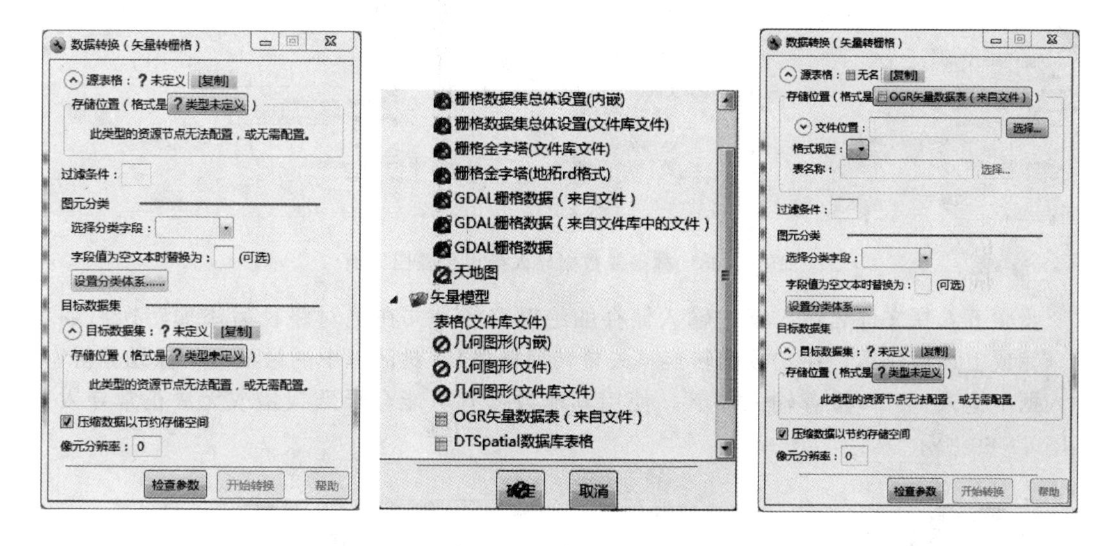

图 6-66　林缘线数据导入操作步骤二界面

步骤三：完成上述操作步骤后，点击文件位置右侧的【选择】按钮。选择需要导入的数据，点击【打开】按钮。在“图元分类”模块中点击【设置分类体系】按钮，在弹出的窗口中，点击【从文件加载】按钮，如图 6-67 所示。

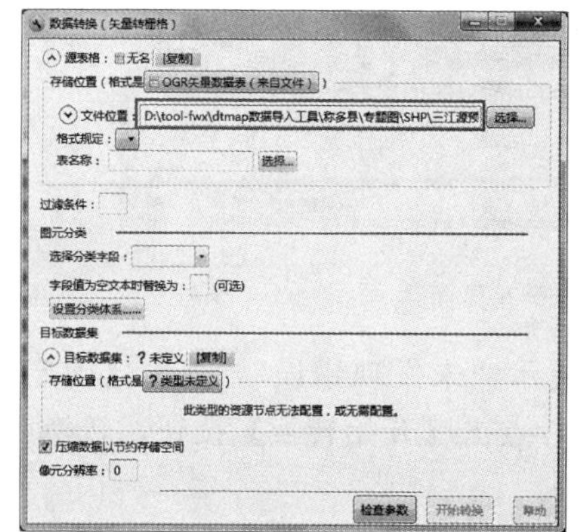

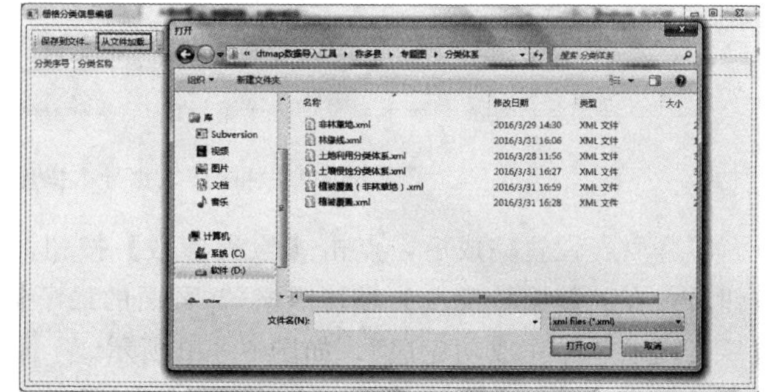

图 6-67　林缘线数据导入操作步骤三界面

步骤四：在“打开”窗口中，选择“林缘线.xml”文件，点击【打开】按钮，并关闭栅格分类信息编辑窗口。在“数据转换（矢量转换栅格）”对话框中的“图元分类”下的“字段值为空文本时替换为”后面的输入框中输入“1”。在“数据转换（矢量转换栅格）”对话框中，点击“目标数据集”下的【类型未定义】按钮，弹出储存位置的格式列表。选择“栅格金字塔（文件库文件）”，点击【确定】按钮，如图6-68所示。

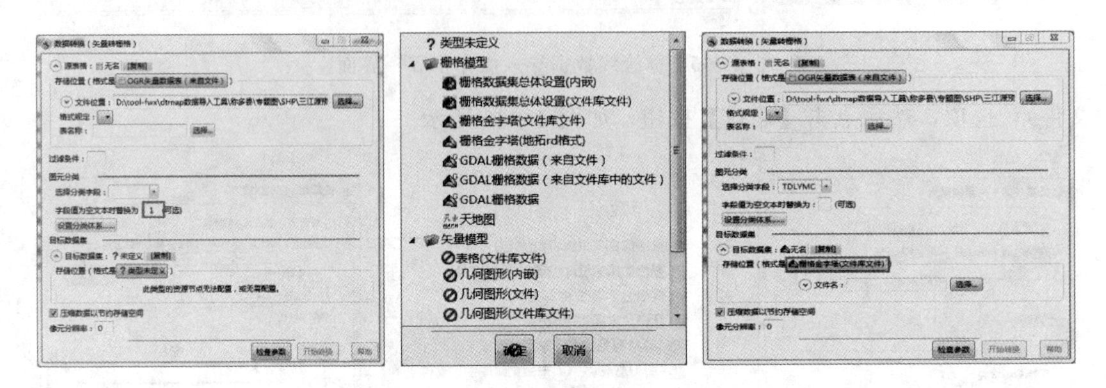

图6-68　林缘线数据导入操作步骤四界面

步骤五：在文件名输入框中输入储存的绝对路径，并在绝对路径后添加转换后的名称。完成上述操作后，在“数据转换（矢量转换栅格）”对话框中的最下方“像元分辨率”输入框中输入“5”（推荐输入“5”，使用其他数据有可能会导致报错或无法正常导入），如图6-69所示。

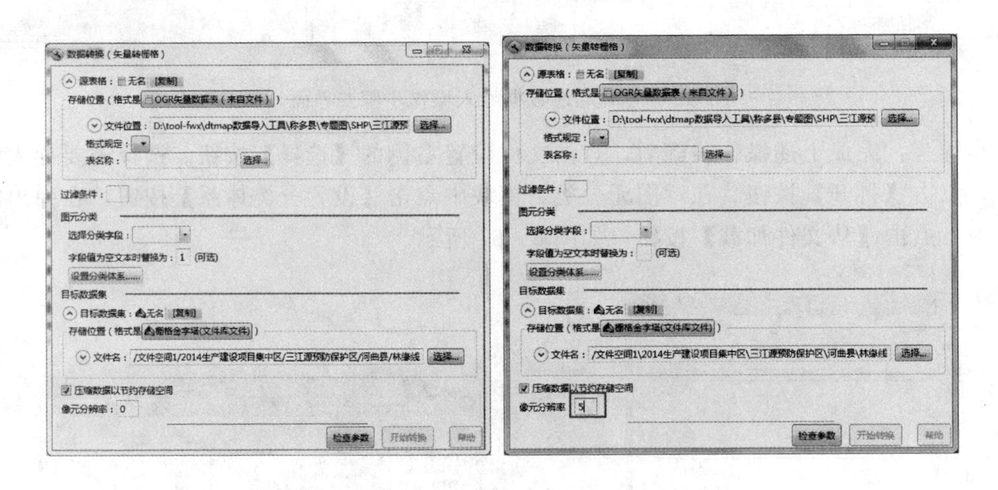

图6-69　林缘线数据导入操作步骤五界面

步骤六：设置完成后，点击【检查参数】按钮，提示“未发现错误”。点击【确定】按钮后，在“数据转换（矢量转栅格）”页面的最下方，点击【开始转换】按钮，转换完成后，提示“操作成功完成”，如图6-70所示。

关闭窗口回到主页面中，右击“河曲县”，点击“刷新”选项，在页面右侧出现刚刚导入的数据。双击该数据可以查看该数据，如图6-71所示。

图 6-70　林缘线数据导入操作步骤六界面

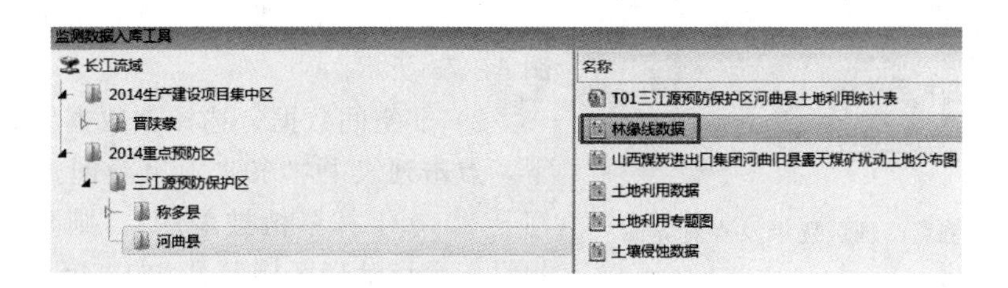

图 6-71　查看林缘线数据导入操作界面

6.3.4　数据管理

(1) 监测点数据管理。用户登录系统选择“监测点/小流域”模块，点击进入显示监测点分布图，用户点击“请选择监测点”后的下拉框，选择某省某个监测点/小流域，如“黑龙江省”“黑龙江九三鹤北小流域”等。选择界面如图 6-72 所示。

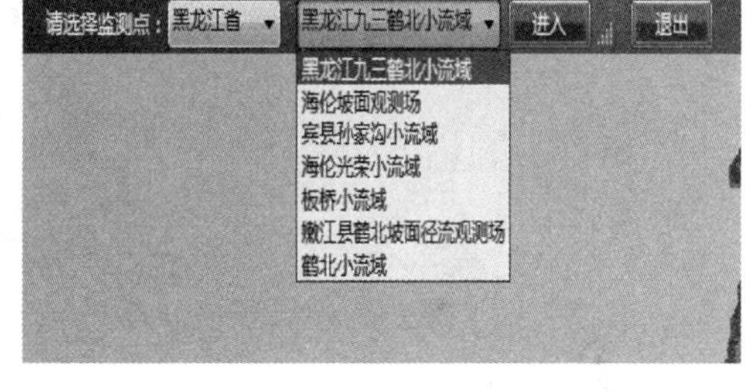

图 6-72　用户登录系统监测点/小流域选择界面

点击【进入】按钮，则默认显示 2014 年“黑龙江九三鹤北小流域数据上报情况”页面，包括气象站观测资料、径流小区观测资料、小流域观测资料。数据上报情况界面如图 6-73 所示。

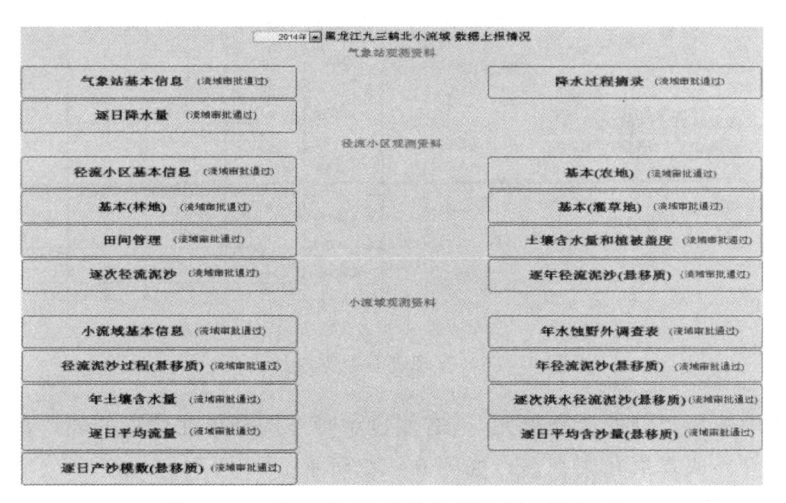

图 6-73　监测点/小流域数据上报情况界面

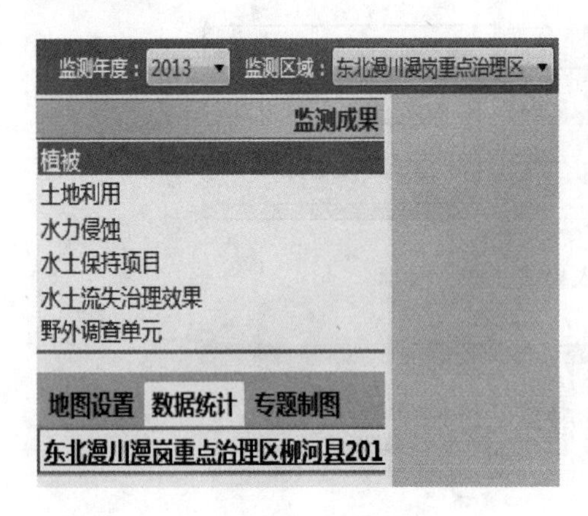

图 6-74 重点治理区登录及查看界面

（2）水土流失重点治理区数据管理。用户登录系统选择“重点治理区”模块，进入重点治理区分布界面，用户点击“监测年度”后可在下拉框选择某年度、某监测区域、某地点，如图 6-74 所示。

1）空间数据。监测成果中选择“植被”，地图区域则显示该监测区域的植被分布图，如图 6-75 所示。

2）非空间数据。选择“数据统计”标签页下，点击列表中“东北漫川漫岗重点治理区柳河县 2013 年林草植被盖度”，则显示“东北漫川漫岗重点治理区柳河县 2013 年林草植被盖度统计表”，如图 6-76 所示。

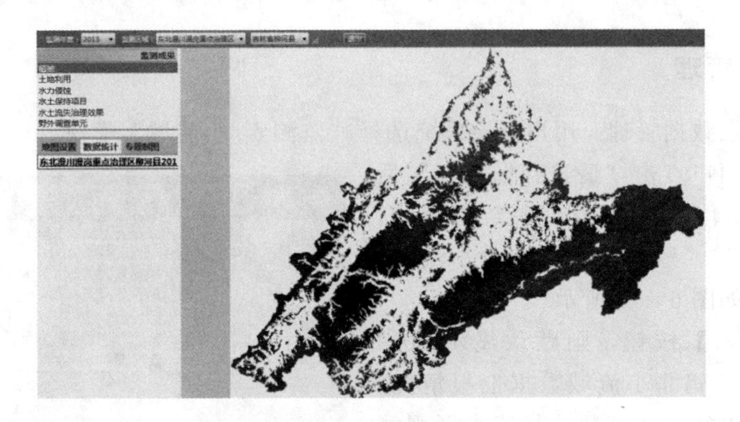

图 6-75 管理查看专题图显示界面

东北漫川漫岗重点治理区柳河县2013年林草植被覆盖度统计表

不同覆盖度林草地面积		水力侵蚀	风力侵蚀	合计
高覆盖	面积（km²）	229.6	0	229.6
	%	11.8	0	11.8
中高覆盖	面积（km²）	1520.8	0	1520.8
	%	77.9	0	77.9
中覆盖	面积（km²）	198	0	198
	%	10.1	0	10.1
中低覆盖	面积（km²）	2	0	2
	%	0.1	0	0.1
低覆盖	面积（km²）	2.6	0	2.6
	%	0.1	0	0.1

图 6-76 管理查看数据统计界面

监测成果中选择“野外调查单元”，右侧显示野外调查单元信息列表，双击列表名称，可以在线浏览野外调查单元调查表，如图 6-77 所示。

（3）水土保持重点预防区。用户登录系统选择“重点预防区”模块，进入重点预防区

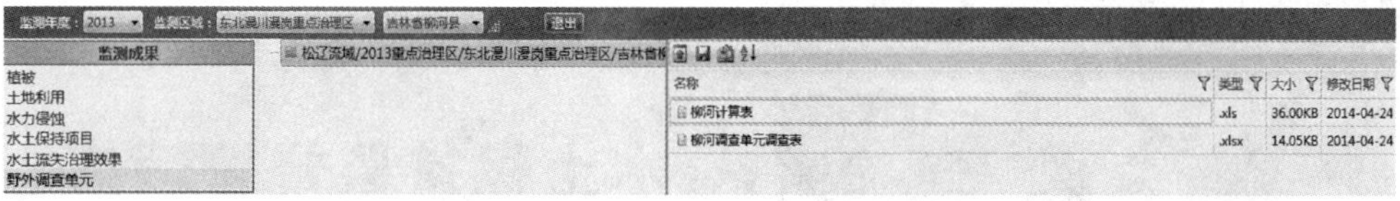

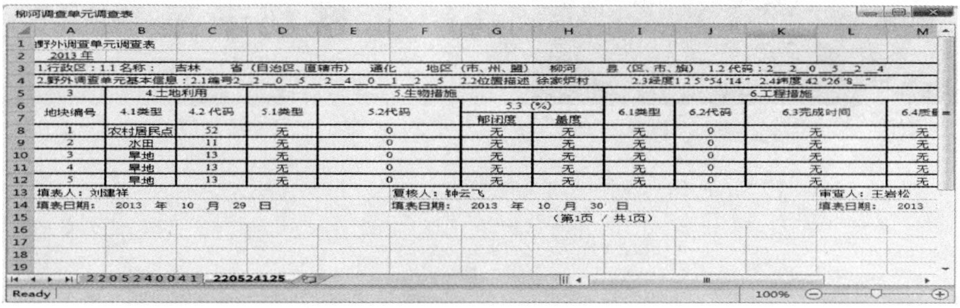

监测年度：2013 监测区域：东北漫川漫岗重点治理区 吉林省柳河县 退出

监测成果

植被
土地利用
水力侵蚀
水土保持项目
水土流失治理效果
野外调查单元

松辽流域/2013重点治理区/东北漫川漫岗重点治理区/吉林省柳

名称	类型	大小	修改日期
柳河计算表	.xls	36.00KB	2014-04-24
柳河调查单元调查表	.xlsx	14.05KB	2014-04-24

柳河调查单元调查表

野外调查单元调查表

2013 年

1.行政区：1.1 名称： 吉林 省（自治区、直辖市） 通化 地区（市、州、盟） 柳河 县（区、市、旗） 1.2 代码：2__2__0__5__2__4

2.野外调查单元基本信息：2.1编号2__2__0__5__2__4__0__1__2__5 2.2位置描述 徐家炉村 2.3经度1 2 5 °54 '14 " 2.4纬度 42 °26 '8__"

3	4.土地利用		5.生物措施				6.工程措施			
地块编号	4.1类型	4.2 代码	5.1类型	5.2代码	5.3 (%) 郁闭度	5.3 (%) 盖度	6.1类型	6.2代码	6.3完成时间	6.4质量
1	农村居民点	52	无	0	无	无	无	0	无	无
2	水田	11	无	0	无	无	无	0	无	无
3	旱地	13	无	0	无	无	无	0	无	无
4	旱地	13	无	0	无	无	无	0	无	无
5	旱地	13	无	0	无	无	无	0	无	无

填表人：刘建祥 复核人：钟云飞 审查人：王岩松

填表日期： 2013 年 10 月 29 日 填表日期： 2013 年 10 月 30 日 填表日期： 2013

（第1页 / 共1页）

2205240041 220524125

Ready 100%

图 6-77 管理查看野外调查单元界面

页面，用户可以根据监测年度、监测区域来查看重点预防区数据信息，如图 6-78 所示。

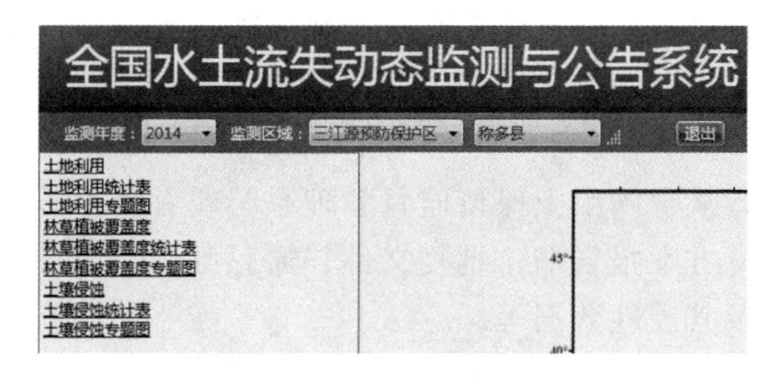

图 6-78 重点预防区登录及查看界面

选择“土地利用”版块，页面则会显示该区域土地利用情况，选择“土地利用统计表”，页面会以表格形式显示土地利用详细信息，如图 6-79 所示。

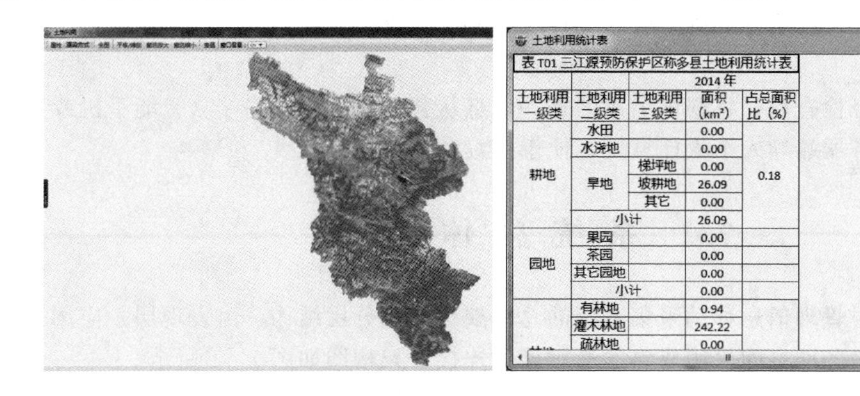

土地利用统计表

表 T01 三江源预防保护区称多县土地利用统计表

土地利用一级类	土地利用二级类	土地利用三级类	2014 年 面积 (km^2)	2014 年 占总面积比 (%)
耕地	水田		0.00	0.18
	水浇地		0.00	
	旱地	梯坪地	0.00	
		坡耕地	26.09	
		其它	0.00	
	小计		26.09	
园地	果园		0.00	
	茶园		0.00	
	其它园地		0.00	
	小计		0.00	
	有林地		0.94	
	灌木林地		242.22	
	疏林地		0.00	

图 6-79 管理查看专题图和统计数据界面

第7章 水土保持监督管理信息移动采集系统

7.1 系 统 概 述

水土保持监督管理信息移动采集系统的总体功能定位是作为生产建设项目水土保持现场监督检查信息的移动采集工具，有效提高生产建设项目水土保持监督检查的工作效率和信息化水平。具体地说，该移动采集系统可以辅助生产建设项目水土保持监督检查人员开展以下工作。

在开展监督检查前，从全国水土保持监督管理系统或者服务器端下载被检查项目的相关资料，如项目水土保持方案报告书、批复文件、遥感影像、项目位置、防治责任范围矢量图和扰动图斑矢量图及其属性数据等。

在开展现场监督检查时，直接导航至被检查项目现场，快速采集生产建设项目水土保持方案实施情况基本信息以及弃渣场、取土场、高陡边坡等扰动地块和水土保持措施等重要对象的空间和属性信息。

对采集的相关信息进行离线存储，或者在线实时回传至全国水土保持监督管理系统或者服务器端，还可以利用蓝牙微型打印机将现场监督检查结果打印输出供检查与被检查双方签字确认。

完成现场监督检查后，将现场采集的相关信息从移动采集系统终端（智能手机或者平板电脑）或者服务器端导入个人计算机，便于后续利用。

7.2 系 统 总 体 架 构

水土保持监督管理信息移动采集系统的总体架构采用分层结构，由表现层、应用逻辑层和数据层构成，各层之间采用成熟的通用接口连接，架构图如图 7-1 所示。

表现层：即用户界面层，负责用户界面显示和响应用户的各种操作，包括系统所有菜单项及相应的用户界面。

应用逻辑层：负责处理系统的业务逻辑，包括监督检查基本信息采集模块、重要对象信息采集模块、辅助传感器连接、离线（移动）数据库管理等核心业务及其底层由各种管理器组成的基础框架。

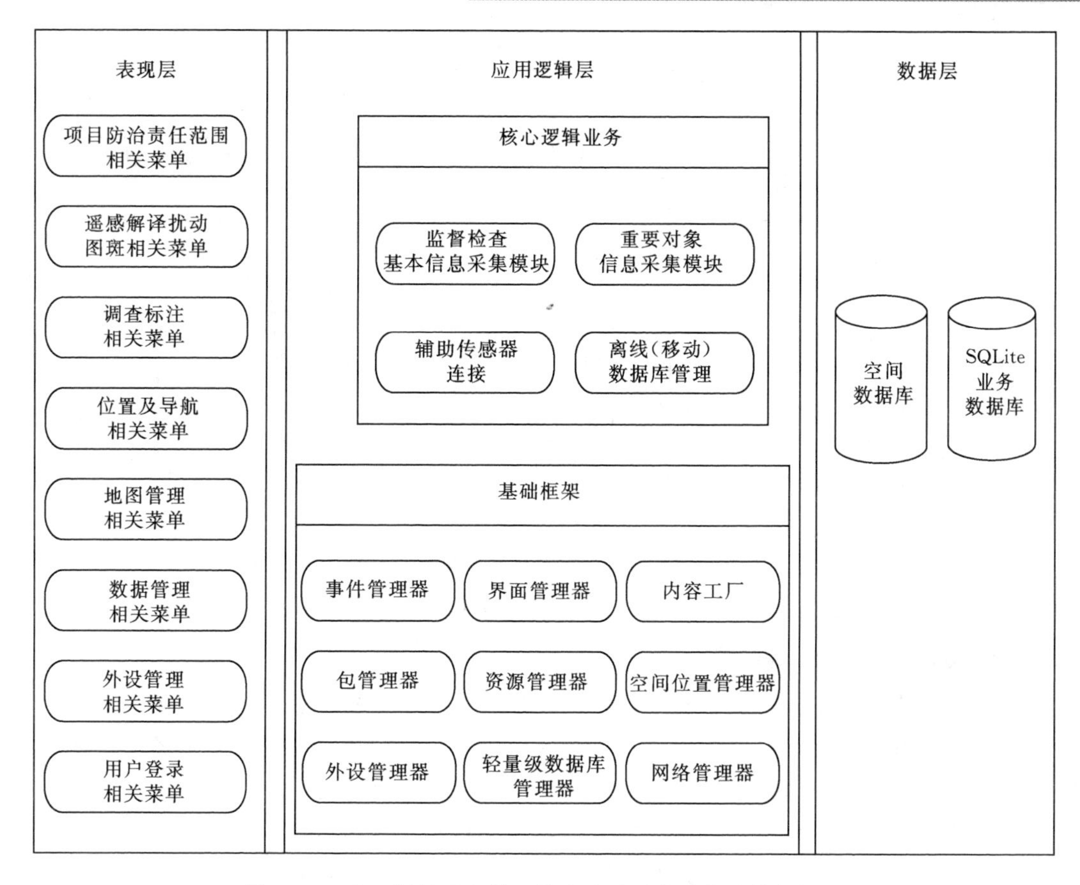

图 7-1 水土保持监督管理信息移动采集系统总体架构图

数据层：负责管理系统数据，包括 SQLite 业务数据库和空间数据库。

7.3 系统功能

水土保持监督管理信息移动采集系统的总体功能结构如图 7-2 所示，包括监督检查基本信息采集、重要对象信息采集、辅助传感器连接、离线（移动）数据库管理 4 个功能模块。

7.3.1 监督检查基本信息采集模块

监督检查基本信息采集模块主要用于各级水行政主管部门在开展生产建设项目水土保持日常监督检查工作过程中进行基本信息采集。此模块不需要任何基础地理信息和遥感影像的支持，不包括空间信息的采集。此模块包括以下 3 项具体功能：

（1）信息采集。即生产建设项目水土保持跟踪检查主要内容相关信息快速采集功能，主要采集水土保持工作组织管理情况、水土保持方案变更及其审批和后续设计情况、表土剥离及保存和利用情况、取弃土场选址及防护情况、水土保持措施落实情况、水土保持补偿费缴纳情况、水土保持监理监测情况、历次检查整改落实情况、水土保持单位工程验收

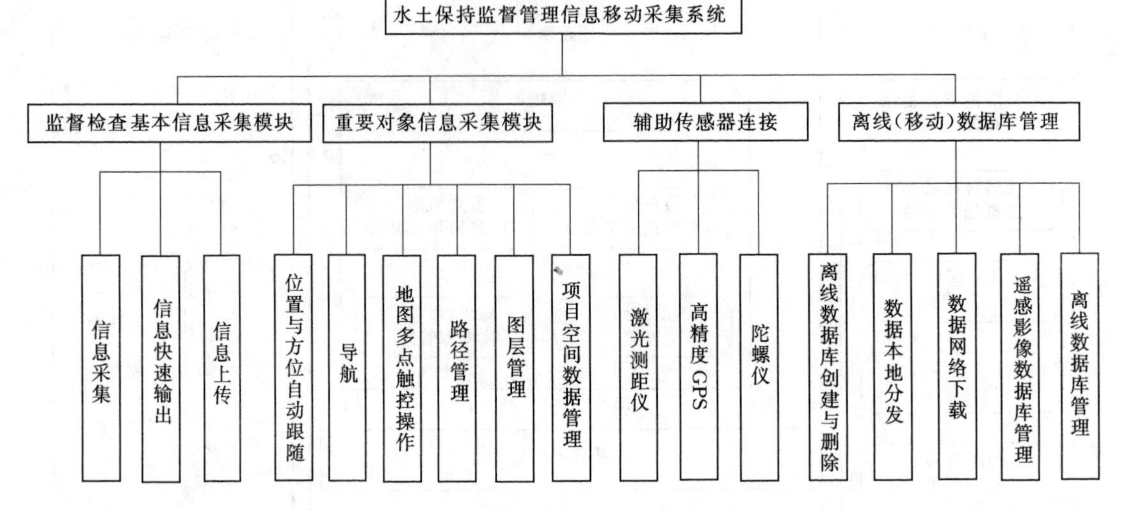

图7-2　水土保持监督管理信息移动采集系统总体功能结构图

和自查初验及设施验收情况等方面的信息，见表7-1。支持文本信息和多媒体信息（音频、视频、照片等）的采集。

（2）信息快速输出。可以自动生成生产建设项目水土保持监督检查信息清单，并可以通过连接蓝牙打印机无线打印输出该信息清单，以供现场检查和被检查双方签字确认，还支持监督检查信息清单打印预览功能。

（3）信息上传。可以将现场采集的生产建设项目水土保持跟踪检查相关信息上传至服务器或者全国水土保持监督管理系统，实现生产建设项目水土保持监督检查内业与外业信息的实时同步。

7.3.2　重要对象信息采集模块

重要对象信息采集模块主要是指基于生产建设项目水土保持“天地一体化”监管思路定制开发的、具备空间数据和属性数据采集功能于一体的信息采集模块，能提供生产建设项目水土保持相关业务空间数据快速查询、定位、导航、地图缩放、平移、图斑勾绘与编辑，以及在地图上标注照片拍摄位置和方位角，基于内置GPS坐标信息的现场监督检查证明和记录等功能，主要用于各级水行政主管部门在开展生产建设项目水土保持监督检查工作过程中重要对象（如弃渣场、取土场、高陡边坡和水土保持措施等）空间信息的采集。此模块包括以下6项具体功能。

（1）位置与方位自动跟随。利用内置GPS的连续信号，在地图上显示设备当前的位置点。如果使用者正在带着设备移动，则显示设备移动的方向。

（2）导航。本系统提供两种导航模式。

1）使用百度地图进行导航，此种导航模式适合在城市或者城市周边地区且有网络环境的情况下使用，系统将根据用户选择的目的地（可以在选择项目之后直接点击导航至该项目）规划路径并导航。在此种导航模式下，用户可选择“最短时间”“最少收费”“最短距离”“躲避拥堵”等路径规划算法。

表 7-1　　生产建设项目水土保持跟踪检查采集信息一览表

<table>
<tr><td rowspan="3">项目基本信息</td><td>项目名称</td><td colspan="5"></td></tr>
<tr><td>建设单位</td><td colspan="5"></td></tr>
<tr><td>项目类型</td><td colspan="3"></td><td>防治责任范围/hm²</td><td></td></tr>
<tr><td rowspan="2">项目位置</td><td>详细地址</td><td colspan="5"></td></tr>
<tr><td>经纬度</td><td>经度</td><td colspan="2"></td><td>纬度</td><td></td></tr>
<tr><td rowspan="2">方案批复情况</td><td>批复机构</td><td colspan="5"></td></tr>
<tr><td>批复文号</td><td colspan="3"></td><td>批复时间</td><td></td></tr>
<tr><td rowspan="4">后续涉及工作</td><td rowspan="2">变更审批</td><td>审批机构</td><td colspan="4"></td></tr>
<tr><td>批复文号</td><td colspan="2"></td><td>批复时间</td><td></td></tr>
<tr><td rowspan="2">后续设计</td><td>□有</td><td colspan="2">设计单位</td><td colspan="2"></td></tr>
<tr><td>□无</td><td colspan="4"></td></tr>
<tr><td colspan="2">组织管理情况</td><td>管理机构</td><td colspan="2">□有　□无</td><td>管理制度</td><td>□有　□无</td></tr>
<tr><td colspan="2">表土剥离、保护利用情况</td><td colspan="5">□全部剥离并保护利用　□全部剥离，但未及时保护　□部分剥离并保护利用
□部分剥离，但未及时保护　□没有剥离</td></tr>
<tr><td colspan="2" rowspan="2">取弃土场选址及保护情况</td><td colspan="5">□选址变化<30%　□选址变化≥30%</td></tr>
<tr><td colspan="5">□全部场地已保护　□保护场地>50%　□保护场地介于30%～50%
□保护场地<30%</td></tr>
<tr><td colspan="2">措施实施情况</td><td>工程措施/%</td><td colspan="2"></td><td>植物措施/%</td><td></td></tr>
<tr><td colspan="2">临时措施</td><td colspan="5">□已落实　□未落实</td></tr>
<tr><td colspan="2">补偿费缴纳情况</td><td>应交数额</td><td colspan="2">万元</td><td>已交数额</td><td>万元</td></tr>
<tr><td colspan="2" rowspan="2">监测情况</td><td>□已经开展</td><td>开始时间</td><td></td><td>监测机构</td><td></td></tr>
<tr><td>□仍未开展</td><td></td><td></td><td></td><td></td></tr>
<tr><td colspan="2" rowspan="2">监理情况</td><td>□已经开展</td><td>开始时间</td><td></td><td>监理机构</td><td></td></tr>
<tr><td>□仍未开展</td><td></td><td></td><td></td><td></td></tr>
<tr><td colspan="2" rowspan="3">历次检查整改落实情况</td><td>检查时间</td><td></td><td>落实情况</td><td colspan="2">□落实　□基本落实　□未落实</td></tr>
<tr><td>检查时间</td><td></td><td>落实情况</td><td colspan="2">□落实　□基本落实　□未落实</td></tr>
<tr><td>检查时间</td><td></td><td>落实情况</td><td colspan="2">□落实　□基本落实　□未落实</td></tr>
<tr><td colspan="2" rowspan="2">设施验收情况</td><td>单位工程验收</td><td colspan="2">□≥50%　□30%～50%
□<30%</td><td>自查初验情况</td><td>□是　□否</td></tr>
<tr><td>设施验收情况</td><td colspan="4">□仍未申请验收　□已经申请验收　□正在技术评估</td></tr>
<tr><td>整改要求</td><td colspan="6"></td></tr>
<tr><td rowspan="3">检查参加人员</td><td>姓名</td><td colspan="4">所属单位</td><td>联系方式</td></tr>
<tr><td></td><td colspan="4"></td><td></td></tr>
<tr><td></td><td colspan="4"></td><td></td></tr>
<tr><td colspan="2">检查时间</td><td colspan="5">年　　　月　　　日</td></tr>
</table>

2）使用标准地图进行导航，此种导航模式适合于在野外或者偏远地区使用，系统将使用两个动态标注（分别表示目的地和当前所在位置），并用直线使之相连，同时可以显示两个标注之间的直线距离。

（3）地图多点触控操作。主要包括多点触控地图缩小、多点触控地图放大、多点触控地图平移以及通过点击地图实现地物识别等功能。

（4）现场拍照与地图标注。使用系统在现场拍照时，系统会自动记录拍摄照片时所在位置的坐标、拍摄角度（方位角）和拍照时间，并将拍摄照片地点显示在地图上。由于坐标和时间信息是直接从GPS卫星获取，不能人为修改，因此可以作为开展现场监督检查工作的证据或者证明材料。

（5）图层管理。负责系统中所有地图图层的管理，包括遥感影像、基础地理信息图层（如道路、水系等）、生产建设项目防治责任范围矢量图层、扰动图斑矢量图层、感兴趣标注点图层等的显示控制，以及临时图层的添加、删除、渲染等功能。

（6）生产建设项目空间显示与信息采集。主要包括两个功能：

1）生产建设项目空间图形显示功能，即以镂空图斑的形式在遥感影像底图上显示生产建设项目防治责任范围或者扰动图斑的边界（形状和位置），可以为现场监督检查提供直观依据。

2）图斑勾绘与信息采集功能，目前支持GPS打点、激光测距仪打点、在地图上手绘打点等三种图斑新建和勾绘方式，可以支持现场采集图斑（弃土场、取土场等扰动图斑，或者水保措施图斑）空间数据及其属性信息，同时还支持多媒体信息（音频、视频、照片等）采集，另外还有图斑编辑、图斑删除及属性信息编辑等管理功能。

7.3.3　辅助传感器连接模块

辅助传感器连接模块主要是利用蓝牙技术，连接一些辅助传感器和外部设备，以便将这些辅助传感器和外部设备采集的数据自动传送至系统中，满足监督检查现场相关业务数据采集的需求。目前可以连接激光测距仪、高精度GPS和陀螺仪3种外设，相应具有以下3项辅助传感器连接功能。

（1）激光测距仪连接。激光测距仪是测量距离的一种便携式光学设备。通过连接激光测距仪，可以将激光测距仪采集的距离、方位、俯角等信息自动传送至系统，从而可以通过测点坐标及距离、方位、俯角实现目标点空间位置或者坐标的计算，也就可以实现远距离激光打点勾绘目标图斑和测量图斑边长、面积以及弃渣、临时堆土等堆积体体积的功能，满足生产建设项目水土保持监督检查工作中相关测量业务需求。

（2）高精度GPS连接。与激光测距仪连接功能相同，通过连接高精度GPS，可以实现厘米级精度的坐标数据采集以及勾绘目标图斑和测量图斑边长、面积以及弃渣、临时堆土等堆积体体积的功能。

（3）陀螺仪连接。陀螺仪是一种角运动检测装置，能提供准确的方位、水平、位置、速度和加速度等信号。通过连接陀螺仪，可以将移动终端（智能手机或者平板电脑）拍摄照片时的方位角信息采集并自动传送至系统，以便记录现场监督检查工作过程中拍摄的各张照片的方向或者方位角。

7.3.4 离线（移动）数据库管理模块

离线（移动）数据库管理模块可分为监督检查信息移动采集和现场办公提供全面的数据获取手段及有效的数据保障，可以实现无网络环境下的监督检查数据存取，以及离线数据库的创建和删除，离线文件数据库的浏览、编辑和遥感影像数据库的管理，并提供基于数据线连接的数据本地分发及基于网络连接的数据网络下载功能。此模块包括以下 5 项具体功能：

（1）离线数据库的创建和删除。主要具备离线数据库的创建、删除以及添加表、删除表、表数据管理（添加、删除、编辑）等功能。

（2）数据本地分发。主要是通过数据线连接，将存储在计算机上的生产建设项目相关基本信息、防治责任范围矢量数据和扰动图斑矢量数据以及遥感影像和其他相关图件自动批量导入系统的移动数据库。

（3）数据网络下载。主要是通过网络连接，将存储在服务器或者全国水土保持监督管理系统 V3.0 中的生产建设项目相关基本信息、防治责任范围矢量数据和扰动图斑矢量数据以及遥感影像和其他相关图件在线批量下载到系统的移动数据库。

（4）遥感影像数据库管理。主要负责管理本系统中的遥感影像数据，具备对遥感影像数据的显示控制、查询、加载和移除等功能。

（5）离线数据库管理。主要负责管理离线文件数据库，具备数据库条目浏览和编辑等功能。

7.4 系统功能示例

7.4.1 系统登录

在已经安装部署了水土保持监督管理信息移动采集系统的智能手机或者平板电脑等移动终端中，点击按钮，弹出如图 7－3 所示的系统登录界面。

输入正确的账号和密码，点击【登录】按钮，弹出如图 7－4 所示的系统用户总界面。

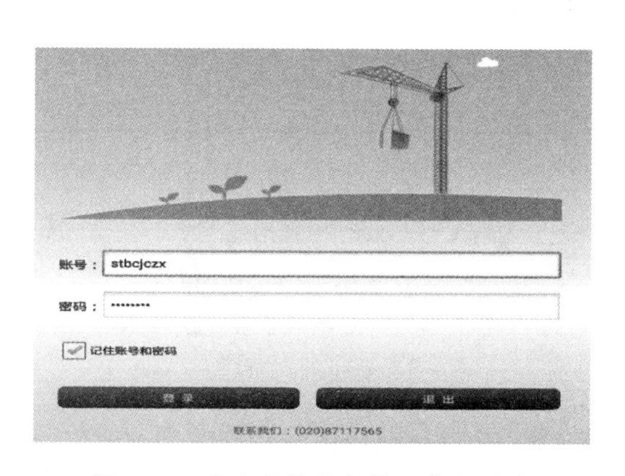

图 7－3 水土保持监督管理信息移动采集系统登录界面

图 7－4 水土保持监督管理信息移动采集系统用户总界面

7.4.2　传统采集模式

在系统总用户界面中，点击按钮，弹出如图 7-5 所示的传统采集模式用户总界面，可以开始使用“监督检查基本信息采集模块”的相关功能和菜单，进行生产建设项目水土保持跟踪检查现场信息的快速采集、打印输出和上传，辅助完成生产建设项目水土保持日常监督检查外业工作。

图 7-5　传统采集模式用户总界面

（1）下载跟踪检查项目列表及其资料。在开展现场监督检查前，需要从全国水土保持监督管理系统 V3.0 或者服务器端下载所有被检查项目的列表及其相关资料，包括以下两种下载方式。

1）从监督管理系统中下载。在有网络的前提下，点击主菜单上的按钮，在“项目下载条件设置”用户界面输入筛选条件，点击【确定】按钮，系统将依据用户设置的筛选条件从全国水土保持监督管理系统下载待跟踪检查项目的列表及其相关资料，如图 7-6 所示。

2）从空间数据库中同步。点击主菜单上的按钮，在本地空间数据库（用于天地一体化采集模式）中的项目相关资料一键同步到本模块并显示项目列表，如图 7-6 所示。

（2）清除项目列表及其资料。在开展下次监督检查前，可将上次监督检查的项目列表及其相关资料清除。点击主菜单上的按钮，系统会弹出“确定清空本地缓存数据？在清空前请确定更新已上传”的提示框，点击【是】按钮，系统将清空本地缓存数据即缓存中存储的所有项目列表及其相应资料；点击【否】按钮则不清空缓存数据。

（3）上传现场采集的信息。在有网络的前提下，可以将现场监督检查采集的信息实时上传至全国水土保持监督管理系统中。具体操作方法为：点击主菜单上的按钮，在弹出的窗口中选择待上传项目，并点击【确定】按钮完成在线实时上传。

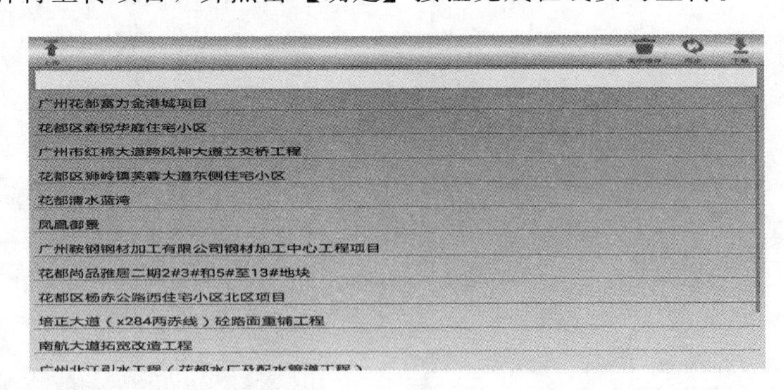

图 7-6　下载或者同步后的待检查项目列表用户界面

（4）跟踪检查信息采集，流程包括以下两个步骤。

1）选择待检查项目。在图 7-6 所示的项目列表用户界面中，通过以下两种方式选择待检查项目。

直接选择法：即上下滑动项目列表，从中找到待跟踪检查的项目，点击项目名称，选定待检查项目。

模糊查询选择法：如果项目列表中的项目数量很多，可以在上方的文本框中输入关键词（可输入多个关键词，各关键字之间用空格隔开），系统会根据输入的关键词动态更新项目列表，直至找到待检查项目，点击项目名称，选定待检查项目。例如，拟检查东风汽车有限公司汽车零部件精铸精炼能力建设项目，可以在文本框中输入“东风”二字，系统会列出项目名称中含有“东风”一词的项目，如图 7-7 所示。然后点击“东风汽车有限公司汽车零部件精铸精炼能力建设项目”，则选定该项目。

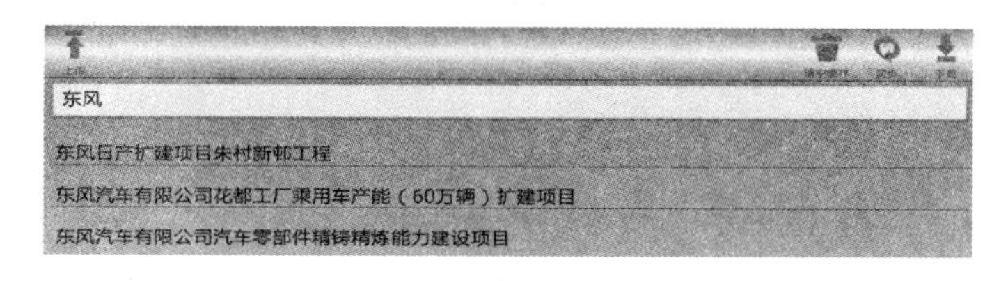

图 7-7　模糊查询选择待检查项目示例用户界面

2）采集被检查项目相关信息。点击“东风汽车有限公司汽车零部件精铸精炼能力建设项目”，弹出如图 7-8 所示的被检查项目基本信息列表用户界面。

点击图 7-8 所示用户界面右上角的按钮，弹出如图 7-9 所示的被检查项目基本

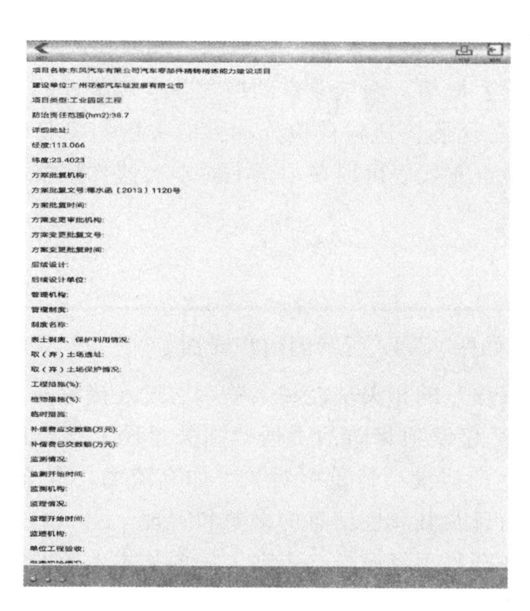

图 7-8　被检查项目基本信息列表用户界面

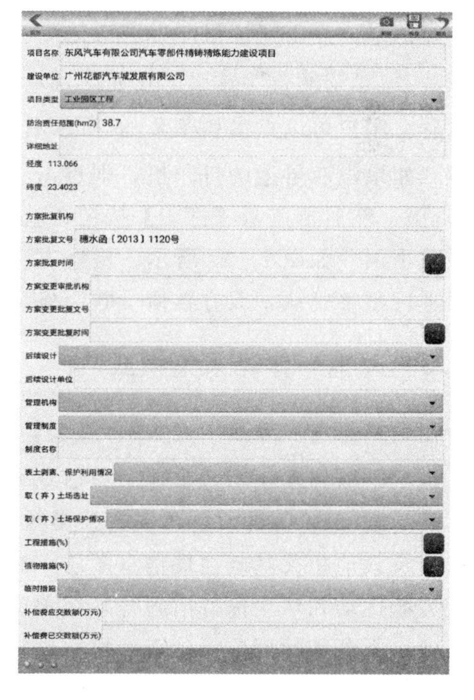

图 7-9　被检查项目基本信息编辑和采集用户界面

信息编辑和采集用户界面。用户可以在现场通过查阅资料、询问建设单位或者相关参建单位人员、现场观察等多种方式，获取相关信息，并依次填写和采集被检查项目基本信息。

由于需采集的信息多（见表7-1），受限于移动终端屏幕大小，需上下滑动屏幕采集当前页信息，左右滑动最下方灰色滚动条，采集其他的信息页，如图7-10和图7-11所示。

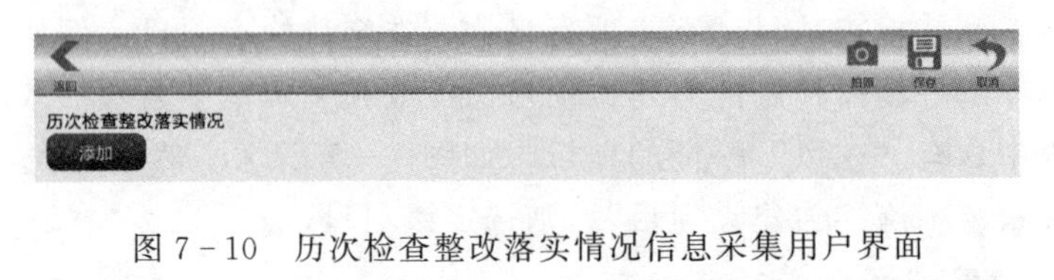

图7-10　历次检查整改落实情况信息采集用户界面

图7-11　检查参加人员信息采集用户界面

用户根据实际情况填写、编辑和采集完图7-11所示的信息后，可以点击按钮将采集的信息进行保存；如果不想保存，可以点击按钮；或者点击按钮，系统会弹出"数据已更改，是否保存?"的提示框，点击【是】按钮保存数据并返回，点击【否】按钮则不保存数据并返回，点击【取消】按钮则取消"返回"操作。还可以对感兴趣的目标拍照记录，点击按钮即可进行拍照。

3）信息快速打印输出。在完成现场监督检查工作和采集好被检查项目所有相关基本信息后，用户可以点击如图7-8所示右上角的按钮，系统会弹出窗口允许用户选择打印机（如果没有可选的打印机，则点击【搜索】按钮，系统会自动搜索并连接附近的蓝牙打印机），然后再点击【打印】按钮，就可以在现场快速将被检查项目的关键信息打印输出两联小票，如图7-12所示。检查方和被检查方代表可以在小票上对本次监督检查关键信息进行签字确认，双方各留一联以作证据。

7.4.3　天地一体化采集模式

在系统总用户界面中点击按钮，弹出如图7-13所示的用户界面。

用户可以开始使用"重要对象信息采集模块"的相关功能和菜单，通过连接激光测距仪、高精度GPS等外设，基于遥感影像和生产建设项目防治责任范围矢量图、扰动图斑矢量图及其他相关基础地理信息图层，进行生产建设项目重要对象（如弃渣场、取土场、高陡边坡扰动和水土保持措施等）相关空间信息及其属性信息的采集和管理。

（1）下载和管理监督检查项目数据集。在开展现场监督检查前，需要从本系统的服务器端将待监督检查项目的相关数据集下载到本地空间数据库中。

在有网络环境的前提下，点击天地一体化采集模式用户总界面主菜单条上的按钮，

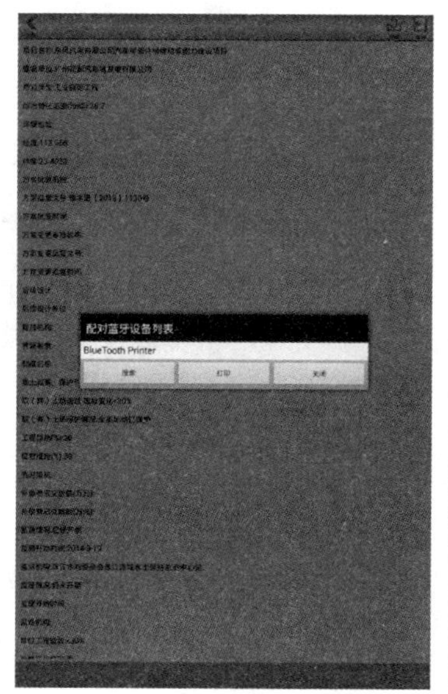

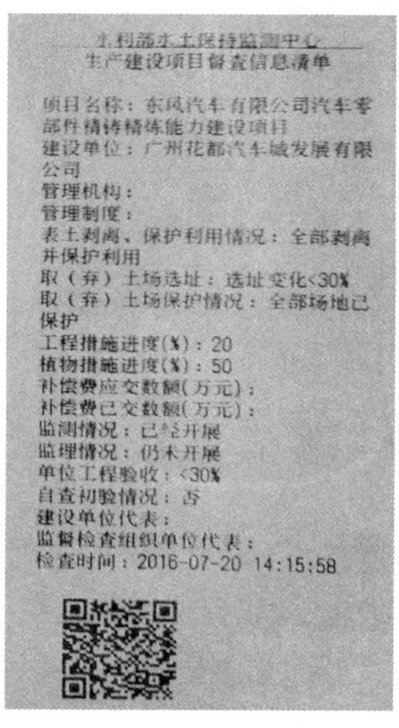

水利部水土保持监测中心
生产建设项目督查信息清单

项目名称：东风汽车有限公司汽车零部件精铸精炼能力建设项目
建设单位：广州花都汽车城发展有限公司
管理机构：
管理制度：
表土剥离、保护利用情况：全部剥离并保护利用
取（弃）土场选址：选址变化<30%
取（弃）土场保护情况：全部场地已保护
工程措施进度(%)：20
植物措施进度(%)：50
补偿费应交数额(万元)：
补偿费已交数额(万元)：
监测情况：已经开展
监理情况：仍未开展
单位工程验收：<30%
自查初验情况：否
建设单位代表：
监督检查组织单位代表：
检查时间：2016-07-20 14:15:58

图 7-12　信息快速打印输出用户界面与输出结果小票示例

在弹出的如图 7-14 所示的数据管理用户总界面菜单条上点击下载按钮，系统将自动连接到服务器端并一键下载待检查项目的数据集（包括生产建设项目基本信息以及遥感影像、生产建设项目防治责任范围矢量图、扰动图斑矢量图、其他相关基础地理信息图层等空间数据）。下载后系统将自动显示各种空间数据，如图 7-15 所示，底图是遥感影像，生产建设项目防治责任范围矢量图显示为红色图斑，重要对象（如扰动图斑等）显示为黄色图斑。

用户可以根据需要对空间数据图层进行显示控制。点击图层按钮，会弹出如图 7-16 所示的空间数据图层显示控制用户界面，用户通过勾选或者不勾选各个图层名前的绿色“√”，可以显示或者隐藏该图层；点击【关闭】按钮，可以退出图层显示控制用户界面。

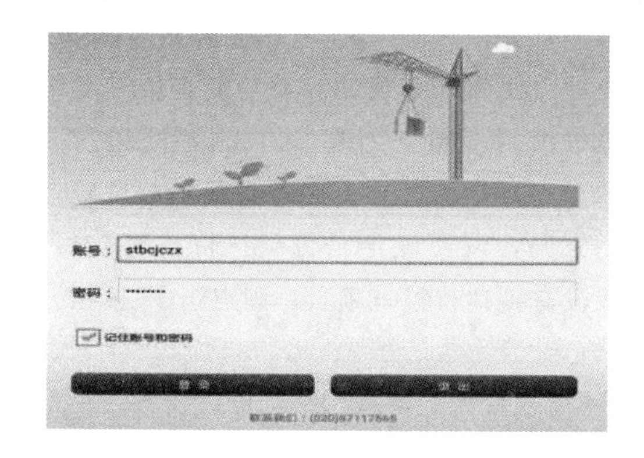

图 7-13　天地一体化采集模式用户总界面

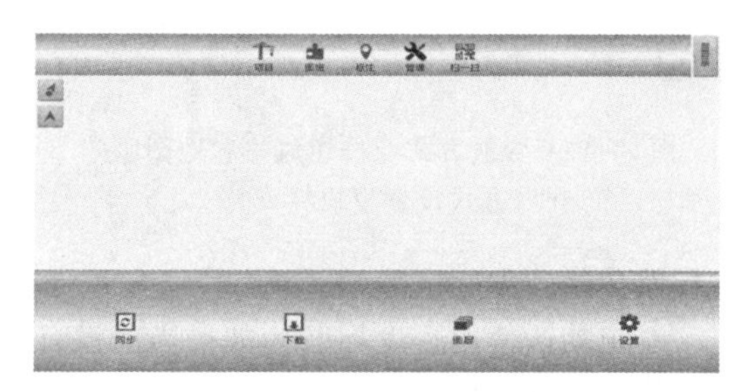

图 7-14　天地一体化采集模式数据管理用户总界面

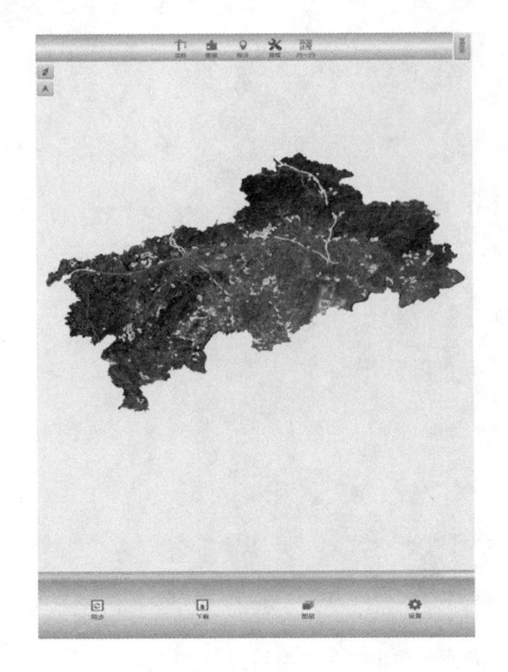

图 7-15　下载后显示空间数据集的用户界面

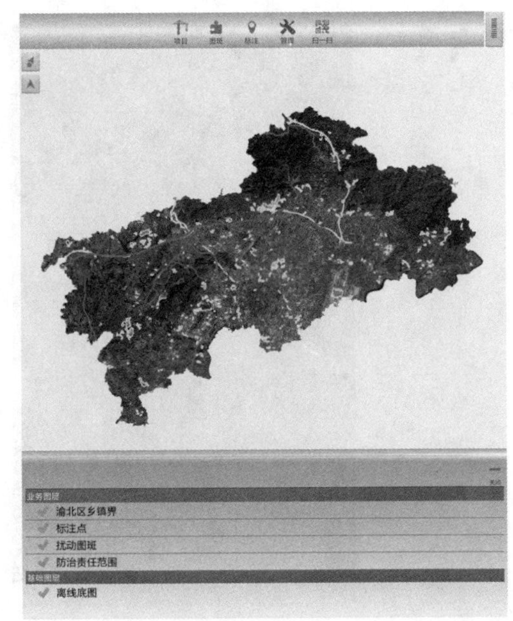

图 7-16　空间数据图层显示控制用户界面

另外，用户还可以对导航方式及按钮风格和地图服务方式进行设置。点击按钮，弹出如图 7-17 所示的设置界面，用户可以通过点击单选按钮来设置导航方式是采用百度地图导航还是标准地图导航，按钮风格是采用简约还是详情（若采用简约风格，则只有图标；若采用详情风格，则同时有图标和文字），地图服务是采用在线方式还是离线方式（在线方式必须有网络）。点击【确定】按钮后设置成功。点击【关闭】按钮，可以退出设置界面。

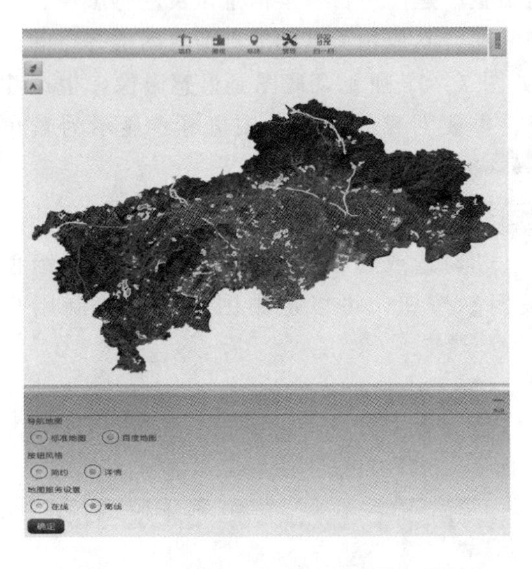

图 7-17　导航方式及按钮风格和地图服务方式设置用户界面

（2）导航至待检查项目或者重要对象。用户可以使用本系统的导航功能直接导航至待检查项目或重要对象。点击按钮打开 GPS 定位功能，并在地图上显示当前位置及移动方向，以便确定是否到达待检查项目。如果没有到达待检查项目，则点击按钮开启导航功能。

系统默认使用百度导航，如果当前没有网络环境或者无法连接网络，可以设置为标准地图导航方式，操作方法如图 7-17 所示。

用户可以通过以下 3 种方法直接导航至待检查项目。

1）以项目或者重要对象为目的地的导航方法。

以待检查项目为目的地进行导航：即以用户当前位置为起点，以选定的待检查项目为终点的导航方法。操作方法如下。

点击主菜单的项目按钮，弹出如图 7－18 所示的用户界面。

点击项目管理菜单上的列表按钮，弹出如图 7－19 所示的项目列表，通过上下滑动找到并选定待检查项目，或者输入关键词“东风”模糊查询后选定待检查项目，如图 7－20 所示。点击待检查项目，弹出如图 7－21 所示的界面，再点击菜单条上的导航按钮，则直接以该项目为目的地开始导航。

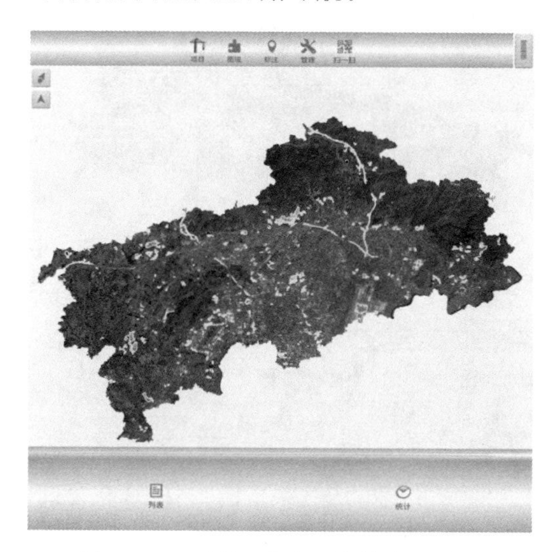

图 7－18　天地一体化采集模式下项目管理用户界面

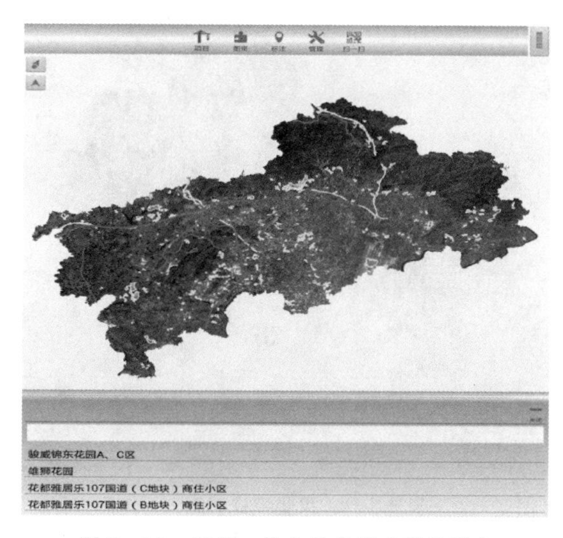

图 7－19　天地一体化采集模式项目列表用户界面

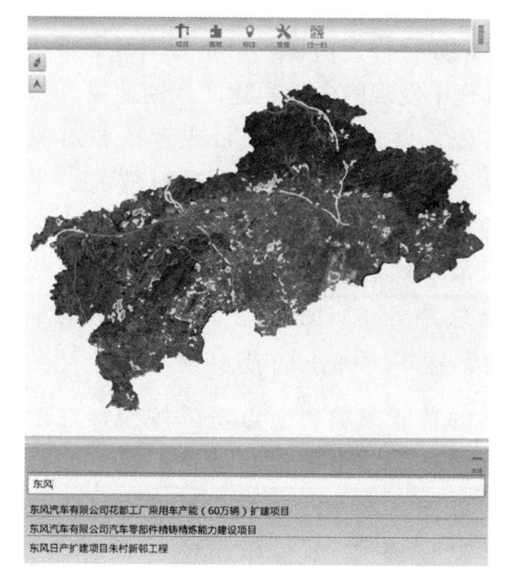

图 7－20　天地一体化采集模式模糊查询待检查项目用户界面

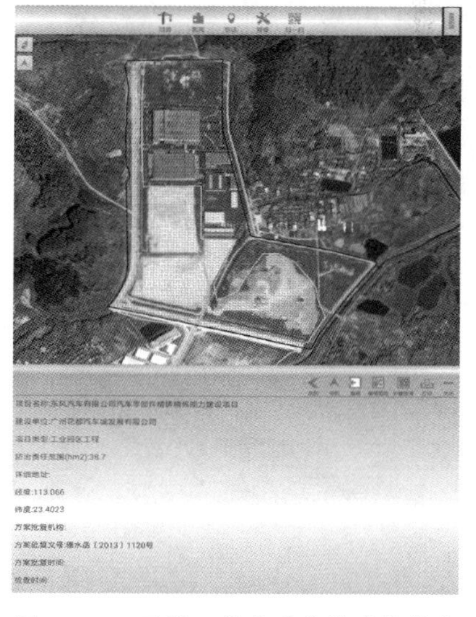

图 7－21　天地一体化采集模式待检查项目详情用户界面

以待检查重要对象为目的地进行导航：即以用户当前位置为起点，以选定的待检查重要对象为终点的导航方法。操作方法如下。

点击主菜单的图斑按钮，弹出如图 7 - 22 所示的用户界面。

点击下方菜单条上的列表按钮，弹出如图 7 - 23 所示的图斑列表，通过上下滑动找到并选定待检查图斑，或者输入关键词“东风”模糊查询后选定待检查图斑，点击待检查图斑，弹出如图 7 - 24 所示的界面，再点击菜单条上的导航按钮，则直接以该图斑为目的地开始导航。

图 7 - 22　天地一体化采集模式下图斑管理用户界面

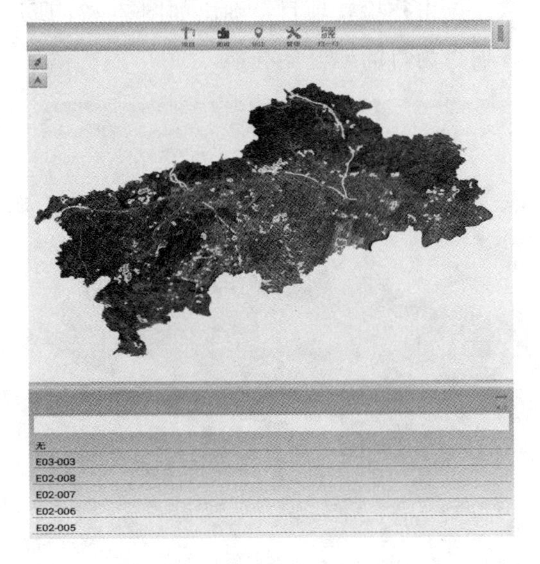

图 7 - 23　天地一体化采集模式图斑列表用户界面

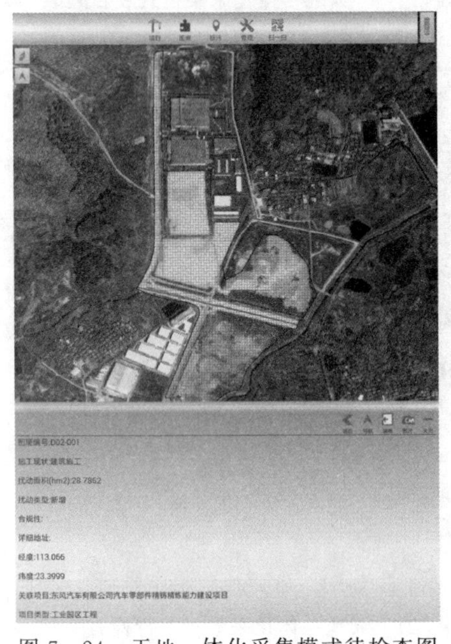

图 7 - 24　天地一体化采集模式待检查图斑详情用户界面

2）以标注为目的地的导航方法。用户也可以以标注为目的地进行导航。用户可以对感兴趣点进行标注，如待检查项目或者重要对象，或者在现场检查过程中发现的未批先建的扰动地块等。

首先，要在待检查项目或者重要对象附近创建标注，方法为：在地图上通过放大、平移等多点触控操作或者其他方法，找到待检查项目或者重要对象，然后点击天地一体化采集模式数据管理用户总界面（如图 7 - 14 所示）主菜单条上的标注按钮，在下方弹出的菜单条上点击新建按钮，再在弹出的功能菜单条上点击手绘按钮，在地图上正确的位置点击，会弹出如图 7 - 25 所示的新建标注用户界面。在“标题”文本框中输入标题，例如“东风精炼”，在备注中输入相关备注信息，例如“厂区南侧”，再点击保存按钮，保存新建的标注。

如果已经建立了待检查项目或重要对象的标注，则可以点击按钮，查找并点击“东风精炼”标注，弹出如图 7-26 所示的用户界面。点击功能菜单条上的按钮，系统自动以当前位置为起点，以标注为终点，规划路径，并开始导航。对跨度很长的线性图斑，建议采用新建标注这种方式来定义导航最佳目的地。

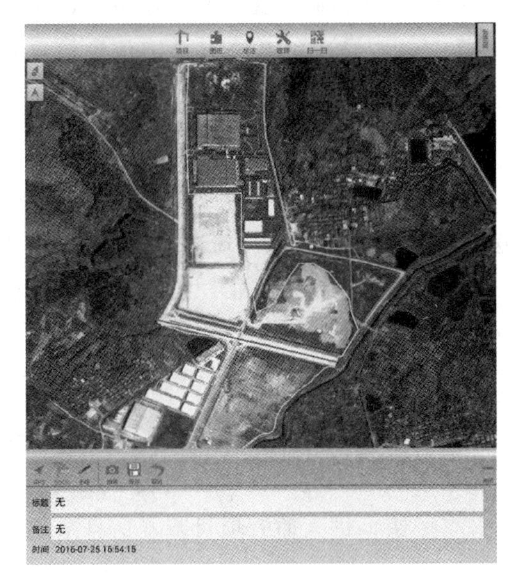

图 7-25　新建标注用户界面

图 7-26　标注详情用户界面

3）在导航窗口设置目的地的导航方法。在天地一体化采集模式数据管理用户总界面（图 7-14）中点击左上角的按钮，弹出如图 7-27 所示的导航用户界面。点击右上角的按钮，在地图上点选目的地，然后再点击按钮，系统自动以当前位置为起点，以点选的目的地为终点开始导航。

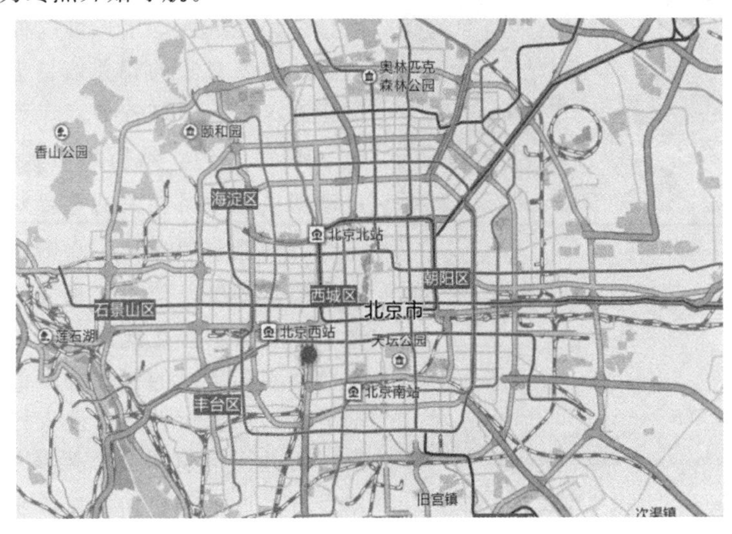

图 7-27　导航用户界面

（3）监管基本信息采集。首先点选项目（如果当前已进入项目详情或监管基本信息采集窗口，可以忽略此步骤），用户可以通过以下四种方式中的一种点选项目。

1）直接方式。导航结束后，在导航窗口点击按钮，直接进入监管基本信息采集窗口，如图7-28所示。

2）扫一扫方式。天地一体化采集模式数据管理用户总界面（图7-14）中点击主菜单条上的按钮，扫描待检查项目已经打印的小票中的二维码，系统直接定位到该项目详情窗口（同时地图自动缩放到项目中心点位置），然后再点击按钮，进入监管项目基本信息采集窗口，如图7-28所示。

3）点击天地一体化采集模式数据管理用户总界面（图7-14）中主菜单条上的按钮，在地图上点按某个待检查项目的防治责任范围矢量图斑（红色图斑），系统自动进入该项目详情窗口（同时地图自动缩放到项目中心点位置），然后再点击按钮，进入监管项目基本信息采集窗口，如图7-28所示。

4）点击天地一体化采集模式数据管理用户总界面（图7-14）中主菜单条上的按钮，在下方弹出的项目管理菜单条上点击按钮，在弹出的项目列表窗口中，输入模糊查询条件，例如输入“东风”关键词，在列出的具有“东风”关键词的项目列表中点击待检查项目，系统自动进入项目详情窗口。然后再点击按钮，进入监管项目基本信息采集窗口，如图7-28所示。

在项目详情窗口，点击按钮，进入监管基本信息采集窗口。在如图7-28所示的用户界面中采集完相关基本信息后，可以点击按钮，保存所采集的信息。

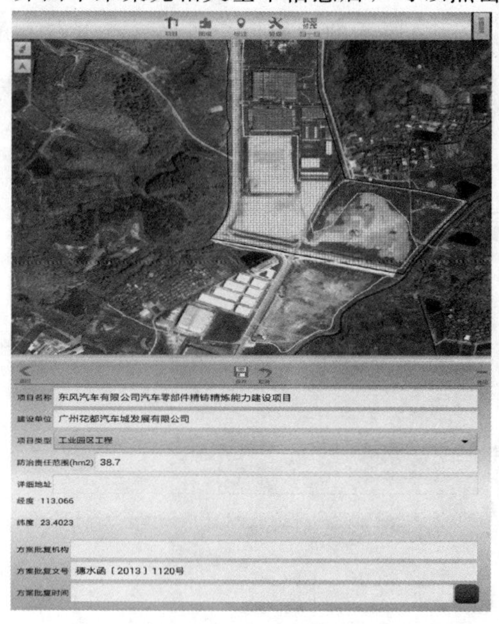

图7-28 天地一体化采集模式下监管项目基本信息采集用户界面

用户也可以点击按钮，则不保存所采集的信息，并退出项目基本信息采集用户界面。

（4）重要对象信息采集。监管项目基本信息采集完成后，用户可以根据需要对项目相关的重要对象的相关信息进行采集。具体操作方法为：通过各种方式进入项目详情窗口（图7-21），然后点击按钮，系统将自动切换到项目相关的重要对象列表。在图斑管理功能菜单条上，点击按钮，进入重要对象（图斑）信息编辑或者采集界面，如图7-29所示。在此页面中，用户采集完重要对象（图斑）的相关基本信息后，可以滑动下方的灰色滚动条，进入另外一个信息采集页面进行信息采集。采集完相关信息后，用户可以点击按钮，保存所采集的重要对象相关的基本信息。

如果某个项目没有重要对象（图斑），或者在监督检查过程中发现新的扰动图斑或相关重要对象，则需新建相关重要对象（图斑），其操作方法如下。

1）新建某个项目的重要对象（图斑）。如果需要新建某个项目的重要对象（图斑），用户可以在如图 7-21 所示的项目详情界面中点击功能菜单条上的按钮，然后在弹出的用户界面中点击按钮，在弹出的新建图斑用户界面中，用户可以选择按钮或者按钮，采取手绘或者 GPS 打点方式，采集重要对象或者图斑的拐点坐标，从而新建关联该项目的重要对象或者图斑。

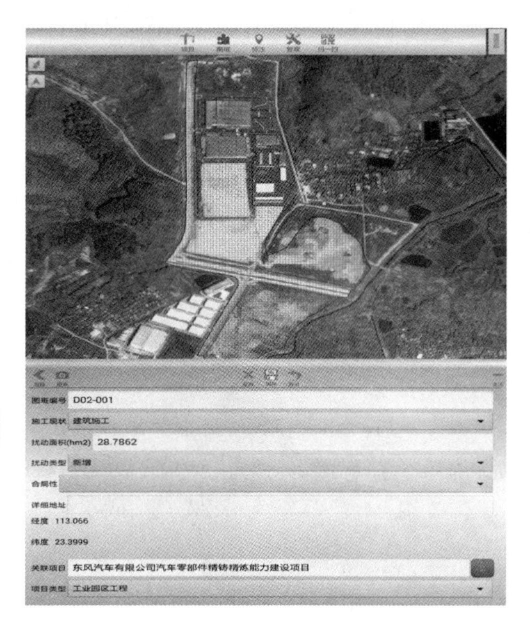

图 7-29　重要对象（图斑）信息采集界面

2）新建某个独立的重要对象（图斑）。如果在监督检查过程中发现某个未批先建的扰动地块，则可以新建某个独立的重要对象或者图斑，具体操作方法为：点击天地一体化采集模式数据管理用户总界面（图 7-14）中主菜单条上的按钮，在下方弹出的图斑管理菜单条上点击按钮，然后再点击按钮，选择按钮或者按钮新建独立的重要对象或者图斑。

（5）快速打印输出相关信息。进入项目详情用户界面（图 7-21），点击功能菜单条上的按钮，则弹出“配对蓝牙设备列表”提示框，选择配对的“Blue Tooth Printer”，然后点击【打印】按钮，就可以快速打印输出项目相关信息。如果找不到蓝牙打印机，则点击【搜索】按钮，系统会自动搜索附近的蓝牙打印机；或者点击【关闭】按钮，取消打印输出操作。

（6）统计。在现场监管的过程中，用户可以利用系统对项目或者重要对象（如扰动图斑）的相关情况进行统计。

1）项目相关情况统计。点击天地一体化采集模式用户总界面主菜单条上的按钮，在弹出的项目管理菜单条上再点击按钮，进入项目统计用户界面，如图 7-30 所示。

可以对项目类型和项目复核状态两类信息进行统计。在项目统计用户界面中，用户可以对项目类型或者复核状态进行独立统计，也可以对项目类型和复核状态进行组合统计，具体操作方法如下。

对项目类型进行统计：点击“项目类型”下拉菜单，弹出如图 7-31 所示的项目类型选择界面，默认情况下未选择任何项目类型，用户可以点击某个单选按钮，选择某类项目进行统计（需确保“复核状态”下拉菜单未做任何选择），例如点选【公路工程】按钮，然后再点击统计按钮，则可以对当前视图内公路工程的个数进行统计。

对项目复核状态进行统计：点击“复核状态”下拉菜单，弹出项目复核状态选择界面，默认情况下未选择任何复核状态，用户可以点击【已复核】或者【未复核】单选按钮对项目复核状态进行统计（需确保“项目类型”下拉菜单未做任何选择），例如点选【已复核】，然后再点击统计按钮，则可以统计出当前视图内已经复核过的项目个数。

对项目类型和复核状态进行组合统计：点击“项目类型”下拉菜单，点击某个单选按钮，选择某类项目；同时点击“复核状态”下拉菜单，点击【已复核】或者“未复核”单选按钮，对某类项目的复核状态进行组合统计，例如点选“公路工程”和【已复核】按钮，然后再点击统计按钮，则可以统计出当前视图内已经复核过的公路工程项目个数。

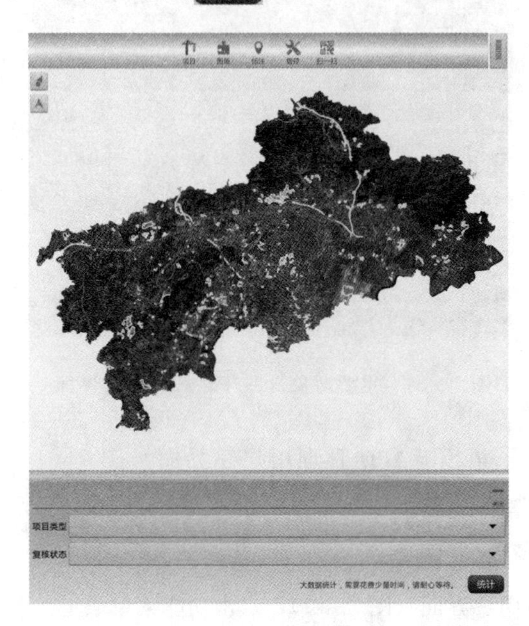

图7－30　项目统计用户界面

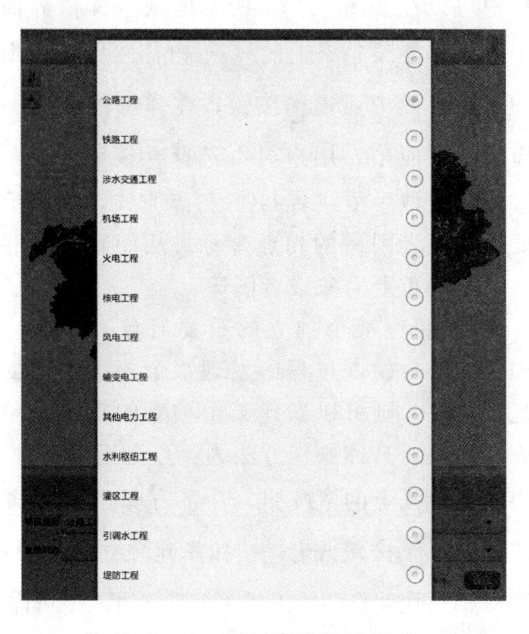

图7－31　项目类型选择界面

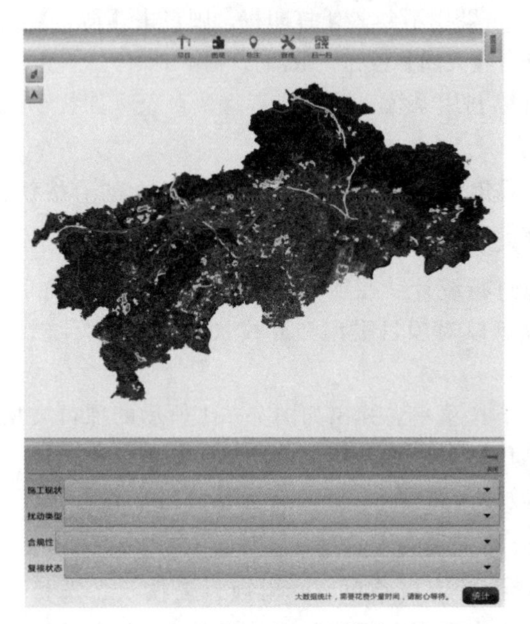

图7－32　重要对象（图斑）统计用户界面

2）重要对象（图斑）相关情况统计。点击天地一体化采集模式用户总界面主菜单条上的图斑按钮，在弹出的图斑管理菜单条上再点击统计按钮，进入图斑统计用户界面，如图7－32所示。用户可以对图斑或者重要对象的施工现状、扰动类型、合规性和复核状态进行统计。在图斑统计用户界面中，用户可以对图斑的施工现状、扰动类型、合规性、复核状态进行独立统计，也可以对项目类型和复核状态进行组合统计，具体操作方法如下。

独立统计：点击“施工现状”“扰动类型”“合规性”“复核状态”的下拉菜单，分别选择“施工现状”下拉菜单中的“场平”或者“建筑施工”，“扰动类型”下拉菜单中

的“新增”“续建”或者“建成”，“合规性”下拉菜单中的“合规”“未批先建”“超出防治责任范围”或者“建设地点变更”，“复核状态”下拉菜单中的“未复核”或者“已复核”，并保证其他下拉菜单中的选项处于未选状态，则可以分别对图斑的施工现状、扰动类型、合规性、复核状态进行独立统计。

组合统计：组合统计可以根据用户的需要，点选上述四个下拉菜单中的任何两项选项进行组合统计，例如，选择“施工现状”下拉菜单中的“场平”和“合规性”下拉菜单中的“未批先建”选项，则可以统计未批先建且正处于场平阶段的扰动图斑。同理，也可以选择三项或者四项进行组合统计。

（7）同步。在完成监管主要信息采集和重要对象信息采集后，在有网络的前提下，可以将现场采集的监管信息实时同步到系统的空间数据库中。

具体操作方法为：点击天地一体化采集模式用户总界面主菜单条上的按钮，在弹出的数据管理用户界面（图 7-14）菜单条上点击按钮，系统会自动将当前地图范围内的监管主要信息、重要对象信息、图片信息等一键同步到空间数据库中。

7.4.4 名录

名录属于非业务应用功能模块，主要为生产建设项目水土保持现场监督检查人员查找和浏览相关法律法规文件提供帮助。

在系统总用户界面中，点击按钮，弹出如图 7-33 所示的用户界面。用户可以通过上下滑动屏幕直接查找到自己感兴趣的文件，然后点击该文件就可以打开文件进行浏览阅读；也可以在上方的文本框中输入一个或者多个关键词（多个关键词用空格分开）进行模糊快速查询，系统会依据用户输入的关键词实时筛选显示具有该关键词的文件列表，然后再点击需要阅读的文件，就可以直接打开该文件进行阅读浏览。

图 7-33　水土保持监督管理相关法律法规文件列表用户界面

7.4.5 提示

提示也属于非业务应用功能模块，主要为用户提供关于本系统的特色功能或者特色操作的说明或者提示性信息。在系统总用户界面中，点击按钮，弹出如图 7-34 所示的传统采集模式提示页面。用户可以左右滑动屏幕，浏览其他提示页面，分别如图 7-34～图 7-37 所示。

7.4.6 数据准备

上述所有操作示例均以已经准备好的数据作为前提条件。在使用系统进行现场监督检查前，必须执行前期数据资料准备工作，并生成外业数据包。部署外业数据包的一般流程如图 7-38 所示。

图7-34　传统采集模式提示页面

图7-35　天地一体化采集模式提示页面

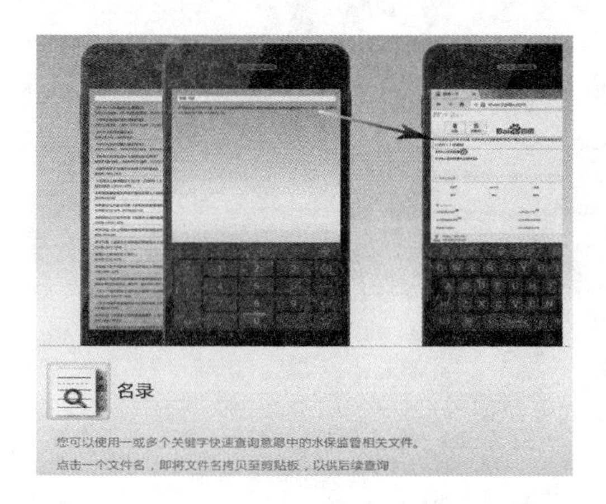

图7-36　名录模块提示页面

图7-37　提示模块提示页面

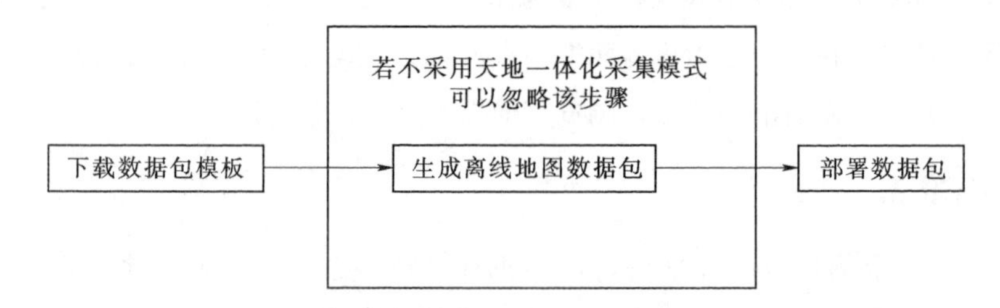

图7-38　部署外业数据包的一般流程

（1）下载外业数据包模板。从服务器端下载外业数据包模板，或者联系业务或技术支持获取外业数据包模板。

（2）生成离线地图数据包。用户可以通过 ArcGIS 软件，生成离线地图数据包。具体操作方法如下。

1）新建 ArcMap 文档，在 mxd 文档中添加外业监督检查影像（保证影像的空间参考坐标系一致，最好为 WGS84）。同时设置 Data Frame Properties 的 Coordinate System 为 WGS84（或者目标坐标系，但要保证影像的空间坐标系与空间数据库的坐标系一致），如图 7-39 所示。

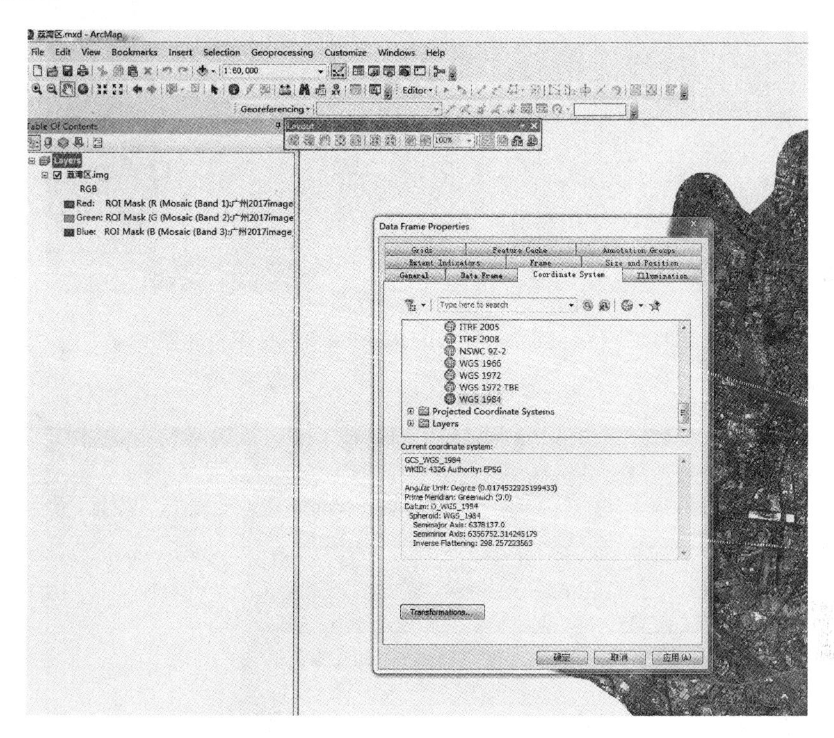

图 7-39 设置地图文档 mxd 的空间坐标系

2）在软件主菜单中点击【Customize】→【ArcMap Options】→【Enable ArcGIS Runtime Tools】，如图 7-40 所示。

3）生成切片方案，即在 Catalog 或者 Desktop 中查找并点击【Tool Box】→【Server Tools】→【Caching】→【Generate Map Server Cache Tiling Scheme】工具，按照提示输入信息，如图 7-41 所示，点击【OK】按钮，则可以根据用户需要生成切片方案，如图 7-42 所示。

4）点击【File】→【Share As】→【Tile Package】，在弹出的窗口设置路径及“Item Description”中设置切片存储的文件夹及切片描述信息，如图 7-43 所示。

在选择切片方案设置“Tile Format”时，必须选择“A tiling scheme file”，选择刚才的方案，才能保证地图切片包的坐标系是用户选择的坐标系，才能保证地图的坐标系和 Geodatabase 的坐标系一致，如图 7-44 所示。

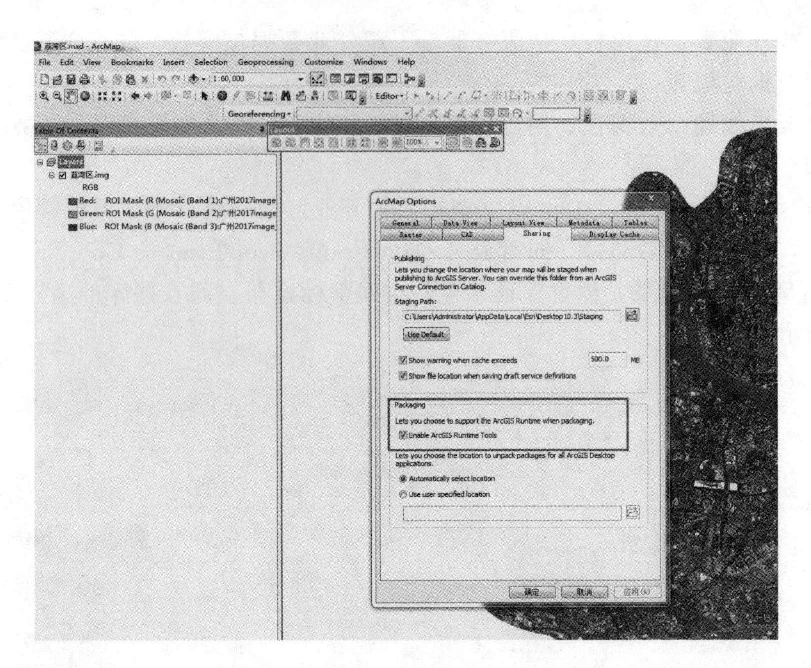

图 7-40　Enable ArcGIS Runtime Tools 用户界面

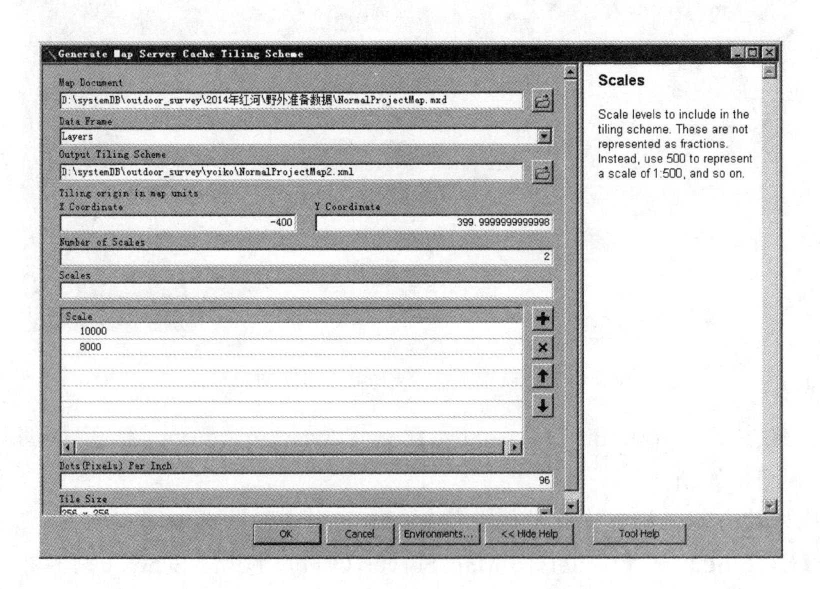

图 7-41　生成切片方案用户界面

5）点击“Analyse”按钮。

6）点击 Share，生成 tpk 文件，即离线地图数据包。

7）将离线地图数据包移至外业数据包二级目录 map 文件夹下。

（3）数据包部署。外业数据包生成完成后，通过豌豆荚连接智能手机或平板电脑，将外业数据包拖放到系统的存储卡中。至此，数据包部署操作全部完成。用户可以基于部署好的数据包开始监督管理信息移动采集工作。

```xml
<?xml version="1.0" encoding="utf-8" ?><TileCacheInfo xsi:type='typens:TileCacheInfo'
xmlns:xsi='http://www.w3.org/2001/XMLSchema-instance' xmlns:xs='http://www.w3.org/2001/XMLSchema'
xmlns:typens='http://www.esri.com/schemas/ArcGIS/10.1'><SpatialReference
xsi:type='typens:GeographicCoordinateSystem'><WKT>GEOGCS[&quot;GCS_WGS_1984&quot;,DATUM[&quot;D_WGS_
1984&quot;,SPHEROID[&quot;WGS_1984&quot;,6378137.0,298.257223563]],PRIMEM[&quot;Greenwich&quot;,0.0]
,UNIT[&quot;Degree&quot;,0.0174532925199433],AUTHORITY[&quot;EPSG&quot;,4326]]</WKT><XOrigin>-400</X
Origin><YOrigin>-400</YOrigin><XYScale>11258999068426.24</XYScale><ZOrigin>-100000</ZOrigin><ZScale>
10000</ZScale><MOrigin>-100000</MOrigin><MScale>10000</MScale><XYTolerance>8.983152841195215e-009</X
YTolerance><ZTolerance>0.001</ZTolerance><MTolerance>0.001</MTolerance><HighPrecision>true</HighPrec
ision><LeftLongitude>-180</LeftLongitude><WKID>4326</WKID><LatestWKID>4326</LatestWKID></SpatialRefe
rence><TileOrigin
xsi:type='typens:PointN'><X>-400</X><Y>399.99999999999977</Y></TileOrigin><TileCols>256</TileCols><T
ileRows>256</TileRows><DPI>96</DPI><PreciseDPI>96</PreciseDPI><LODInfos
xsi:type='typens:ArrayOfLODInfo'><LODInfo
xsi:type='typens:LODInfo'><LevelID>0</LevelID><Scale>1000000</Scale><Resolution>0.002379461005830280
1</Resolution></LODInfo><LODInfo
xsi:type='typens:LODInfo'><LevelID>1</LevelID><Scale>500000</Scale><Resolution>0.0011897305029151 4</
Resolution></LODInfo><LODInfo
xsi:type='typens:LODInfo'><LevelID>2</LevelID><Scale>250000</Scale><Resolution>0.000594865251457570 0
2</Resolution></LODInfo><LODInfo
xsi:type='typens:LODInfo'><LevelID>3</LevelID><Scale>125000</Scale><Resolution>0.000297432625728785 0
1</Resolution></LODInfo><LODInfo
xsi:type='typens:LODInfo'><LevelID>4</LevelID><Scale>64000</Scale><Resolution>0.0001522855043731379 2
</Resolution></LODInfo><LODInfo
xsi:type='typens:LODInfo'><LevelID>5</LevelID><Scale>32000</Scale><Resolution>7.614275218656896 2e-00
5</Resolution></LODInfo><LODInfo
xsi:type='typens:LODInfo'><LevelID>6</LevelID><Scale>16000</Scale><Resolution>3.807137609328448 1e-00
5</Resolution></LODInfo><LODInfo
xsi:type='typens:LODInfo'><LevelID>7</LevelID><Scale>8000</Scale><Resolution>1.903568804664224e-005</
/Resolution></LODInfo></LODInfos></TileCacheInfo>
```


图 7-42 生成切片方案示例

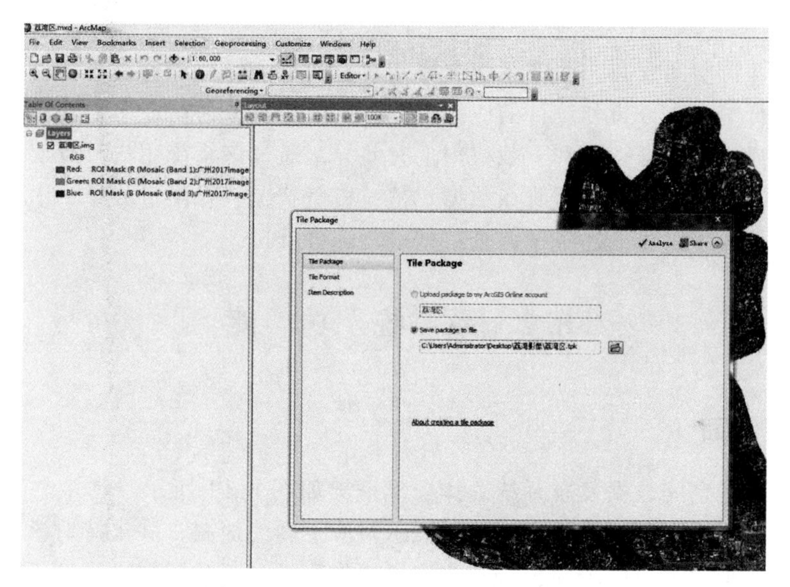

图 7-43 Tile Package 设置用户界面

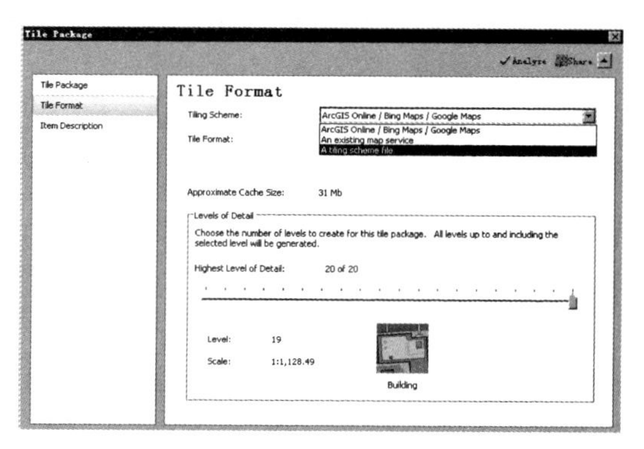

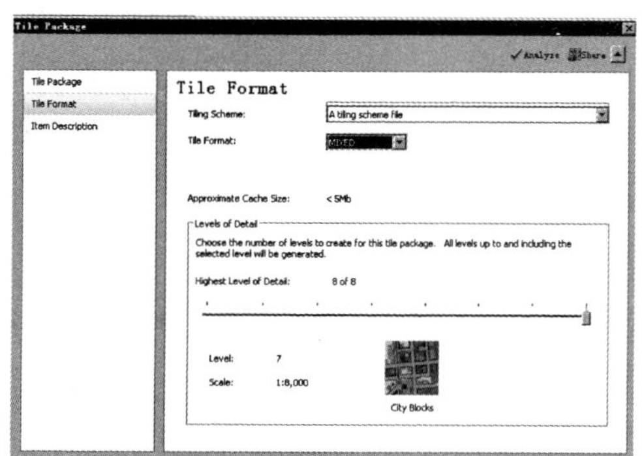

图 7-44 设置 Tile Format 用户界面

第8章 发布与服务系统

8.1 系 统 概 述

全国水土保持空间发布与服务系统主要是对全国水土保持调查、水土流失动态监测与公告等数据进行管理、分析和统计的应用系统。系统用户分为行业用户和社会公众用户两类。这两类用户只在数据查询和下载权限上有差异。通过该系统用户可以宏观地浏览、查询土壤侵蚀、土地利用现状、监测点数据、植被覆盖状况、降雨量分布、水土流失治理项目等综合信息，也可以对上述各项调查数据进行综合分析。

8.2 系 统 功 能

8.2.1 系统界面

全国水土保持空间数据发布系统总体操作框架如图8-1所示。其中，主题控制栏负责主题的切换。点击栏上某按键，系统会展示对应主题的地图，并支持对该主题的业务操作。左侧操作面板中的前两个面板分别为流域操作面板和行政区划操作面板。第三个面板为县级快速查询面板，只对县级进行操作。主地图区域包括了主地图、浮动工具条、控制结果报表显示与隐藏的工具以及鹰眼，该鹰眼默认状态为隐藏。当主地图放大到一定大的时候，用户想查看某个地方，漫游起来比较慢，可以通过鹰眼进行粗略的定位。点击鹰眼的某个位置，主地图定位到该处。工具条根据不同的操作，其上面的工具个数会有变化。鼠标停留到工具条上某个工具的时候，会弹出该工具的名称。

8.2.2 系统功能操作

8.2.2.1 公共操作功能

（1）地图操作模块。对基础地理信息数据和专题数据进行浏览、放大、缩小、漫游等操作。

地图浏览由操作工具条、缩略图、条件查询窗口和查询结果窗口组成，其中操作工具条包括地图操作的常用功能，如窗口放大、缩小、全图、平移、空间查询、图层控制等功能。

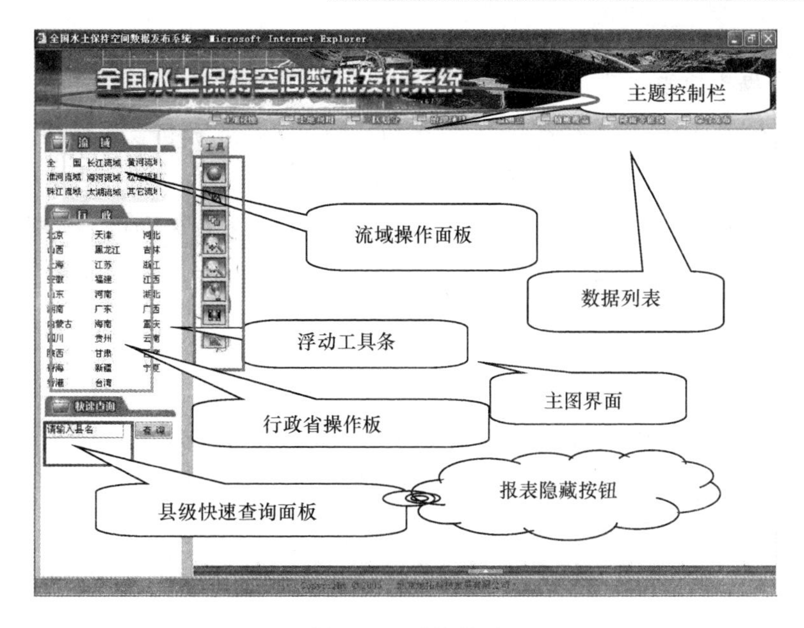

图 8-1 系统界面

1）地图显示。地图显示包括缩放、漫游、刷新等功能。

2）图层显示与控制。控制各图层是否显示，调整图层的显示次序。

3）空间查询。在地图窗口中通过点选取、矩形选取、圆选取、折线选取和多边形选取等功能实现基于几何形状的目标选择查询。

4）属性查询。提供一个查询窗口输入条件，从数据库中查出满足查询条件的所有地理实体，加亮显示到地图上，点击实体可以查看其关联的详细属性信息。

5）组合查询。将空间信息与属性信息组合起来进行查询，同步实现基于属性查询的空间查询和基于空间查询的属性查询。

（2）图层控制模块。图层控制是支持其他业务功能实现的一个基础功能，主要是将土壤侵蚀普查成果空间数据，按业务类型组织成图层集，为用户提供一个便捷的图层调用方式。

（3）查询模块。对属性数据按照组合检索条件进行查询。

（4）空间查询模块。对数据按照行政区划和流域两种关系进行查询。

（5）统计模块。对全国土壤侵蚀数据专题信息进行统计。

（6）三维浏览功能操作。包括平移、旋转、缩放、暂停 4 种功能。

1）平移。同时点击鼠标左键和右键不松开，拖动鼠标即可实现影像的平移。

2）旋转。点击鼠标左键不松开，向上、下、左、右移动鼠标即可实现影像垂直和水平方向的旋转。

3）缩放。第一种方法，前后滚动鼠标滑轮即可实现影像的放大和缩小；第二种方法，点击鼠标右键不松开，拖动鼠标即可实现影像的缩放。

4）暂停。在任何情况下，按下键盘上的 Pause 键即可退出编辑，其他可执行状态即暂停，暂停状态将使系统全部显示遥感影像，并可对影像进行平移、旋转、缩放等操作。

再次按下 Pause 键可恢复成暂停前的状态。

8.2.2.2　专业操作功能

（1）汇水分析。点击工具栏第一个按钮，弹出“汇水分析”对话框。选择分析范围，加入分析点，点击开始分析，即可得出相应的结果。

（2）断面分析。点击工具栏上按钮，然后选择一个断面，即可弹出断面图。

（3）坡度分析。点击按钮，然后连续加点绘制一个坡面，点击右键结束编辑，点击按钮确定，得出分析结果。

（4）高程查询。点击按钮，然后选择要测量的点，即可得出结果。

（5）距离量算。点击按钮，点击右键弹出“线/环编辑”框体。具体操作如下：

操作一：线段量取。点击“线/环编辑”连续添点，在三维地图上连续添点勾绘出一条直线段，点击鼠标右键结束操作，点击按钮确认，得出结果。

操作二：图上抓取线段量算。点击“线/环编辑”中的其他动作，在其下拉菜单中选择“图上抓取”，在三维地图上点击需要量距的某一弧段即可，抓取的弧段高亮显示，同时在系统左上角弹出“抓取线/环”对话框。点击按钮确认抓取操作。此时选择点击“线/环编辑”中的其他动作，可看到未抓取弧段前为灰色不可选的操作（连抓延长、延长一端等）。现在可进行选择，这几项操作均是对之前图上抓取到的弧段进行延长或是修改等编辑操作。

（6）面积计算。点击按钮，操作和距离量算一样，选择范围，然后点击按钮，得出结果。

8.2.3　系统功能模块

系统功能模块主要包括土壤侵蚀模块、土地利用模块、监测点模块、治理项目模块、植被覆盖模块、降雨等值线模块等。

8.2.3.1　土壤侵蚀模块

目前，该系统主要对外发布全国第一次、第二次、第三次土壤侵蚀普查数据。各次普查数据的丰富程度不同，以第二次、第三次普查数据最为丰富。第一次普查数据是 20 世纪 80 年代调查的结果，第二次普查数据是 1995 年调查的结果，第三次普查数据是 2000 年调查的结果，并对全国、流域、省、县四级对数据进行发布。用户把鼠标移动到主题控制栏的【土壤侵蚀】按钮上，立即弹出土壤侵蚀的菜单，选择其中某一次普查，则主地图显示为某一次普查的土壤侵蚀图，如图 8－2 所示。

图 8－2　土壤侵蚀模块

8.2.3.2 土地利用模块

点击【土地利用】按钮，工具条中的工具选项会发生变化，展示全国土地利用的情况，方便用户从宏观上了解全国各地土地利用类型的分布情况，如图 8-3 所示。

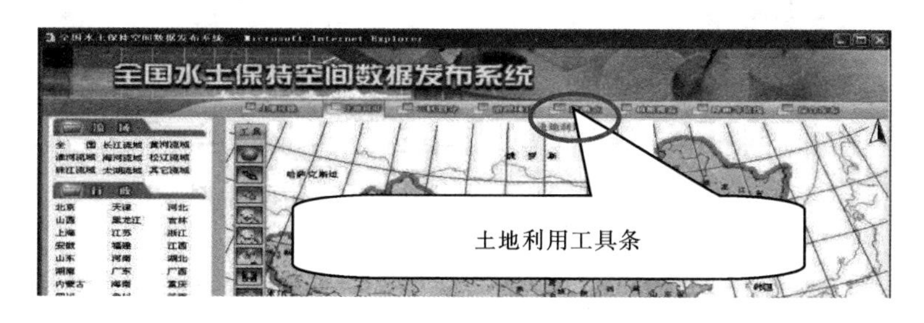

图 8-3 土地利用模块

8.2.3.3 监测点模块

用户利用监测点模块可以更直观地了解到监测点的分布和各个监测点的具体信息。主题切换栏点击【监测点】按钮，主题图更新为监测点的分布图，如图 8-4 所示。

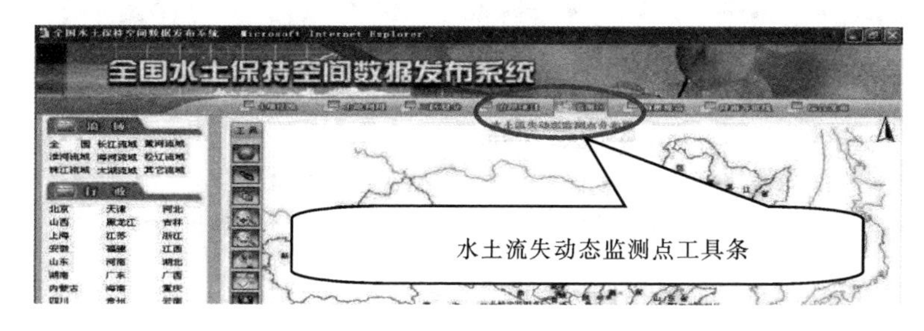

图 8-4 监测点模块

8.2.3.4 治理项目模块

治理项目模块主要反映全国水土保持治理项目的情况。主题切换栏点击【治理项目】按钮，则全国治理项目图显示于主地图上，如图 8-5 所示。

图 8-5 治理项目模块

8.2.3.5 植被覆盖模块

植被覆盖模块主要反映全国植被覆盖的情况，主题切换栏点击【植被覆盖】按钮，则全国植被覆盖情况图显示于主地图上，如图 8-6 所示。

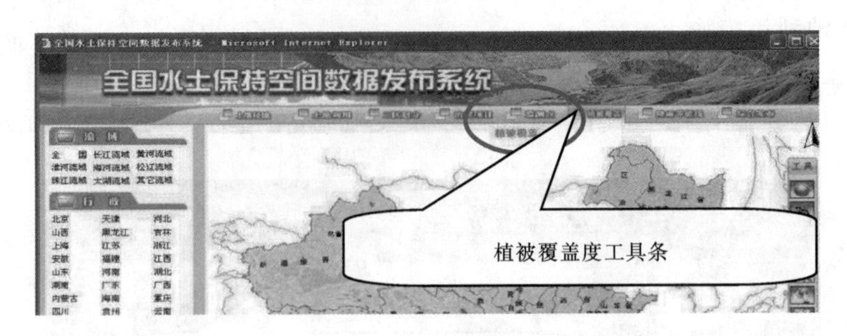

图8-6　植被覆盖模块

8.2.3.6　降雨等值线模块

降雨等值线模块反映全国某一年的降雨量分布。降雨等值线的数据包括矢量数据和栅格数据，所以在工具条上显示【降雨等值线】按钮，显现栅格格式的降雨等值线数据。在主题控制栏上选择【降雨等值线】按钮点击，可显示操作界面，如图8-7所示。

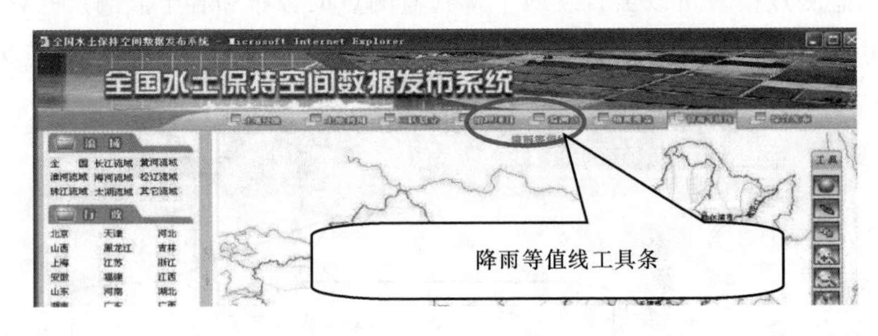

图8-7　降雨等值线模块

8.3　系统功能示例

8.3.1　土壤侵蚀模块操作

8.3.1.1　流域土壤侵蚀查询

用户使用该查询功能，可以查看流域土壤侵蚀情况和流域所辖区域各个省的土壤侵蚀概况。

下面以长江流域为例，具体介绍针对流域的土壤侵蚀查询统计操作。操作流程为：长江流域土壤侵蚀图——→长江流域总体侵蚀报表——→长江流域总体侵蚀统计图——→长江流域下属青海土壤侵蚀图。

点击左侧【长江流域】按钮，则主地图显示为长江流域的土壤侵蚀图，如图8-8所示。此时左侧面板以淡蓝色表示出点击的区域，地图为长江流域土壤侵蚀图，右下角为地图图例。

从工具条上选择某侵蚀类型的按钮，点击后查看该侵蚀类型的详细统计结果。如选择工具条上的【侵蚀】按钮，则主地图区域底部显示长江流域的总体侵蚀情况分析报

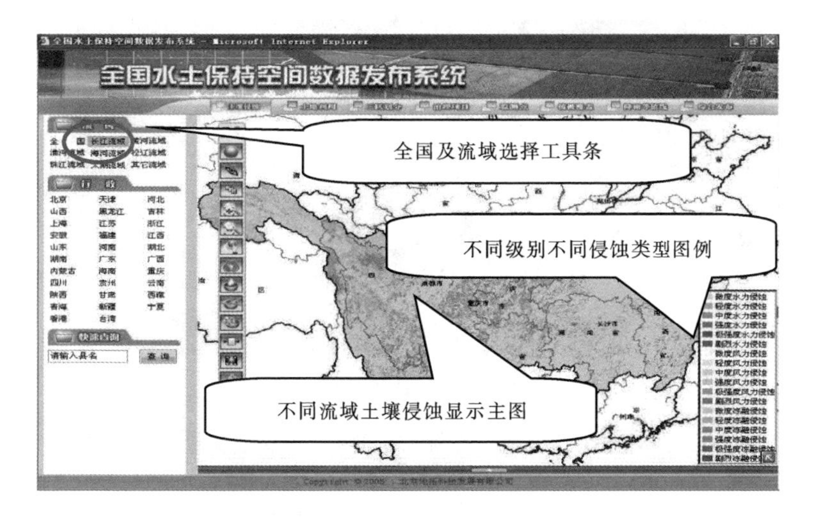

图 8－8　土壤侵蚀按照流域查询（一）

表，结果如图 8－9 所示。此结果是点击侵蚀按钮后的结果，点击下面的按钮可以隐藏该报表。

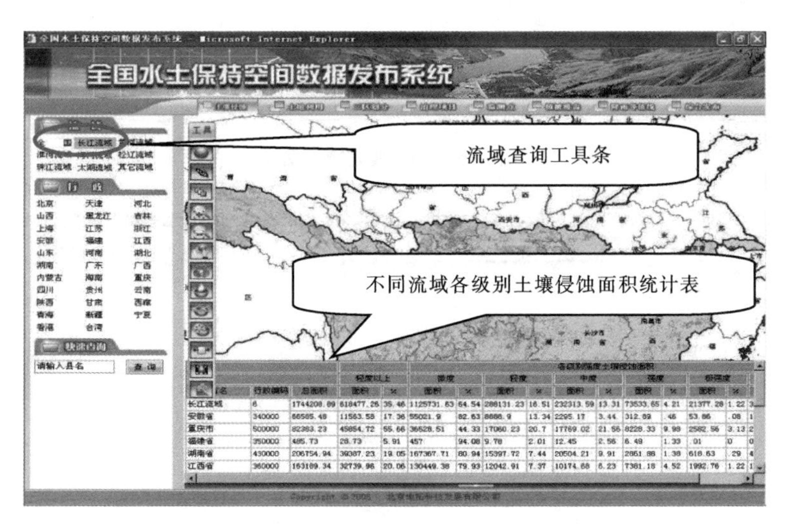

图 8－9　土壤侵蚀按照流域查询（二）

此时用户移动鼠标于表之上，鼠标会变化。变化成小手图案时，即可点击。点击表头第一行，可弹出该表相应的统计图，如图 8－10 所示。该统计图可以浮动，右下角按钮可以控制该图的显示和隐藏。

点击报表某一行的行政编号，即可查看到该流域中该省的土壤侵蚀侵蚀图。比如点击青海的行政编码，则主地图显示为长江流域青海省的土壤侵蚀图，如图 8－11 所示。此图是在隐藏了上次操作的统计图后，点击青海行政编码的结果。

点击报表某一行的省名，即可把该流域中该省的侵蚀图放大到全屏。比如点击省名青海，则主地图放大长江流域青海省的土壤侵蚀图，如图 8－12 所示。可以点击报表下面的按钮以隐藏报表，方便分析地图。

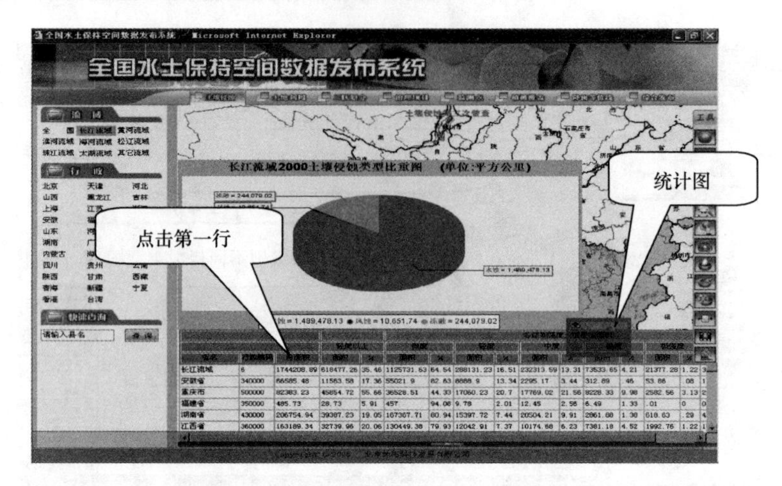

图 8－10　土壤侵蚀按照流域查询统计

					各级别强度土壤侵蚀面积										
			轻度以上		微度		轻度		中度		强度		极强度		
省名	行政编码	总面积	面积	%	面积	%	面积	%	面积	%	面积	%	面积	%	
贵州省	520000	115155.94	51173.07	44.43	63982.87	55.56	28300.37	24.57	15503.31	13.46	6342.47	5.5	1026.91	.89	0
湖北省	420000	184565.63	59520.76	32.24	125044.87	67.75	27420.97	14.85	22325.71	12.09	8770.82	4.75	1001.83	.54	1
江苏省	320000	18892.84	1480.96	7.83	17411.88	92.16	1459.73	7.72	20.89	.11	0	0	0	0	.
青海省	630000	159995.15	49048.12	30.65	110947.02	69.34	38250.09	22.85	8973.73	4.35	263.95	.16	5560.34	3.47	0
上海市	310000	253.4	0	0	253.4	100	0	0	0	0	0	0	0	0	0
西藏自治区	540000	23026.68	16802.36	72.96	6224.31	27.03	5098.35	22.14	8060.57	35	3643.44	15.82	0	0	0

图 8－11　土壤侵蚀按照流域、省查询（一）

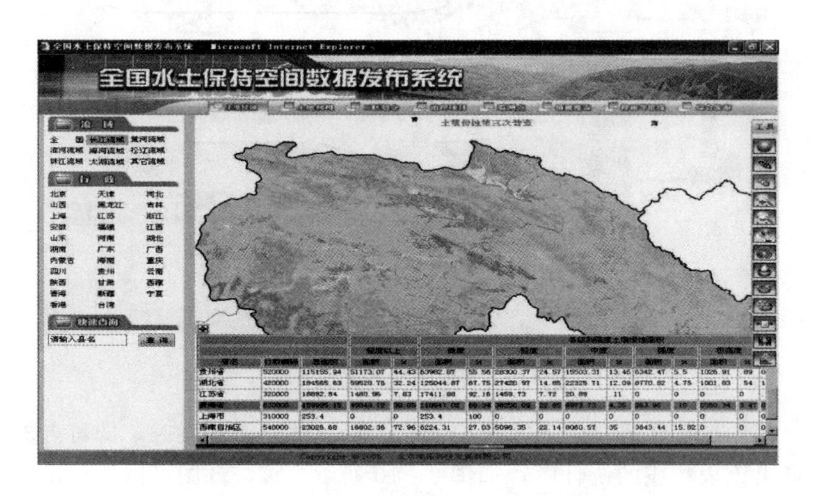

图 8－12　土壤侵蚀按照流域、省查询（二）

8.3.1.2　省级土壤侵蚀查询

省级查询与上面介绍的流域省的结果不同，省级查询以省为单位。以青海省为例，点击左侧行政省面板中的青海，结果为青海省土壤侵蚀图，如图 8－13 所示。

从工具条上选择某侵蚀类型的按钮，点击后查看该侵蚀类型的详细统计结果。如用户需要查看青海省总体侵蚀情况，则点击工具条上的【侵蚀】按钮，在主地图下面会弹出青海省土壤侵蚀总体情况统计表，如图 8－14 所示。

图 8-13　土壤侵蚀按照省查询（一）

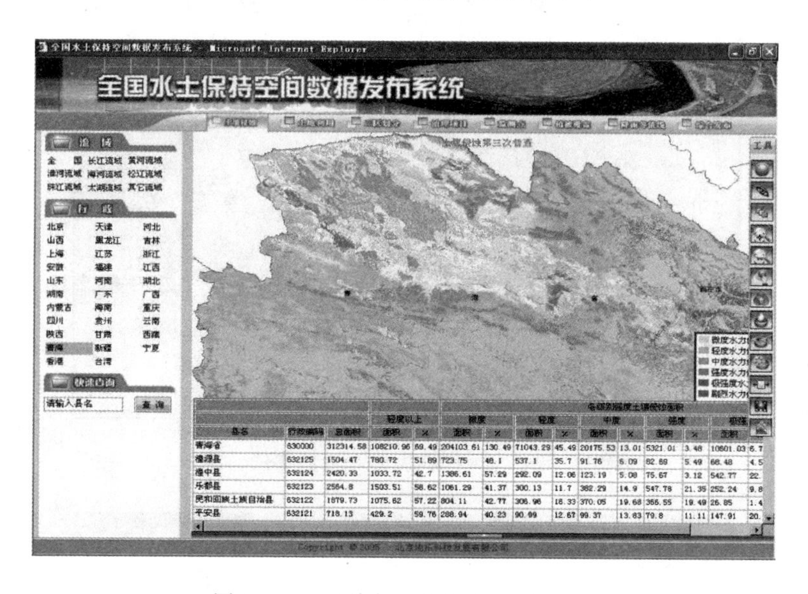

图 8-14　土壤侵蚀按照省查询（二）

查询统计的具体操作和按流域查询的操作一样。点击表头第一行，可弹出该表相应的统计图，如图 8-15 所示。

点击报表某一行的记录，即可查看到该省对应县的侵蚀图。如点击青海贵南县的记录，则显示青海省贵南县的土壤侵蚀图，如图 8-16 所示。

分析某省级土壤侵蚀变化情况，可以点击工具条上的【对比】按钮。如查看青海省的土壤侵蚀变化情况，点击之后，就能看到青海省的土壤侵蚀变化情况，如图 8-17 所示。主地图分四块，上方两块分别是两次普查的土壤侵蚀图，左下为两次普查的变化表，右下是两次普查结果显示的土壤侵蚀变化图。对比分析需要同时操作，操作两个地图中任一个地图，另一个也会随之作同样的操作反映。

图 8－15　土壤侵蚀按照省查询统计（一）

图 8－16　土壤侵蚀按照省查询统计（二）

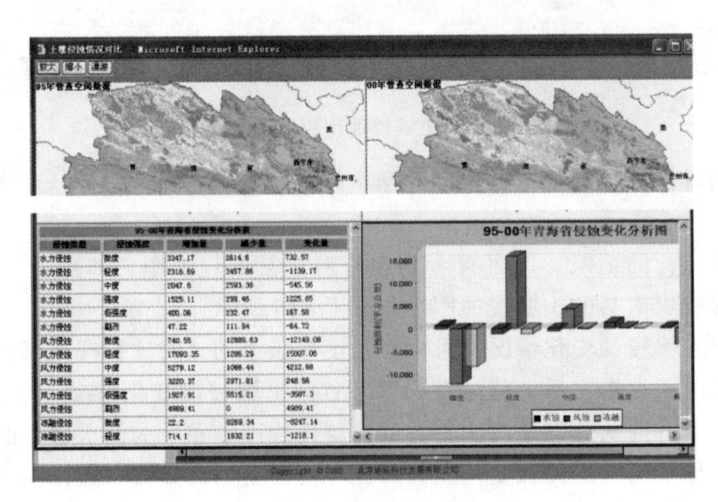

图 8－17　土壤侵蚀对比分析

8.3.1.3　县级土壤侵蚀查询

县级查询是针对全国行政县的查询。通过快速查询得到一个报表，从报表中可选择要找的县。操作步骤如下。

输入该县名的关键字，如用户想查看的县叫“来安县”，可以直接输入“安”，然后点击【查询】按钮，如图 8-18 所示。

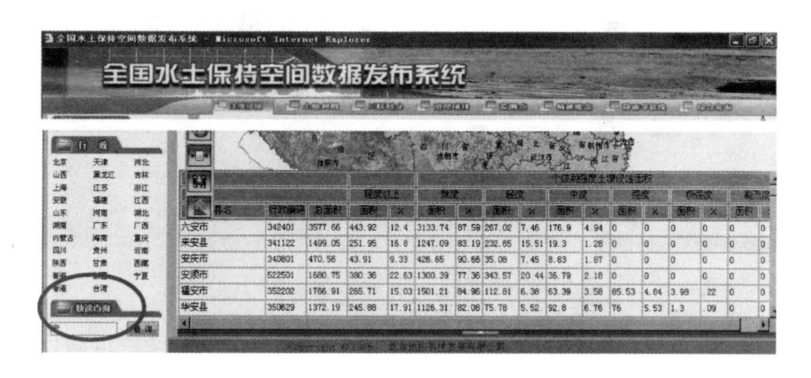

图 8-18　土壤侵蚀按照县查询（一）

用户在结果表中点击“来安县”的记录行，则来安县的土壤侵蚀图会在地图上显示出来，如图 8-19 所示。

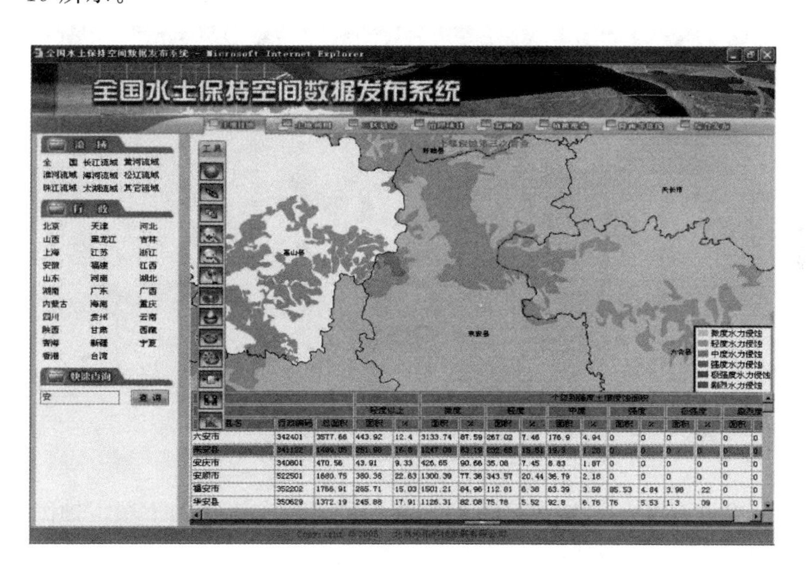

图 8-19　土壤侵蚀按照县查询（二）

8.3.1.4　直接定位行政区域

用户将鼠标放到左侧流域栏上，主地图上会出现一个面板，该面板包括了该流域所包括的省。其中某些省可能分别属于多个流域，而被划分成多块。具体操作步骤如下：

用户将鼠标放到左侧面板的某个地域上，停留一会儿，就会出现该地域包括的区域。如用户鼠标停留在“长江流域”选项上，则结果如图 8-20 所示。

用户可以点击新弹出面板中的某个地域，或者将鼠标停留在新面板中的某个地域。如

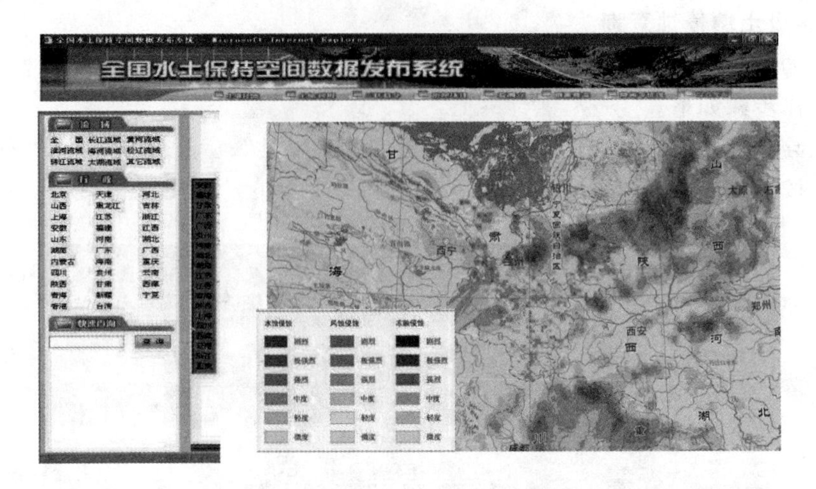

图 8-20　土壤侵蚀按照地域查询（一）

果用户点击“重庆”选项，则结果为主地图长江流域全图，并且显示出长江流域的重庆的土壤侵蚀图。

如果用户把鼠标停留在“重庆”选项上，则结果为：该新面板的内容更新为重庆的下属县的列表，如图 8-21 所示。

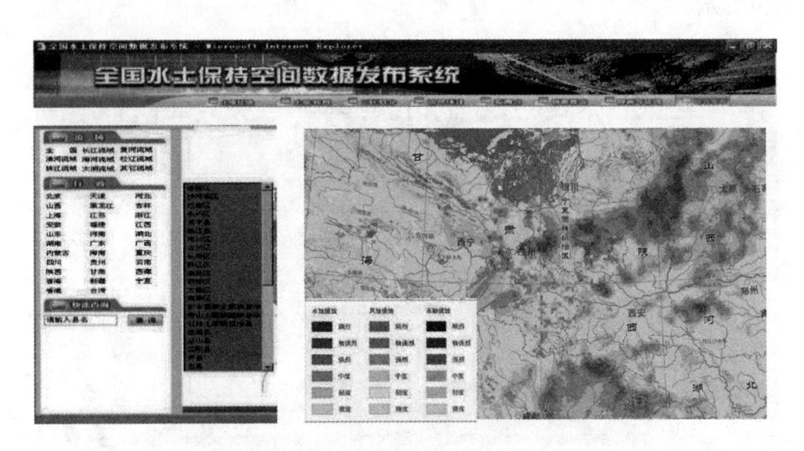

图 8-21　土壤侵蚀按照地域查询（二）

然后用户从中选择某县，地图定位到该县，可显示出该县的土壤侵蚀图。比如用户点击了“忠县”，则忠县土壤侵蚀图如图 8-22 所示。

8.3.2　土地利用模块

土地利用模块操作没有统计数据分析表，具体操作和土壤侵蚀模块的操作类似，在此不做赘述。

8.3.2.1　流域土地利用查询

在左侧流域面板上点击所要查询的流域名称，则全国土地利用图会定位到该流域。如点击长江流域，则长江流域土地利用图如图 8-23 所示。

图 8-22 土壤侵蚀按照地域查询（三）

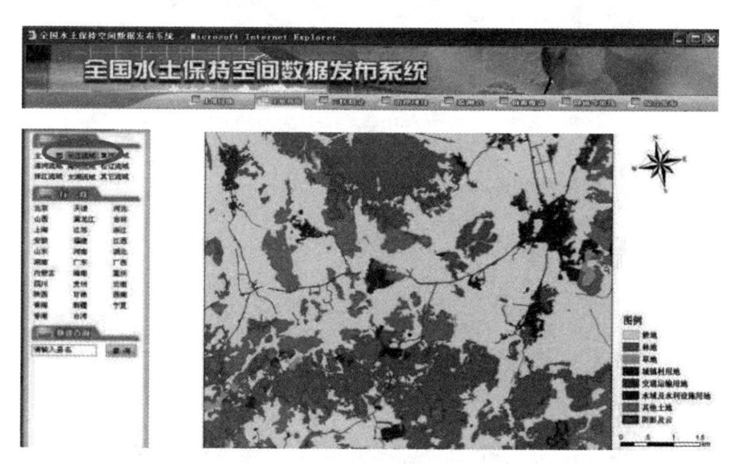

图 8-23 土地利用按照流域查询

8.3.2.2 行政区划土地利用查询

同查流域相似，点击流域面板中的某个省，如我们点击青海省，则主地图定位到青海省的土地利用图，如图 8-24 所示。

图 8-24 土地利用按照行政区划查询

8.3.3　监测点模块

用户点击左侧面板进行定位，然后从工具条中选择出属性查询的工具。如点击黄河流域，并且选取属性查询的工具，如图 8－25 所示。

图 8－25　监测点查询（一）

此时用户可以对地图上的监测点进行点击或者框选。如点击监测点，如图 8－26 所示。弹出报表的左上角的小叉可以关闭该报表。

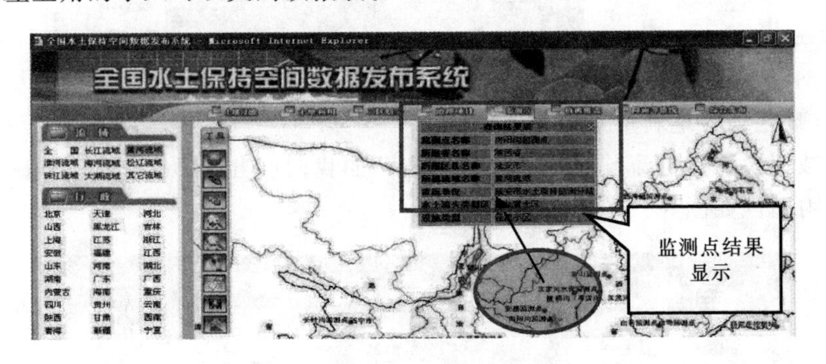

图 8－26　监测点查询（二）

用户也可以通过框选监测点，如图 8－27 所示。

用户也可以通过图表互查。用户点击报表中的某一条记录，地图反向定位到该监测点。如用户选择框选列表中的南小河沟监测点的记录行，则主地图定位到该监测点，如图 8－28 所示。

治理项目模块和植被覆盖的操作模块参照监测点模块，在此不做赘述。

8.3.4　综合发布模块

在界面左侧的图层管理面板中，有针对图层可见性和活动性的设置。

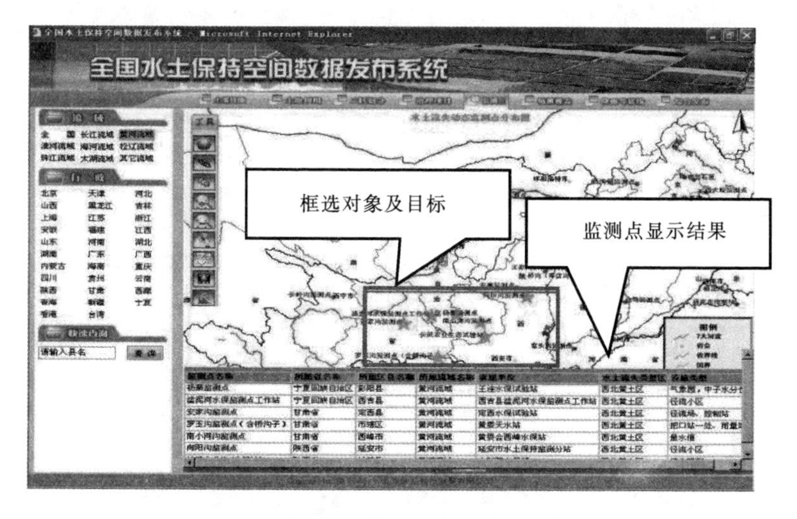

图 8-27 监测点查询（三）

监测点名称	所属省名称	所属区县名称	所属流域名称	依托单位	水土流失类型区	设施类型
杨家监测点	宁夏回族自治区	彭阳县	黄河流域	王洼水保试验站	西北黄土区	气象园，中子水分仪
盐泥河水保监测点工作站	宁夏回族自治区	西吉县	黄河流域	西吉县盐泥河水保监测点工作站	西北黄土区	径流小区
安家沟监测点	甘肃省	定西县	黄河流域	定西水保试验站	西北黄土区	径流场、控制站
罗玉沟监测点（吕桥沟子）	甘肃省	市辖区	黄河流域	黄委天水站	西北黄土区	把口站一处、雨量
南小河沟监测点	甘肃省	西峰市	黄河流域	黄委会西峰水保站	西北黄土区	量水堰
向阳沟监测点	陕西省	延安市	黄河流域	延安市水土保持监测分站	西北黄土区	径流小区
长武农业生态试验站	陕西省	长武县	黄河流域	中科院水保所	西北黄土区	综合观测

图 8-28 监测点查询（四）

（1）设置可见图层。用户要定制主地图，对图层名前面的方框打钩选中，然后点击下面的图层设置按钮即可。如需查看土壤侵蚀和监测点之间的关系，用户在图层操作如下：点击【土壤侵蚀】按钮，在“省级线图层”“动态监测点”的方框中打钩，然后点击【图层设置】按钮，如图 8-29 和图 8-30 所示。用户可以在工具条上点击图例按钮，以方便查看地图。

（2）设置活动图层。用户设置活动图层，只需点击图层名称就可以。例如用户选择动态监测点为当前活动图层，如图 8-31 所示。

针对活动图层的操作，可在工具条选择【属性查询】按钮点击，然后在地图上对活动图层上的空间地图进行点击查询，或者拉框查询。点击查询结果如图 8-32 所示。

框选查询结果如图 8-33 所示。

也可以对框选的结果表中的记录进行反向定位，如用户从结果表中选择白马监测点，则地图可定位到该监测点。

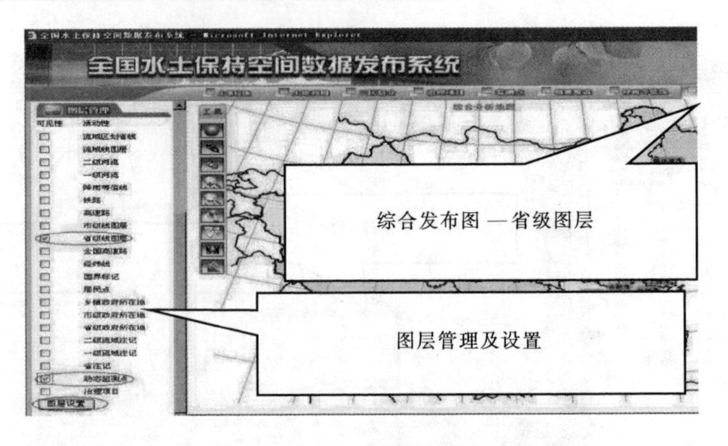

图8-29　综合发布模块（一）

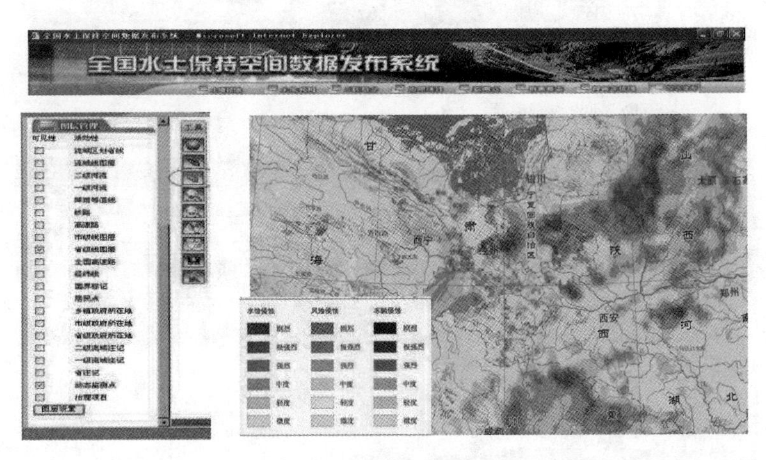

图8-30　综合发布模块（二）

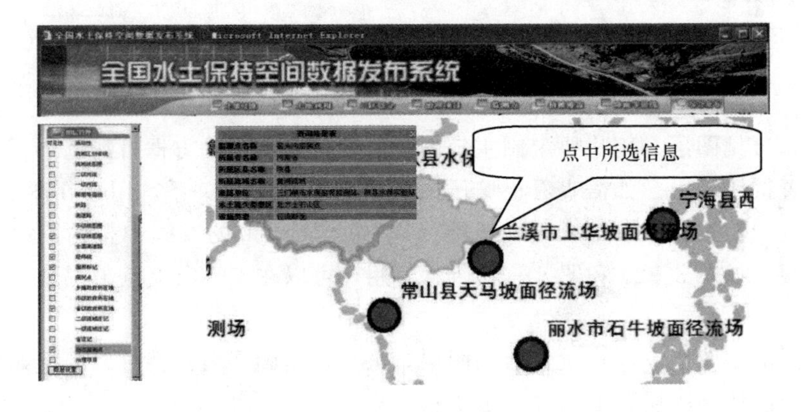

图8-31　综合发布模块（三）

8.3.5　降雨量模块

和其他主题不同之处在于，降雨量模块有栅格数据，相同之外在于，其操作和监测点操作、三区划分操作类似。栅格数据查看的操作方法如下。

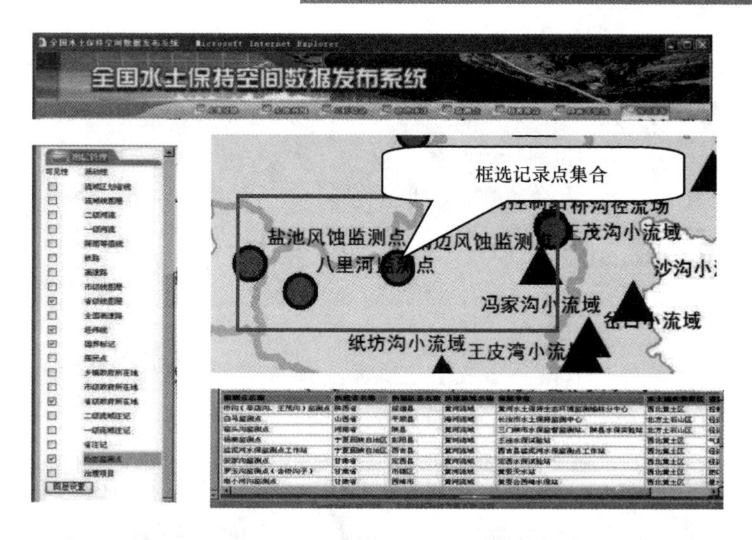

图 8－32　综合发布模块（四）

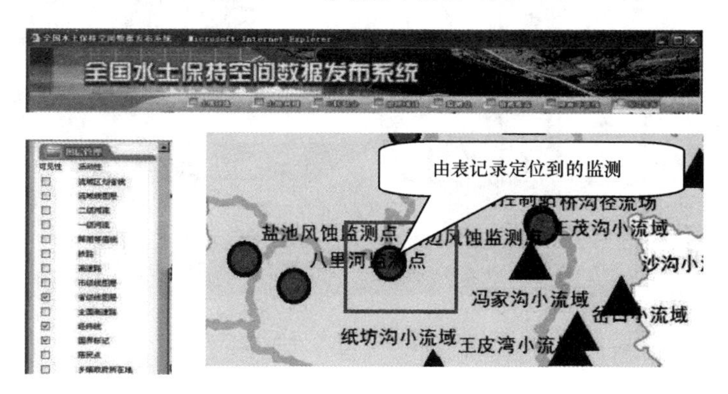

图 8－33　综合发布模块（五）

在工具条上选择【降雨等值线】按钮点击，如图 8－34 所示。

图 8－34　降雨量模块界面

接着通过左侧流域面板或者行政省面板来定位查看具体区域的降雨等值线分布，如点击长江流域，则长江流域降雨等值线分布如图 8－35 所示。

然后通过工具条中的【属性查询】按钮，查询某条或者某几条等值线的具体情况。其操作和监测点等主题中的点击和拉框查询类似。点击长江流域某条等值线，则该等值线高亮显示如图 8－36 所示。

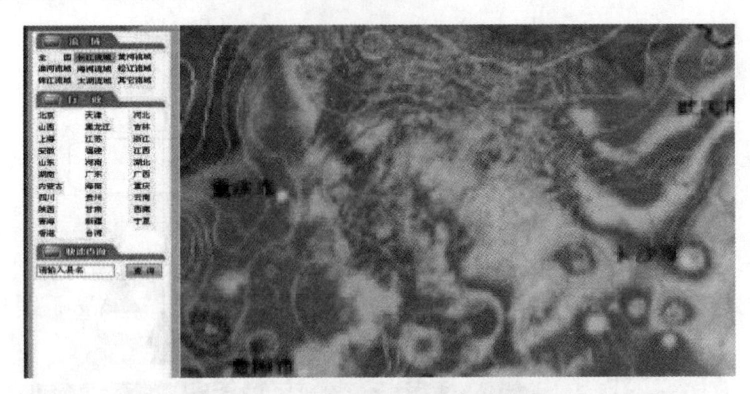

图 8-35 降雨等值线分布图（一）

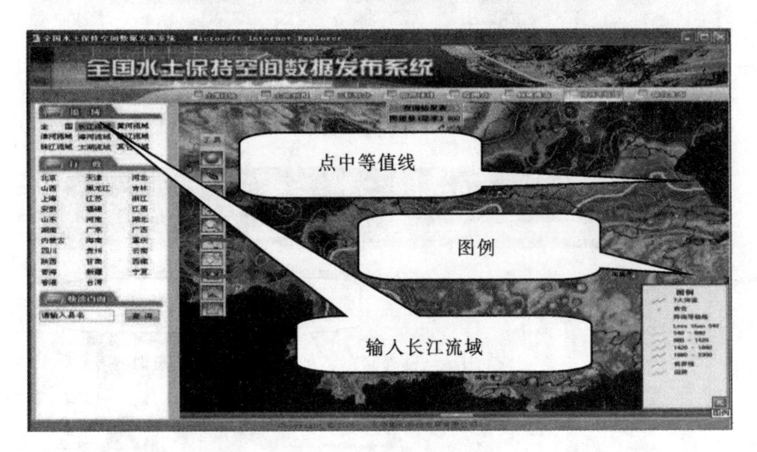

图 8-36 降雨等值线分布图（二）

框选长江流域的等值线，则高亮显示选中的等值线，并且弹出对应等值线的信息表，如图 8-37 所示。

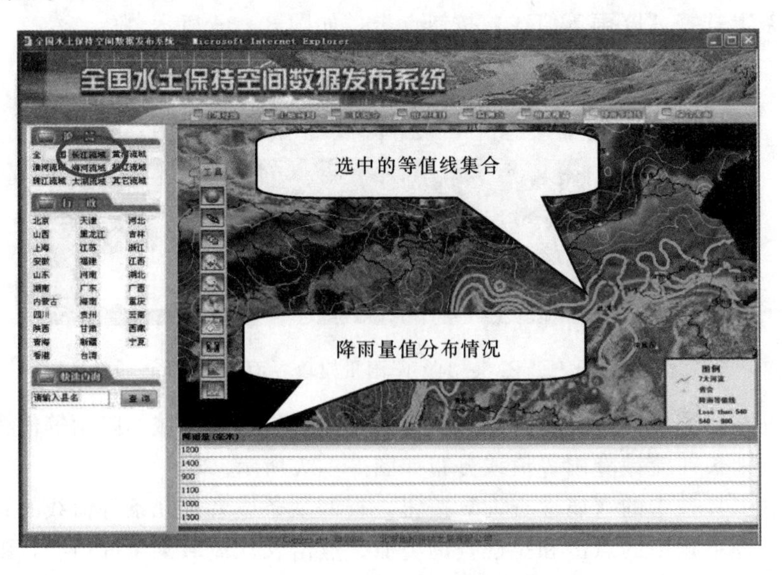

图 8-37 降雨等值线分布图（三）

用户也可以进行降雨量等值线图表互查，和“监测点模块”中介绍的图表互查方法类似，点击结果表中的某条记录，则该降雨等值线特殊显示出来，如图 8－38 所示。

图 8－38　降雨等值线分布图（四）

第9章
系统运行管理

系统运行管理工作是管理信息系统研发工作的继续，是系统能否达到预期目标的保障。为了使系统处于良好的工作状态，充分发挥其效果，就必须加强对系统的运行管理。运行管理包括系统运行维护和管理两个层面的含义。对于水土保持管理信息系统，在运维层面，维护内容主要包括机房环境维护、计算机硬件平台维护、配套网络维护、基础软件维护、业务软件维护五部分；在管理层面，须遵循分级管理维护的原则做好系统运行的组织管理、安全管理和数据更新等工作。系统运行管理框架如图9-1所示。

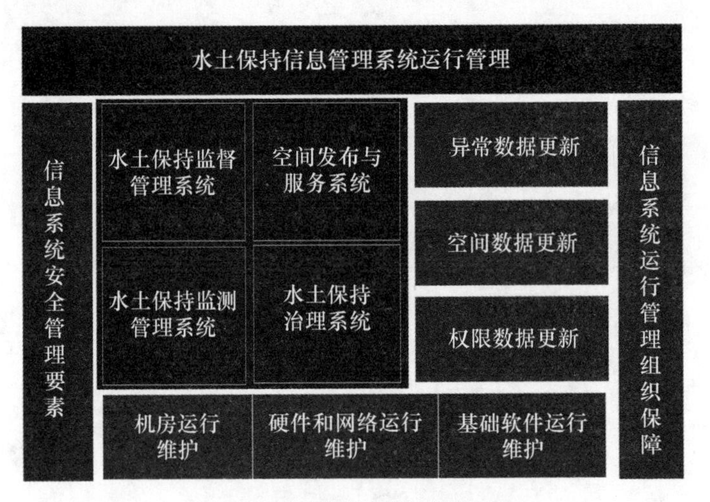

图9-1 系统运行管理框架图

9.1 运行环境管理维护

系统正常运行的首要条件就是保持运行环境处于良好状态。从狭义的角度讲，系统运行环境主要包括机房、硬件和网络设备、基础软件等基础设施。

9.1.1 机房的运行维护

全国水土保持管理信息系统部署于各级水利信息中心，作为承担信息化技术体系建设

和运行维护管理的部门，各级水利信息中心在建设机房时应以《电子信息系统机房设计规范》（GB 50174—2008）为依据，充分考虑机房位置、设备分布、环境要求、建筑与结构、空气调节、电磁屏蔽、网络布线、机房监控与安全防范、电气技术、给水排水以及消防与安全进行设计或改造。

对机房运行维护要首先按照相关标准制定机房运行管理规范，落实运维机构，并在日常工作中严格按照规范做好机房、供电系统（含 UPS 系统）、空调系统、消防系统、安防系统、监控系统等配套设施及维护 IT 系统的辅助设施的监控和定期保养。

9.1.2 硬件和网络设备的运行维护

硬件是系统运行的先决条件之一，部署于各地机房的服务器必须连通至水利信息骨干网，并且实现与水利部信息中心相关服务器的互联互通。有些地方的管理系统未部署在水利信息中心，还要按照相关要求配置水利专网至外网的映射。

在日常运维管理过程中，对各类网络设备进行归类编码、建立档案，除自动化设备的实时监控外，维护人员应每日定时对机房内服务器、集线器、交换机、路由器、网管、无线接入点等网络设备进行巡视，对服务器和网络出现的宕机、断网、异常流量吞吐、服务器报警等异常现象采取积极应对措施，重要问题应详细记录问题发生的原因、处理方案、处理结果、预防措施等内容。

9.1.3 基础软件的维护

基础软件主要包括操作系统、杀毒软件、服务中间件、数据库管理系统等非业务软件。对此类软件进行维护，除按照国家相关规定进行正版化外，还应及时更新相关产品供应商所发布的漏洞补丁，遵循“有限任期、分散权限”的原则任命系统管理员，按安全保护等级相关要求设置和变更系统账户口令长度，对操作系统软件的介质、资料以及许可证进行登记并设专人保管，定期对操作系统进行安全检查，按安全保护等级相关要求限定数据库的级联授权、非必要账户。

9.2 系统维护

作为软件生存周期中五个基本阶段之一，软件维护开始于策划维护工作，结束于软件产品退役。它的工作内容包括由于问题或改进需要而对代码和文档进行修改，维护类型包括纠正性维护、预防性维护、适应性维护和完善性维护。水土保持管理信息系统所包括的监督、治理、监测三大核心系统及空间发布与服务系统因业务需要，部署方式不同。按照“属地原则”运维的主体也不尽相同，分布式部署的系统由各地负责做好本级系统运维管理工作。

各级单位在做系统维护前首先要明确运维单位，并制定运维规范。维护的主要内容包括及时发现、收集业务系统发生的问题，并形成记录；做好本级系统安全管理工作；根据需要对系统和数据进行定期备份；使用各业务系统所配套的审计和权限管理子系统，做好本级系统用户管理和权限的分配。

9.2.1 水土保持监督管理系统

水土保持监督管理系统采用三级部署和五级应用模式运行，部署拓扑图（如图9-2所示）。其中三级部署是指分别在水利部部署国家级水土保持监督管理系统和数据库，在各流域机械部署流域级水土保持监督管理系统和数据库，在各省部署省级水土保持监督管理系统和数据库。五级应用是指支撑国家、流域、省、市、县水行政主管部门以及技术审查单位、业主单位使用系统。各地运维单位除做好运维的主要任务之外，还应首先保障各级系统之间的互联互通，具体要求如下。

（1）作为水土保持监督管理系统的核心端，部级系统所在服务器的可用性应至少达到99.9%（全年停机时间8.5h）；Webservice接口服务状态应实时监控，不得断开。

（2）对流域水土保持监督管理系统，运维时优先保障数据交换中间件在国家和流域均正常运行，数据无阻塞，且流域级系统所在服务器可正常访问部级系统Webservice接口。

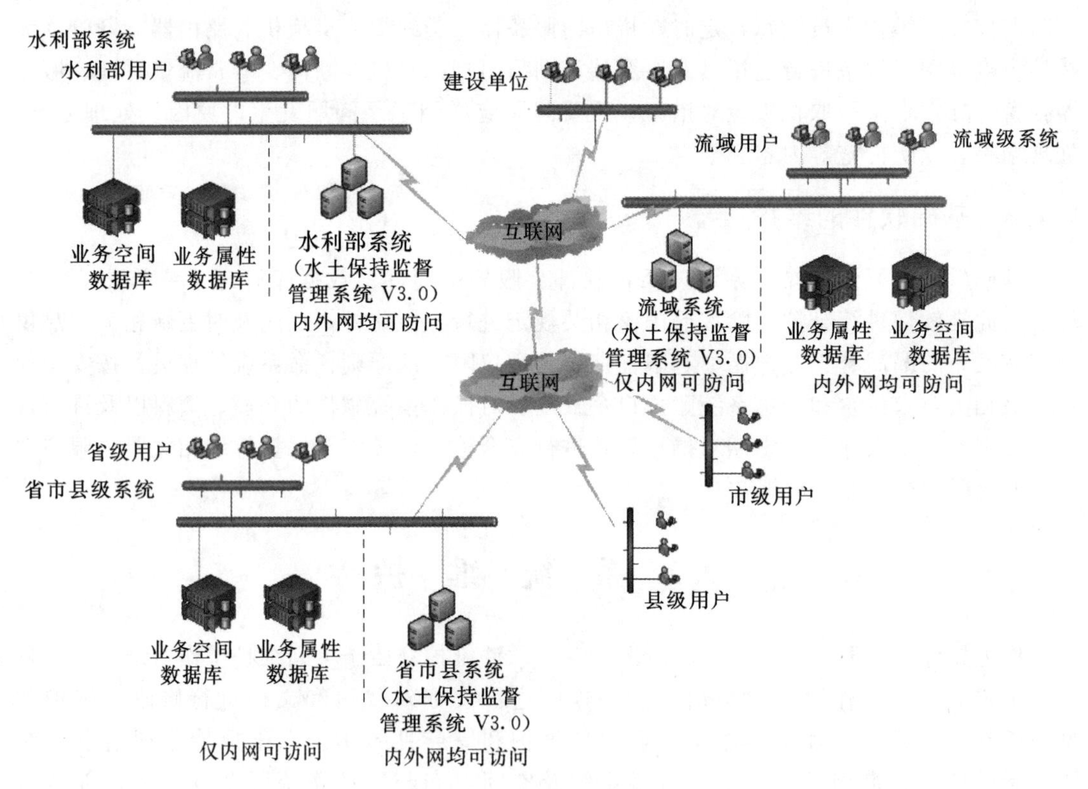

图9-2 水土保持监督管理系统部署拓扑图

9.2.2 水土保持综合治理系统

水土保持综合治理系统是采用C/S模式开发的系统，其中服务端部署于水利部信息中心，客户端部署于各省、县相关部门，部署拓扑图如图9-3所示。本系统服务端的运维按照运维规范定期执行，客户端的运维要求各省、县相关部门在应用系统的过程中发现

问题后首先排除服务器、网络故障，非网络故障的数据填报异常、登录异常等须及时反馈至水利部水土保持监测中心并协助解决。

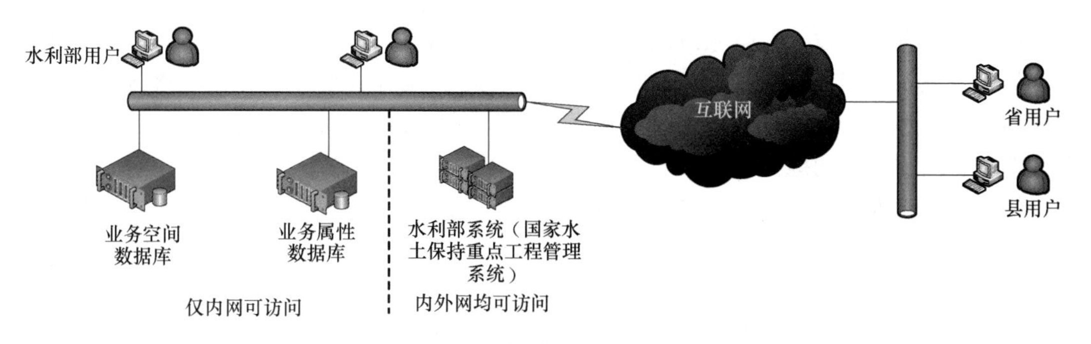

图 9－3　水土保持综合治理系统部署拓扑图

9.2.3　水土保持监测管理系统

水土保持监测管理系统是 B/S 模式和 C/S 模式混合开发的系统，采用两级部署模式，服务端分别部署在水利部和各流域管理机构，部署拓扑图如图 9－4 所示。各单位负责本地系统的运行维护任务。作为水土保持监测管理系统的核心端，部级系统所在服务器的可用性应至少达到 99.9%（全年停机时间 8.5h）。

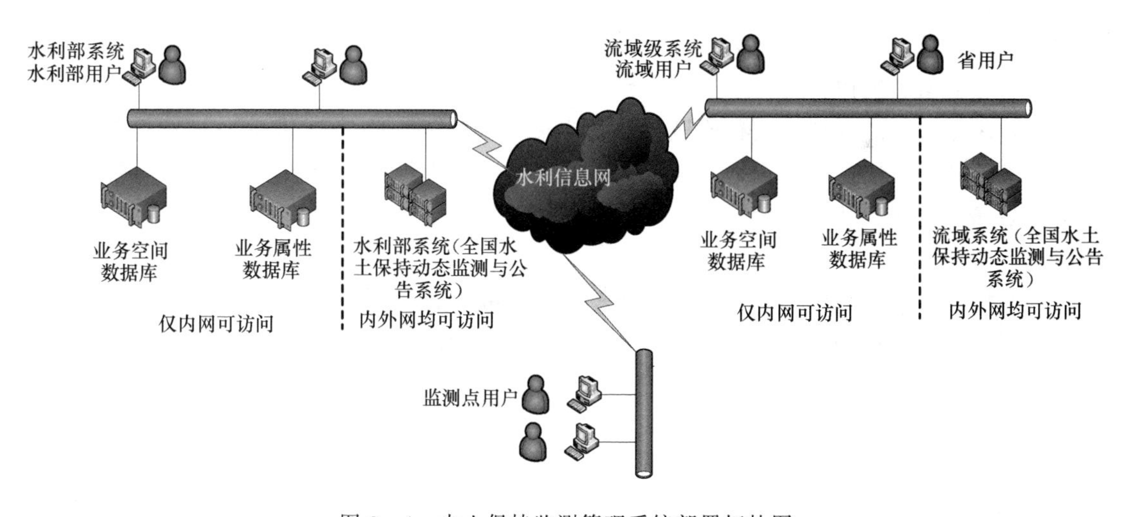

图 9－4　水土保持监测管理系统部署拓扑图

9.2.4　空间发布与服务系统

空间发布与服务系统部署于水利部信息中心，对外服务界面集成至中国水土保持监测网，主要面向行业用户和公众用户提供水土保持公报、普查数据以及动态监测数据的成果。本系统的运维由技术支撑单位按照运维规范定期执行，主要目标是尽量保证系统所在服务器的可用性达到 99.999%（全年停机 5min）。

9.3 系统安全管理

按照《信息安全技术信息系统安全管理要求》(GB/T 20269—2006) 对安全管理的定义，信息系统安全管理是对一个组织机构中信息系统的生存周期全过程实施符合安全等级责任要求的管理。水土保持信息管理系统是覆盖全国的大型分布式系统，对该系统进行安全管理主要面临以下问题。

(1) 硬件物理分布范围广，管理困难。

(2) 业务部门安全意识相对薄弱，非主观意识的泄密。

(3) 对系统程序的安全防护不够。

要解决上述问题，首先要明确系统安全管理的要素，并在国家相关标准规范指导下针对各安全要素制定合理的安全管理措施，下文仅对安全管理相关方面做简要概述，实际工作中读者可自行参考相关国家标准执行。

9.3.1 安全管理要素

(1) 策略和制度。信息系统的安全管理需要明确信息系统的安全管理目标和范围，不同安全等级应对安全管理要素有不同的管理强度。水土保持信息系统的安全管理应至少满足基本的目标范围，制定和发布基本的安全管理策略，制定基本的安全管理制度。

(2) 机构和人员管理。水利部、各流域、各省应为水土保持信息系统配备专职或兼职的安全管理人员，管理人员应从管理层中遴选。同时做好安全管理人员的录用、离岗、考核审查和教育培训工作。

(3) 风险管理。水利部、各流域、各省应进行基本的风险管理活动，编制资产清单，对资产价值和重要性进行分析，对信息系统面临的威胁进行初步分析，通过工具扫描的方式对信息系统的脆弱性进行分析，以简单的方式分析安全风险、选择安全措施，进而做好风险的控制和决策。

(4) 环境和资源管理。水利部、各流域、各省应配置物理环境安全的责任部门和管理人员，建立有关物理环境安全方面的规章制度，物理安全方面应达到用户自主保护级要求；编制并维护与水土保持信息系统相关的资产清单，并进行资产标识。

(5) 运行和维护管理。各地应建立包含用户及相应权限的用户分类清单；服务器、网络设备的操作应由授权的系统管理员执行；正确实施为水土保持信息系统的可靠运行而采取的检测、监控、审计、分析、备份及容错等方法和措施；若选择外包运维服务商承担运行维护则应签署正式的书面合同并做好对外包服务的监控管理工作；应按照自主访问级的要求做好访问控制、防病毒管理、密码管理等工作。

(6) 业务连续性管理。各地应定期对水土保持信息系统和数据库进行增量备份；高度警惕并处理事故、故障、病毒、黑客攻击、犯罪、信息战等安全事件；制定信息系统应急处理计划和灾难恢复措施。

(7) 监督和检查管理。各地要知晓信息系统应用范畴适用的所有法律法规，防止出现违法行为，保护数据和个人信息隐私；定期对安全管理活动的各方面进行检查和评估；应

有独立的审计机构或人员对安全风险控制和管理过程的有效性和正确性进行规范化审计，明确审核结果的责任人，提出问题解决办法和责任处理意见，限期解决。

9.3.2 安全管理措施

（1）分级管理制度。针对安全管理要素，根据“属地管理”及自保护和国家监管结合的原则，各级部门需落实安全管理机构及安全管理人员，明确角色和职责；制定安全规划，制定安全策略，实施风险管理；制订业务持续性计划和灾难恢复计划，实施安全措施，保证配置、变更的正确与安全；进行安全审计，保证维护支持，进行监控、检查，处理安全事件；进行安全意识和安全教育，做好人员安全管理，提高信息系统的安全保护能力和水平，保障水土保持信息系统的安全。

（2）安全检测制度。按照国家相关标准规范，水土保持信息系统在正式安装部署前均已进行安全检测。但随着科技的发展，黑客技术层出不穷，面临的威胁持续存在，为应对这些威胁，需根据国家信息安全漏洞库（CNNVD）定期对系统乃至运行环境、网络等基础设施进行安全检测，及时发现漏洞并弥补漏洞。

9.4 数 据 更 新

在运行管理过程中，水土保持管理信息系统的数据更新主要包括因业务数据填报异常所导致的系统故障发生后所进行的更新，空间数据的更新，以及日常工作过程中根据工作需要对角色、用户组、用户、权限分配所进行的更新。

9.4.1 异常数据的更新

任何系统在运行过程中均无法完全避免因工作疏忽而导致的数据异常，大部分异常会对业务造成部分影响但不会对系统功能造成影响，而有些异常则会对系统正常运行造成部分影响。无论是哪种异常，发生后均应及时反馈并处理。

水土保持管理信息系统部署于水利部的核心服务端，由技术支撑单位根据用户反馈和日常巡视结论定期清理或修改异常数据，且应在执行前对业务数据库做完全备份；对于部署于全国各流域、各省的服务端同样应明确技术支撑单位，定期检视系统。

9.4.2 空间数据的更新

水土保持管理信息系统用到了大量的基础空间数据（包括遥感影像、DEM、公路、铁路、水系、流域等），在业务发展过程中也产生了海量的业务空间数据。部署于水利部核心服务端的基础空间数据更新作为常规运维，由水利部水土保持监测中心负责执行。对于业务空间数据，各系统各有更新方法。

（1）水土保持监督管理系统。对该系统的业务空间数据进行更新，主要是指对生产建设项目水土保持方案监管示范所产出的成果进行入库管理。成果数据量相对庞大，为便于入库管理，水利部组织开发了生产建设项目水土保持方案监管示范成果导入工具，各级部门可参见相关使用手册自行对成果进行更新。

（2）水土保持监测系统。对该系统的业务空间数据进行更新，主要是指对水利部及各流域重点防治区监测成果的空间数据进行入库管理。水利部组织开发了 Dtmap，该工具专用于对符合重点防治区监测成果整编要求的数据进行入库管理，各级部门可参见相关使用手册自行对成果进行更新。

9.4.3　权限数据的更新

开发水土保持管理信息系统时还开发了用户权限管理系统，作为水土保持管理信息系统重要的子系统，对权限管理系统所做的任何编辑操作，均可能对系统业务流程造成影响，所以在日常工作过程中涉及对角色、用户组、用户、权限分配进行管理时，均应由系统管理员执行，且应在执行前对权限数据库做完全备份。

第10章 展 望

10.1 构建水土保持综合管理与决策应用平台

按照“互联网＋水土保持一张图”的建设理念，水利部和流域管理机构统分结合的建设模式，综合应用云计算、大数据、物联网、遥感与移动互联网等技术，以现有信息化成果为基础，以监管为主线，通过改造、优化、拓展、集成，形成水土保持监管信息融合、汇集、共享、应用与服务于一体的全国水土保持信息管理服务平台，推进预防监督的“天地一体化”动态监管，综合治理“图斑”的精细化管理，监测的即时动态分析与评价，信息的快捷有效服务，实现基础信息、监督管理、综合治理、监测评价三大业务协同，国家、流域、省、市、县协作，信息关联耦合，形成统一信息服务平台，面向社会和行业内部提供信息服务。以平台为载体，支撑水土保持信息横纵共享，业务上下联动协同，实现增速提效，推动监管阶段达标。完善水土保持信息化工作体制与发展机制，全面提升水土流失监测预报能力与水土保持综合治理和预防监督的管理能力，提高水土保持协同工作的效率和效能，推进水土保持信息化和现代化，为国家生态文明建设和水土资源可持续利用提供支撑。

加强水土保持决策支持功能应用开发，主要为水土保持决策管理者提供“一键式”了解水土保持全局性信息的多维分析与表达功能，具体包括开发国家水土保持重点工程按照项目类别、年度、行政、流域综合统计与对比分析规划、计划、实施进度、检查及验收情况的功能；集成生产建设项目水土保持年度、行业、流域、行政综合统计水土保持方案批复、实施、检查、设施评估与验收情况；集成水土流失按照行政、流域、类型统计水土流失面积与强度等情况。

10.2 构建高分遥感业务化融合应用体系

随着国产高分遥感卫星发射技术的发展，高分遥感技术也不断在水土保持领域得到深化应用，有力推进了水土保持信息化建设发展。但应用的规范性和深度还存在不足，特别是以高分遥感业务化、工程化为目标的应用还需要不断深化。

遥感应用的过程是“数据到信息”的过程，即将遥感数据转换为业务可用信息的过

程。在水土保持遥感应用中，这个过程既受遥感空间分辨率、光谱分辨率、时间分辨率等因素影响，同时也受土壤侵蚀不同地貌类型以及水土保持治理措施、生产建设项目等人为活动复杂性等因素限制，因此遥感应用“数据到信息”的过程不确定性较大，给高分遥感技术在水土保持更大区域范围内推广应用带来很多困难和挑战。为应对这种复杂性，更好地推广应用基于典型示范区的研究成果，应针对不同类型区土壤侵蚀、水土保持治理措施、生产建设项目等自然、人为因素差异，对典型示范区研究成果进行优化完善，提出适宜相应类型区域的优化方法及参数，形成面向不同类型区域的、相对固化的具体应用技术方案，为长时期、多频次的动态监测与监管应用提供业务化、工程化的技术解决方案。为适应高分遥感在不同类型区的应用需要，最基础的工作是要建立覆盖全国范围内的水土保持遥感应用样本知识库，实现对同一区域遥感应用的可重复性、连续性、可比性以及不同区域衔接协调的一致性，提高遥感应用的深度、广度、精度和效率。样本知识库内容涵盖相对广泛，主要包括水土保持遥感应用样本库、业务知识库、模型方法库、阈值参数库等，区划单元的构建可按照水土保持类型区划和县级行政区划进行。

建立协调统一的技术规程规范标准体系，是实现技术推广应用的最基本工作。为推进遥感技术研究成果的推广应用，需要在原有研究成果的基础上，面向水土保持行业领域，制定系列相关遥感应用规程规范，有效解决高分遥感技术在水土保持应用中存在的数据标准不一致、内容不统一、分析处理流程多样、准确性差异大、无效数据大量存在、动态数据不可比、无法协同共享等问题。规程规范内容主要基于高分遥感水土保持信息提取的数学基础（包括地球椭球体、国家坐标系、地图投影、高程基准、比例尺等）、遥感数据质量要求、指标数据遥感监测方法、数据产品生产流程、产品评估要求、成果规范、成果质量控制等进行约定，同时对不同类型区应用的特殊要求进行规定，以形成指导全国不同区域的水土保持高分遥感技术规程规范，保证高分遥感应用的标准化、业务化、工程化目标得以实现。

为提升高分遥感在水土保持领域中的应用水平，提高应用处理效率，实现应用业务化和工程化，建立面向工程化应用目标的高分遥感应用系统是十分必要的途径。要在高分遥感技术研究取得突破的基础上，将高分遥感数据处理与信息提取核心技术形成可复制重复应用的软件模块，同时针对土壤侵蚀监测评价、水土保持综合治理监管、生产建设项目水土保持监测与管理等完整业务需求，建立遥感与业务应用高度融合的综合性应用系统，将高分遥感研发模块与业务应用进行系统集成，同时结合项目总平台的遥感数据接入分系统、数据管理分系统、标准化处理分系统、业务运行管理分系统以及水利产品服务与分发分系统，实现高分遥感数据接入、分发、处理、信息提取、分析评价、精度评价、产品输出、服务分发的一体化业务应用，真正实现高分遥感技术的深度工程化应用。

10.3 建立统一水土保持基础空间管理单元

开展水土保持生产实践与信息化工作必须依据一定的地表组成单元来实现，即相应的研究单元对象或工作单元对象，例如进行土壤侵蚀监测评价应针对侵蚀单元进行评价分析，实施水土流失综合治理应针对治理单元开展相应规划、设计和实施工作，开展水土保

持监督执法应有监督管理单元对象。对于同一行业领域来说，土壤侵蚀监测评价、水土流失综合治理以及监督执法等工作是相互衔接、相互支撑的，其基础评价或管理单元应具有一致性或可实现相互衔接转化，以保证相关工作成果的协调统一。在一些水土保持相关领域均确立了明确的基础管理单元，例如在森林资源管理领域，建立了基于“小班”的森林资源管理体系，科学实施森林经营活动和生产管理工作；在国土资源领域，建立了以“地块”为基础的土地管理体系，开展土地利用调查、土地出让、土地登记和土地评价等工作。水土保持工作作为与自然地理环境关联紧密的行业领域，目前尚无统一的水土保持基础管理单元，迫切需要按照学科理论基础和管理实践，在已有研究工作的基础上，建立一套符合中国国情的统一的水土保持管理活动单元。

建立统一的基础管理单元，实现监测评价数据与综合治理数据直接对接，实现监测工作为综合治理规划设计、过程管理以及效益评价等工作提供支撑，综合治理数据为土壤侵蚀动态监测分析提供定量依据。各项水土保持管理活动包括土壤侵蚀监测、综合治理（包括项目规划、措施设计、施工管理、验收评估、效益分析等）、预防监督（包括方案设计、监督检查、评估验收、补偿费征收等）等，均应统一基础管理单元，保证水土保持管理活动数据基础的统一性。基于统一的基础管理单元，为不同空间尺度数据之间开展尺度转换研究和成果衔接提供了统一的空间尺度基准，建立了相同的尺度转化参照体系，将在全国不同层级、不同业务之间形成“全国一张图”的工作状况，统一了水土保持基础数据空间尺度，有效避免了不同空间尺度数据无法衔接或衔接困难。同时，信息化工作的最大难题是信息共享问题，在解决政策体制障碍、信息标准规范的同时，建立相互衔接、一致的数据基础也十分必要。建立“水保斑”，坚持以“水土保持类型区—小流域单元—水保斑”为基础建立数据管理框架，将从数据基础单元角度打通水土保持业务间的信息交流和共享障碍，进而实现土壤侵蚀监测评价—水土流失综合治理—监督执法等基础数据单元的一体化管理，深入推进水土保持动态监测、水土流失综合治理以及人为水土流失活动的动态监管，不断提升水土保持现代化管理水平。

10.4 推进大数据技术应用与信息资源挖掘

我们已经进入信息社会，大数据时代已经来临。大数据时代必须用数据来说话，数据已成为重要的社会资源。谁掌握数据，谁就掌握主动。大数据时代的信息消费已成为生活必需品，它以“信息服务”的形式，服务于社会公众、各行各业。大数据时代的数据产生于建设和应用过程，以物联网、云技术为支撑，以开放共享为核心理念。大数据时代要求一个行业通过一个平台，采用数据挖掘、数据共享等技术，实现数据最大应用价值。当前，水土保持管理上，已经向预防监督的动态监管、综合治理的精细化管理、监测评价的即时动态、信息服务的全面有效方向发展。这就需要大量的数据支撑和各级水土保持部门协同作业，且其需要的数据是多类型、多层级、长时序、跨行业的，既有遥感航测的，又有地面观测的，也有调查统计的。近几年，全国水土保持数据从 GB 级快速增长到 TB 级，而且几乎各级水土保持部门都有网络、数据库和应用系统。特别是国产高分辨率卫星在水土保持中的推广应用，必将进一步加快数据量的增长，形成海量数据。快速增长的海

量数据，需要通过大数据技术，全面、有序、有效地支撑水土保持业务的快速发展。

要制订合适的大数据发展计划。发展和应用大数据，必须制订相关的发展计划。在深入研究和科学分析的基础上，制订适合水土保持工作发展需要的大数据发展计划，才能有计划、有步骤地探索出适合水土保持工作的大数据解决方案，最终真正实现大数据的应用，发展计划要与水土保持部门制定的规划、信息化建设规划相适应。要研究支撑大数据的水保模型，定义大数据基础需求及其术语，建立大数据行业共享模型库、地理语义解释、空间模型计算、信息共享服务应用等工作基础。必须提升数据采集和信息数据提取能力，才能逐步实现监测数据采集、处理的快速高效，提高监测设备自动化水平，实现监测数据采集的实时高效。当前监测站网的监测设备自动化程度不高，数据传输到整编尚未实现自动化、系统化，监测数据处理、分析的时效性低，迫切需要提高监测设备数据采集、处理的自动化，提高遥感影像等信息源数据提取能力，实现监测数据的快速提取。随着我国遥感技术的不断提高，遥感影像时效性不断增强，只有提高水土保持相关监测数据提取能力，才能提高这部分监测数据的时效性。

促进数据共享和综合应用。水土流失过程复杂，影响因素多，大数据分析需要综合应用多方面海量数据，促进包括农业、林业、气象、水文水资源等行业、部门的数据共享和综合应用，才能真正实现监测大数据分析和应用。

开展大数据探索与研究。在区域、中等流域，围绕监测数据快速采集获取、数据集成和大数据综合应用与分析等内容开展探索与研究，有助于找到适合水土保持监测的大数据解决方案，实现大数据应用。

当前，发展大数据是各行各业共同关注的热点问题。如何通过大数据技术，全面、有效地推动水土保持事业快速发展，是我们面临的问题和挑战。要在加强信息化建设的同时，适时制订大数据研究和发展计划，通过有计划、有步骤的探索与研究，找到适合的大数据解决方案并加以应用，真正实现科学预测，为生态决策从经验决策、量化决策向大数据决策转变提供支撑。

参 考 文 献

［1］胡运机．管理信息系统［M］．北京：清华大学出版社，北京交通大学出版社，2005．

［2］唐晓波．管理信息系统［M］．北京：科技出版社，2005．

［3］张清宇，田伟利（加），沈旭．环境管理信息系统［M］．北京：化学工业出版社，2005．

［4］陆守一，陈飞翔．地理信息系统（第2版）［M］．北京：高等教育出版社，2017．

［5］黄杏元，马劲松．地理信息系统概论（第三版）［M］．北京：高等教育出版社，2008．

［6］万常选．数据库系统原理及应用［M］．北京：高等教育出版社，2016．

［7］王珊，萨师煊．数据库系统概论（第4版）［M］．北京：高等教育出版社，2013．

［8］郭索彦．全国水土保持监测网络与管理信息系统建设［J］．水土保持通报，2007（4）．

［9］程燕妮，赵院．全国水土保持监测信息系统数据库设计［J］．水土保持通报，2007（4）．

［10］朱翊，李佩．流域水土保持监测数据管理系统研究［J］．计算机科学与应用，2016，6（6）．

［11］邢先双，董明明．水土保持监测管理信息系统的构建与应用［J］．山东水利，2015（5）．

［12］卢敬德，伍容容，罗志东，孙云．生产建设项目动态监管信息移动采集和管理技术与应用［J］．中国水土保持，2016（11）：32－35．

［13］李智广，王敬贵．生产建设项目“天地一体化”监管示范总体实施方案［J］．中国水土保持，2016（2）：14－17．

［14］亢庆，姜德文，赵院，李岚斌．生产建设项目水土保持“天地一体化”动态监管关键技术体系［J］．中国水土保持，2016（11）：4－8．

［15］姜德文，亢庆，赵永军，李智广，赵院．生产建设项目水土保持“天地一体化”监管技术研究［J］．中国水土保持，2016（11）：1－3．

［16］衣强．大数据与水土保持监测［J］．中国水土保持科学，2015（4）．

［17］罗志东．我国水土保持基础管理单元“水保斑”的认识与探索［J］．中国水土保持科学，2015（8）．

［18］水利部水土保持监测中心．高分遥感水土保持应用研究［M］．北京：中国水利水电出版社，2016．

［19］水利部水土保持监测中心．径流小区和小流域水土保持监测手册［M］．北京：中国水利水电出版社，2015．

［20］赵院．全国水土保持监测网络建设成效和发展思路探讨［J］．中国水利学会学术年会，2013：15－18．

［21］诸云强，孙九林，廖顺宝，杨雅萍，等．地球系统科学数据共享研究与实践［J］．地球信息科学学报，2010，12（1）：1－8．

［22］水利部水土保持监测中心．SL 628—2013 水土保持元数据规范［S］．中国水利水电出版社，2014．

［23］雷章，史明昌，刘文博，张伟．大型GIS数据中心元数据框架研究［J］．水电能源科学，2011，29（11）：67－69．

［24］刘宪春，曹文华，赵院，许永利．全国土壤侵蚀普查数据库设计与实践［J］．水利信息化，2014（1）：12－14．

［25］刘升容，刘学锋．全国第二次土地调查中海量遥感影像瓦片金字塔的建立与无缝组织［J］．测绘通报，2011（7）：37－39．

[26] 刘国祥，吴昊，李书章，等. 数字化医院建设实施策略与思考 [J]. 解放军医院管理杂志，2004，11（2）：111-113.

[27] 刘克剡. 计算机网络系统的安全管理与实施策略 [J]. 中南民族学院学报（自然科学版），2001，20（9）：57-60.